著

Excel 2010 办公应用 新手指南针

专家传授 本书由**资深培训讲师**编写，融合丰富的**使用与教学经验**，传授Excel 2010的使用方法与技巧

内容全面 从基本操作和数据处理入手，讲解公式与函数、图表的应用等知识，整合电脑办公经验与软件操作技巧，让您快速掌握表格设计的使用方法

知识丰富 近**230个**知识点操作，采用**图解**、**视频讲解双模式**，让您轻松解决日常工作中存在的问题；**237个**“视野拓展”与每页内容环环相扣，大大扩展读者的视角

56集总时长近200分钟的视频教学，

以及案例所需的素材文件，

让您享受有趣、轻松的学习过程

DVD 手把手 视频教学光盘

兵器工业出版社

北京希望电子出版社
Beijing Hope Electronic Press
www.bhp.com.cn

内 容 简 介

本书提纲挈领地介绍了 Microsoft Excel 在数据处理和表格设计中的诸多应用，覆盖 Excel 2010 日常办公应用的多个方面，包括 Excel 2010 快速入门，工作薄与工作表的基本操作，行、列、单元格的基本操作，数据的输入与编辑，工作表的美化，Excel 2010 图表基本操作，Excel 2010 图表的应用，公式与函数，数据处理，工作表的打印，综合实例——销售业绩表。

本书强调动手能力和实用技能的培养，每部分均配有相应的具体操作步骤；采用图解方式，基本做到一步一图；在讲解过程中力求剖析应用过程中的重点和难点，融合日常办公应用技巧于实际操作之中。

本书光盘内容包括书中部分实例的素材文件和视频讲解文件，讲解形式活泼、方便、实用，方便读者学习使用。

本书定位于需要进行市场与销售管理的 Excel 初级用户，适合于行政人员、管理人员、销售人员、在校学生等需与 Excel 打交道的各种人员作自学参考书使用，还可作为电脑培训班和公司的 Excel 与办公类培训教材。

图书在版编目（CIP）数据

Excel 2010 办公应用新手指南针 / 付岩编著. --北京：兵器工业出版社，2012.1
ISBN 978-7-80248-697-3

Ⅰ. ①E… Ⅱ. ①付… Ⅲ. ①表处理软件，Excel 2010 Ⅳ. ①TP391.13

中国版本图书馆 CIP 数据核字（2011）第 257724 号

出版发行：兵器工业出版社 北京希望电子出版社
邮编社址：100089 北京市海淀区车道沟 10 号
100085 北京市海淀区上地 3 街 9 号
金隅嘉华大厦 C 座 611
电　　话：010-62978181（总机）转发行部
010-82702675（邮购）010-82702698（传真）
经　　销：各地新华书店 软件连锁店
印　　刷：北京市媛明印刷厂
版　　次：2012 年 1 月第 1 版第 1 次印刷

封面设计：深度文化
责任编辑：王 强 赵丽丽
责任校对：刘 伟
开　　本：787mm×1092mm 1/16
印　　张：16
印　　数：1-3 000
字　　数：367 千字
定　　价：39.80 元（配 1 张 DVD 光盘）

前言

电脑在日常生活中的应用越来越广泛。它可以帮助人们简单快捷地完成一些重复性的操作，节省了大量的时间和精力。电脑的智能化其主要实现方法就是对各种可能出现的结果通过电脑程序做出相应的分析，最后根据程序中的条件得出一个目标结果。Excel 2010就是一款帮助你实现数据处理和智能化应用的软件。

本书为了顺应时代和广大读者要求，对内容进行了精心组织和策划，将理论与实践相结合，内容上层次分明、浅显易懂、实例丰富、讲解细致，在讲解过程中将日常使用电脑时容易出现的问题、使用时的技巧逐步渗透到读者的大脑中。同时采用了分步教学的方法，结合实例将操作中的每一步讲解的清晰明了，用户只需按图示一步一步跟随操作即可，解决了读者学习中无从下手的问题。

本书主要针对电脑零基础读者、中级基础读者、工作中经常使用Excel 2010的读者以及电脑爱好者。希望通过本书的学习，用户可以熟练地使用电脑进行财务整理、科学数据处理等活动。在保证了理论性的同时兼顾了实践性，让读者能够切切实实地掌握Excel 2010的使用方法。

全书以Windows 7操作系统为操作背景，从对Excel 2010的开启与关闭、工作簿和工作表的基本操作、单元格的基本操作、工作表美化、数据处理、图表应用、数据输入与编辑、公式调用等方面进行了详细讲解。内容涵盖广、编排系统，使读者全面了解了Excel 2010的基础应用以及Windows 7操作环境下对Excel 2010的操作。

重点提示 书中附带的教学光盘需要在Windows Media Player下播放。

随书附赠的光盘中包括与书中实例配套的素材文件和视频教学文件，使读者可以轻轻松松地进行学习，达到轻松自学的目的。

本书由辽宁信息职业技术学院的付岩老师编著，在编写过程中，刘东冶、王啸飞、朱印宏、穆婷、李昆、李双、宋国飞、易旭东、亢琳等协助完成辅助工作，包括技术支持等。此外，本书在编写过程中参考了大量书籍和专业网站等参考资料，并得到了电脑基础教学的专业人员帮助，使得内容得以完整、新颖。

由于水平有限，书中难免会有疏漏和不足之处，恳请广大读者提出宝贵意见，希望各位读者来信指正，电子邮箱是bhpbangzhu@163.com。如果希望知悉图书的更多信息，请浏览网站www.bhp.com.cn。

编著者

Contents 目录

第1章 Excel 2010快速入门

Excel 2010 办公应用新手指南针

第2章 工作簿与工作表的基本操作

Excel 2010 办公应用新手指南针

第3章 行、列、单元格的基本操作

Excel 2010 办公应用新手指南针

第4章 数据的输入与编辑

第5章 工作表的美化

第6章 Excel 2010图表基本操作

Excel 2010 办公应用新手指南针

第7章 Excel 2010图表的应用

Excel 2010 办公应用新手指南针

第8章 公式与函数

Excel 2010 办公应用新手指南针

第9章 数据处理

Excel 2010 办公应用新手指南针

第10章 工作表的打印

Excel 2010 办公应用新手指南针

第11章 综合实例——销售业绩表

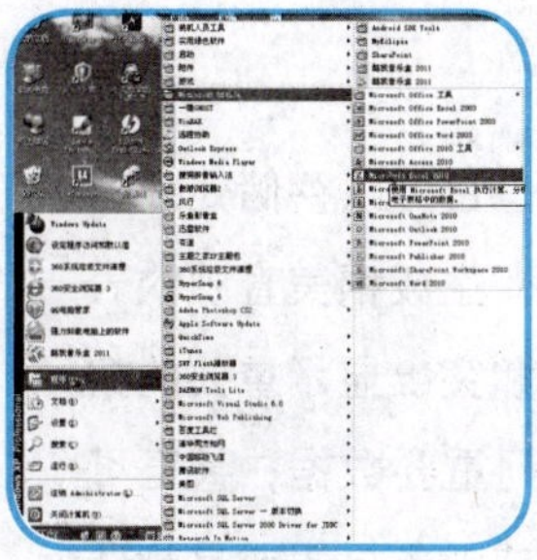

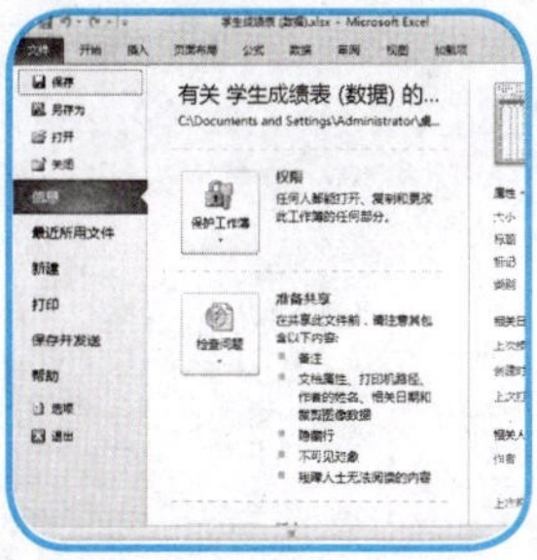

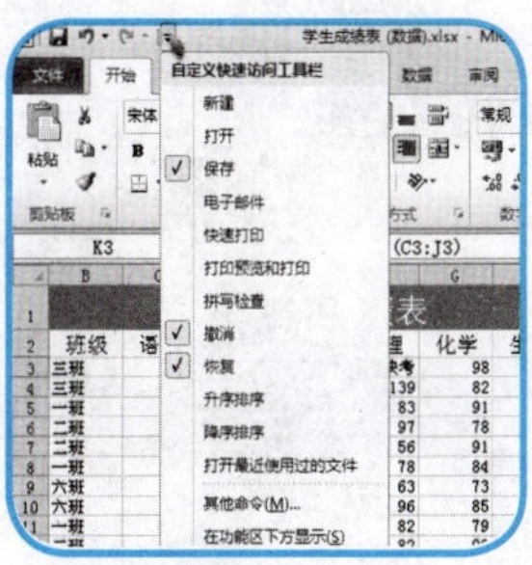

第 *1* 章

Excel 2010快速入门

本章导读

Excel 是Microsoft公司推出的系列办公软件的重要组成部分，具有图表制作、数据统计、分析、预测等功能，极大地方便了用户的日常工作。学习Excel就必须熟悉这个环境，本章主要对Excel 2010的基础知识进行一些介绍。

本章学习目标

- 了解Excel 2010的工作环境。
- 能够熟练地启动和退出Excel 2010。
- 掌握 Excel 2010的一些快捷键。

本章学习重点

- 认识Excel 2010工作界面。
- 对工作簿、工作表以及单元格进行一些基本操作。

1.1 初识Excel 2010

Excel 2010是Office 2010的重要组成部分，相对于Excel以往版本，Excel 2010 采用了面向结果的新界面，以功能区为操作主体，更加方便用户操作。

Excel 2010简介

Microsoft Excel 2010是一款强大的电子表格制作软件，它可以存储处理的数据；也可以通过比以往更多的方法分析、管理和共享信息，生成精美直观的表格和图表；拥有全新的分析和可视化工具，可帮助用户跟踪和突出显示重要的数据趋势；可以在移动办公时从Web浏览器或Smartphone访问重要数据；甚至可以将文件上传到网站并与其他人同时在线协作；在为用户生成财务报表或是管理个人支出方面，Excel 2010也起到了很大的作用。

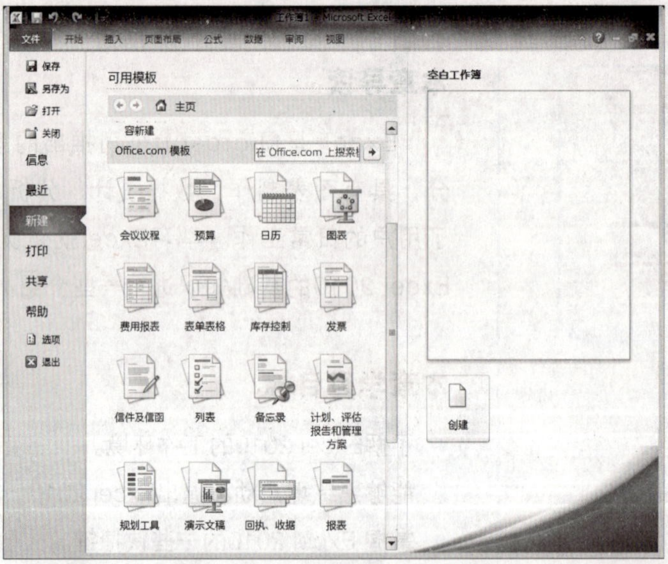

1.2 启动和退出Excel 2010

Excel 2010 是一款功能强大的电子表格制作软件，它可以完成表格制作以及统计分析等多项工作。

视野拓展

目前Excel 2010是Excel的最新版本。与Excel 2007相比，Excel 2010工作界面总的来说变化不大，但对选项卡进行了升级，增强的菜单选项卡更贴近用户的使用需求。

1.2.1 启动Excel 2010

1. 通过“开始”菜单启动

安装Excel 2010后，其启动方式会在“开始”菜单的“程序”菜单中。启动方法如下。

操作步骤

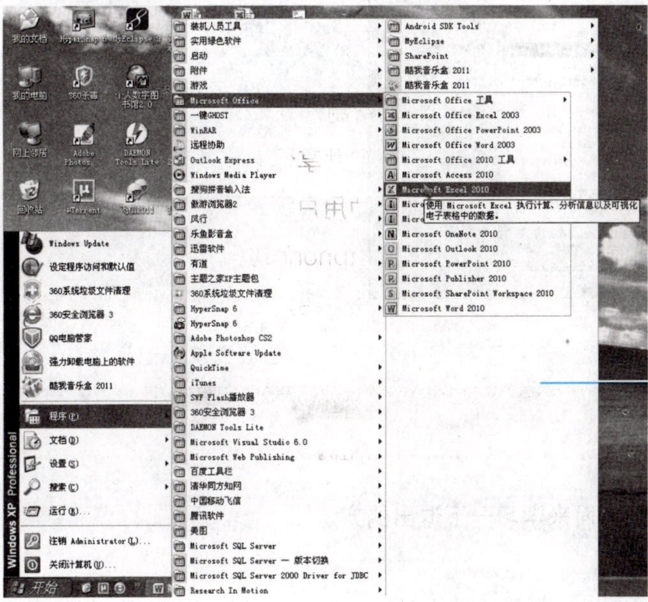

1 单击“开始”菜单，选择“程序”→“Microsoft Office”→“Microsoft Excel 2010”程序。

2 打开Microsoft Excel 2010程序启动界面，等待程序启动。

2. 通过桌面快捷图标启动

可以在桌面上创建快捷图标，这样每次启动时双击快捷图标即可启动Excel程序。

视野拓展

Excel 2010新增了屏幕截取功能，使用方法也相当人性化。当使用“屏幕剪辑”命令时，Excel窗口将自动缩小，用户直接拖动鼠标即可截取特定区域。

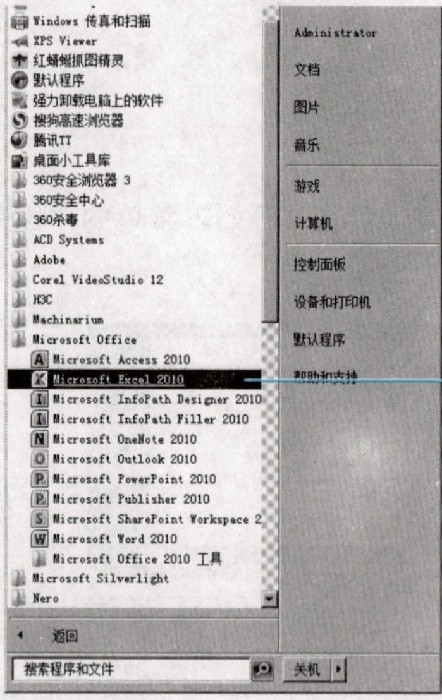

在“开始”菜单中的“Microsoft Excel 2010”程序上单击鼠标右键，从弹出的快捷菜单中选择“发送到”→“桌面快捷方式”命令。

1.2.2 退出Excel 2010

完成工作后如何退出Excel环境呢？下面来学习一下退出的方法。

1. 使用“文件”选项卡中的“退出”按钮退出

Excel 2010的“文件”选项卡

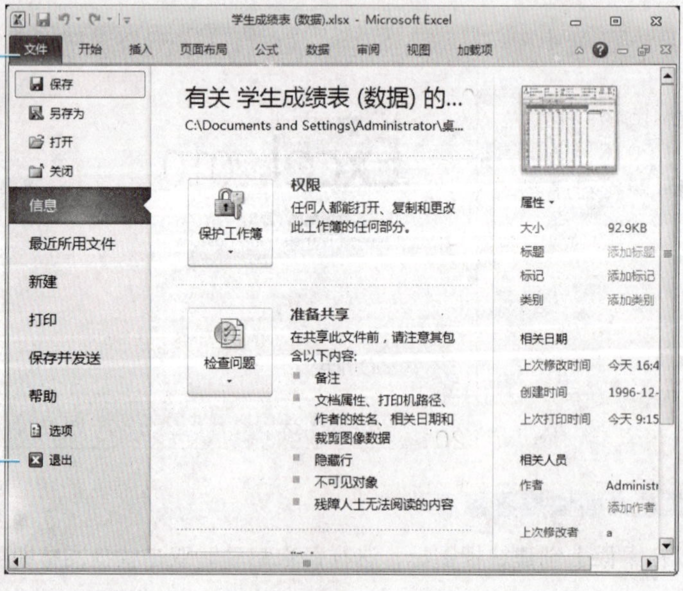

“退出”按钮

视野拓展

在Excel 2010中，为粘贴功能提供了实时预览的方式，用户在粘贴之前，便可以预览到贴入后的内容的样式。

2. 使用“关闭”按钮退出

现在让我们使用“关闭”按钮退出 Excel。

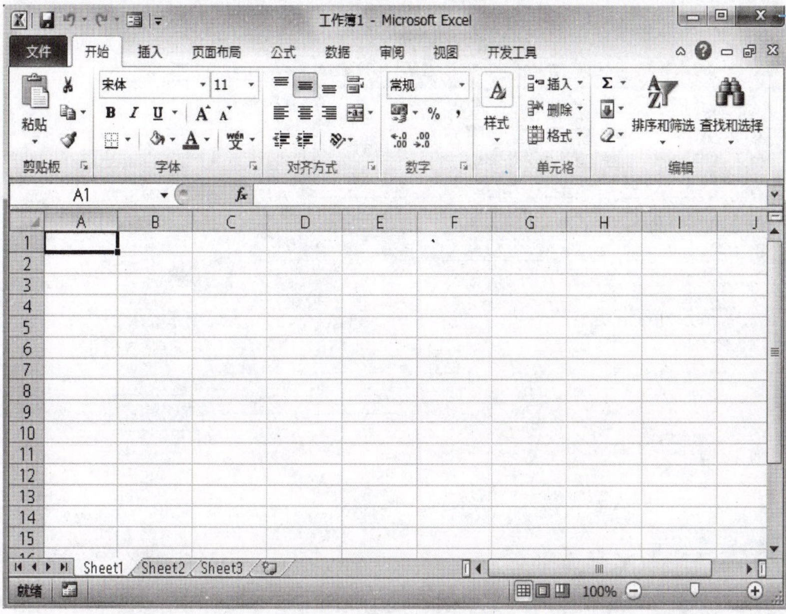

单击 Excel 窗口右上角的 按钮即可。

1.3 Excel 2010 的工作环境

启动后会看到Excel 2010的工作界面，此工作界面较以前版本的界面有了很大的改进，对于初学者来说会更加简单。

1.3.1 工作界面概述

Excel 2010的快速访问工具栏中包含最常用的操作按钮，包括标题栏、选项卡、功能组、数据编辑区、工作表选项卡和状态栏等，可以执行相应的功能。

默认设置下，Excel 2010的快速访问工具栏中只包含三个按钮，分别为“保存”按钮、“撤销”按钮与“恢复”按钮，用户可以根据需要将相应操作按钮添加至快速访问工具栏中。

视野拓展

较前一版本而言，Excel 2010中的一个最重要的改进就是对Web功能的支持，用户可以通过浏览器直接创建、编辑和保存Excel文件，以及通过浏览器共享这些文件。

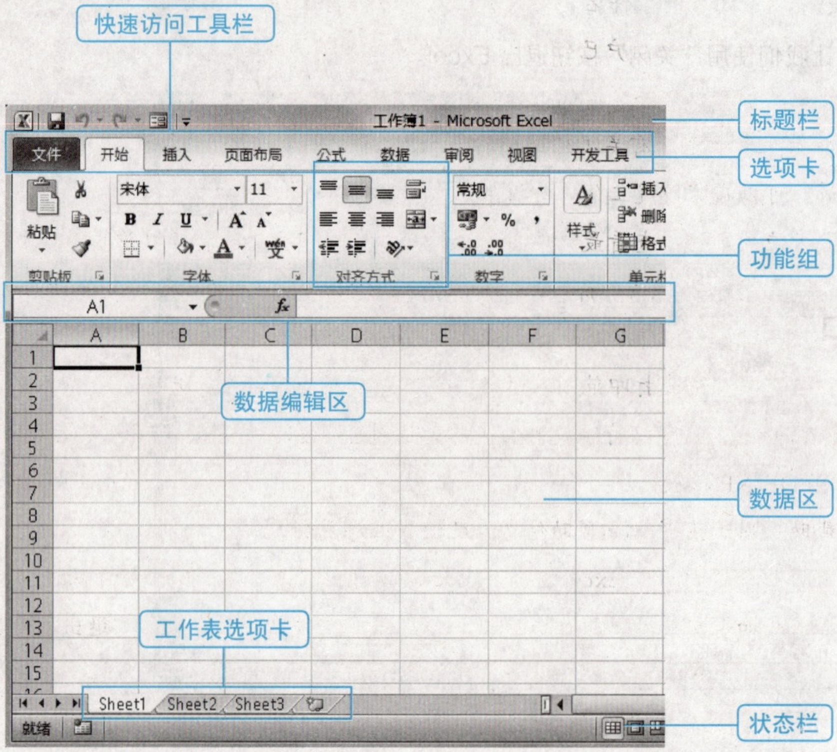

1.3.2 文件按钮

“文件”按钮代替了以前版本的“文件”菜单或是Office按钮，它位于Excel 2010左上角。单击“文件”选项卡，也会显示许多基本命令，例如，“打开”、“保存”和“另存为”命令等。

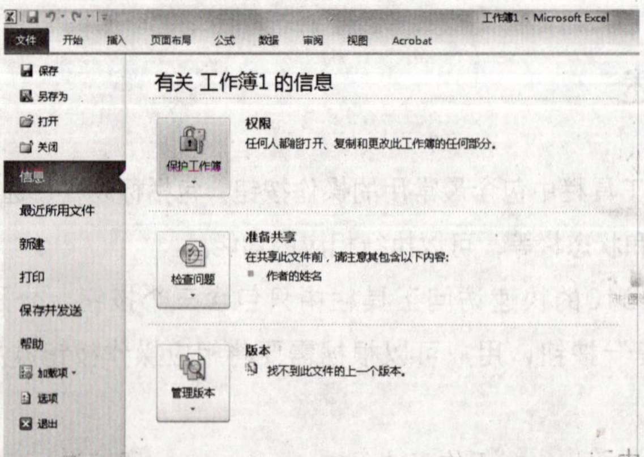

- 保存：将用户创建的新的工作簿保存到硬盘上的文件夹或其他位置。

视野拓展

在功能区的任意命令按钮上单击鼠标右键，在弹出的快捷菜单中选择“添加到快速访问工具”命令，即可将该命令添加到快速访问工具栏中。

- 另存为：用户将文件名、格式和位置进行另行保存。
- 打开：用于打开用户已经存档的工作簿，要对以前的工作簿进行更改或是查看时可以使用“打开”命令。
- 信息：用于显示有关工作簿的信息，如工作簿的大小、标题、类别、创建时间和作者等。可以在此设置工作簿的权限。
- 最近使用文件：查看最近使用的工作簿，帮助用户快速打开以前使用的工作簿。
- 新建：用于创建一个新的工作簿，当用户创建完一个工作簿想在新的工作簿中重新录入数据时，可以使用“新建”命令创建一个新的工作簿。
- 打印：用于设置打印范围、份数、页边距以及使用纸张的大小。
- 保存并发送：可以将编辑好的工作簿通过E-mail、Internet传真进行发送，并且可以创建PDF/XPS 文档。
- 帮助：用于获得Excel帮助信息以及检查程序更新。
- 选项：用于打开“Excel选项”对话框，可以设置Excel 2010程序的工作方式。
- 退出：如果要关闭打开的Excel程序，单击“文件”选项卡中的“退出”命令即可。

1.3.3 功能区

1. “开始”选项卡

在“开始”选项卡中可以设置单元格的字体、对齐方式、数字格式、样式等，并可以对单元格进行简单的编辑操作。

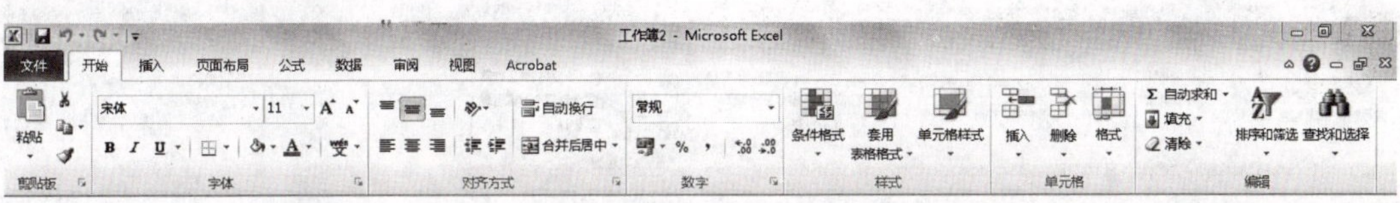

2. “插入”选项卡

通过“插入”选项卡可以在工作表中插入表、图、数据透视表、图表以及文本框等对象。

3. “页面布局”选项卡

在“页面布局”选项卡中可以设置工作表的版式，还可以在打印前进行相应的页面设置。

视野拓展

在其他版本的Excel中，输入复杂公式操作烦琐，新版本中，用户不仅可以方便地插入多种公式，还可以利用新增的公式设计器方便地设计复杂的公式。

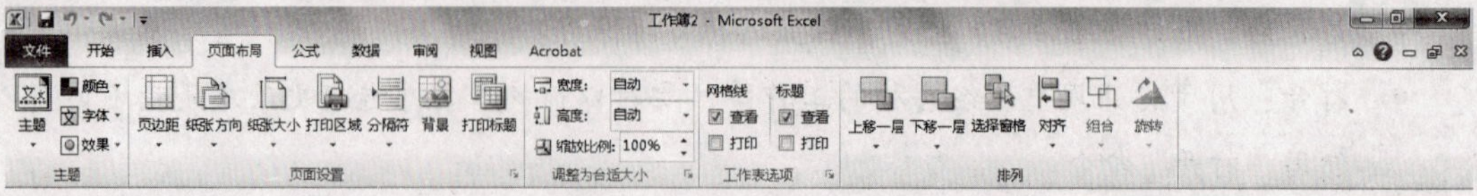

4.“公式”选项卡

在“公式”选项卡中可以使用Excel 2010自带的函数与公式计算表格中的数据。

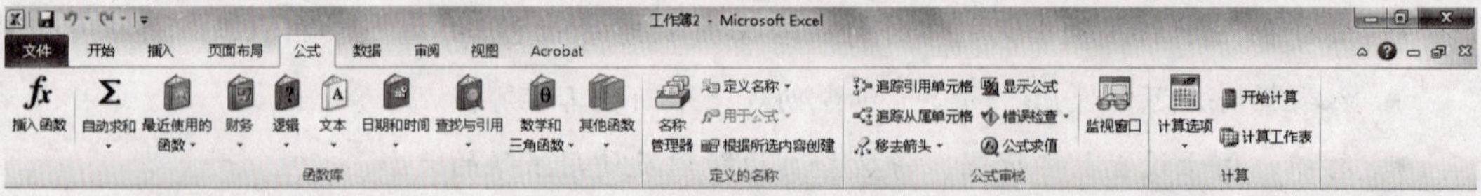

5.“数据”选项卡

通过“数据”选项卡可以对工作表中的数据进行管理，如实现获取外部数据、分级显示数据以及数据排序与筛选等操作。

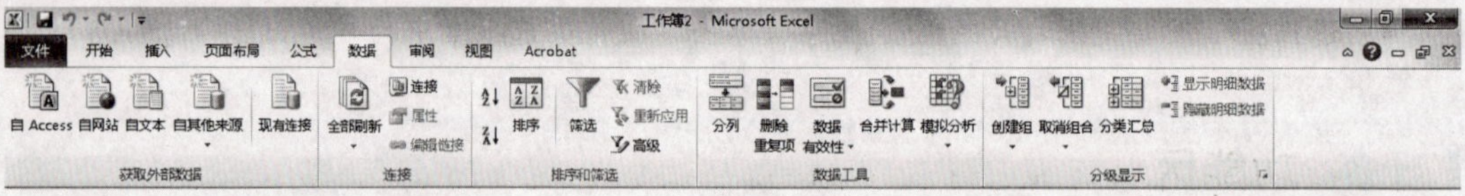

6.“审阅”选项卡

通过“审阅”选项卡可以为工作表添加批注和进行校对，还可以设置密码以便保护工作表与工作簿。

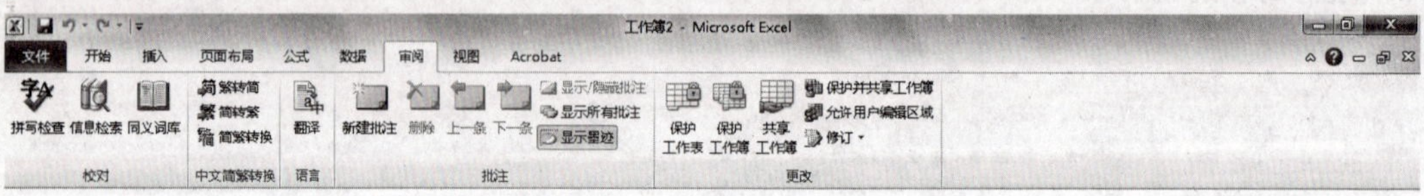

7.“视图”选项卡

在“视图”选项卡中可以调整工作表的显示模式与显示比例，并且可以设置隐藏与显示工作簿元素。如果要调整Excel 2010工作界面的显示窗口，也可在该选项卡中完成设置。

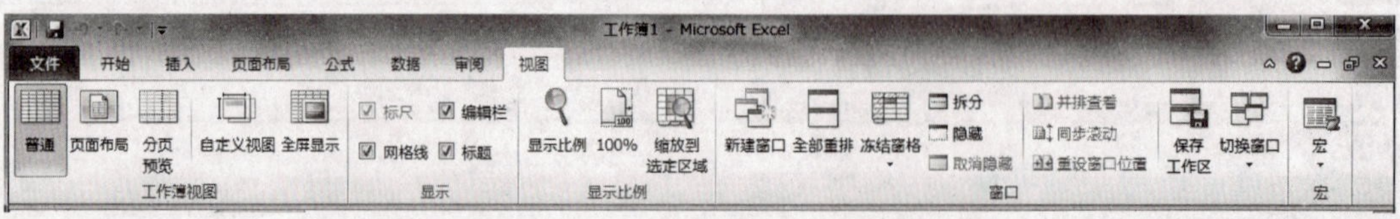

视野拓展

右击快速访问工具栏中的按钮，然后从弹出的快捷菜单中选择“从快捷访问工具栏中删除”命令，可以删除选中的按钮。

8. 自定义开发工具栏

用户还能自定义功能区，打开默认时未显示的开发工具选项卡，或者在功能区添加一些命令。

操作步骤

1 在“加载项”选项卡中右击鼠标，选择“自定义快速访问工具栏”命令。

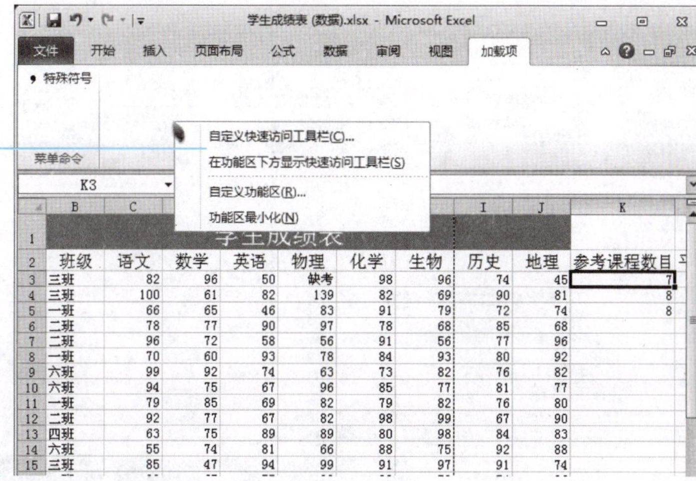

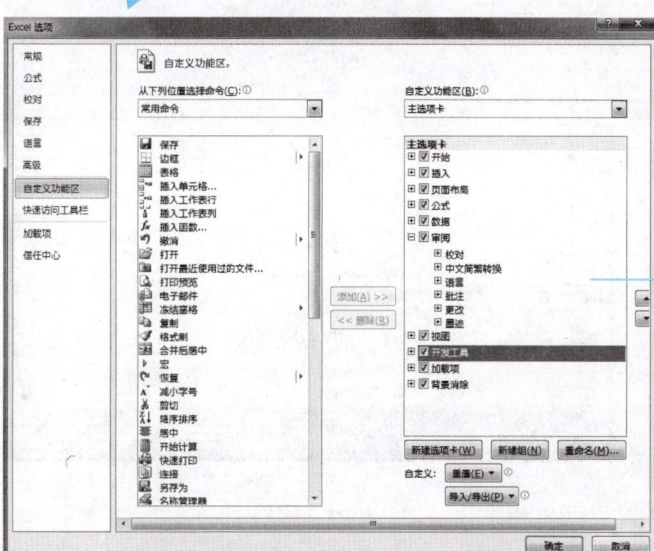

2 打开后可以选择自定义快速访问工具。

9. 快速访问工具栏

用户能自定义快速访问区，只要单击Excel左上角▾按钮，便可以添加所需的功能。

视野拓展

右击快速访问工具栏中的按钮，然后从弹出的快捷菜单中选择“在功能区下方显示快速访问工具栏”，可以将快速访问工具栏移动到功能区的下方。

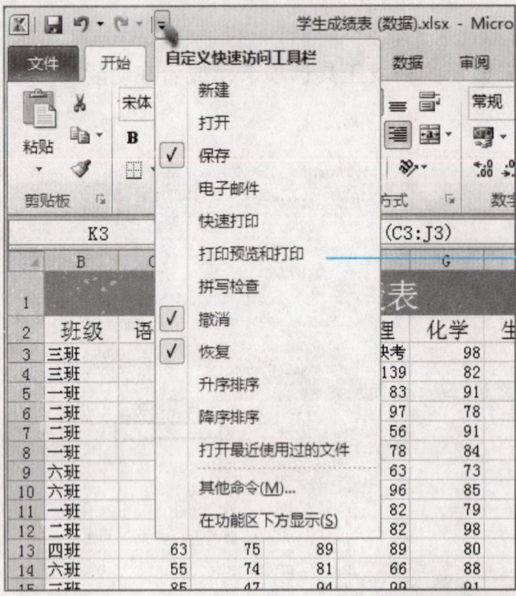

单击选中需要添加的快速访问的功能按钮。

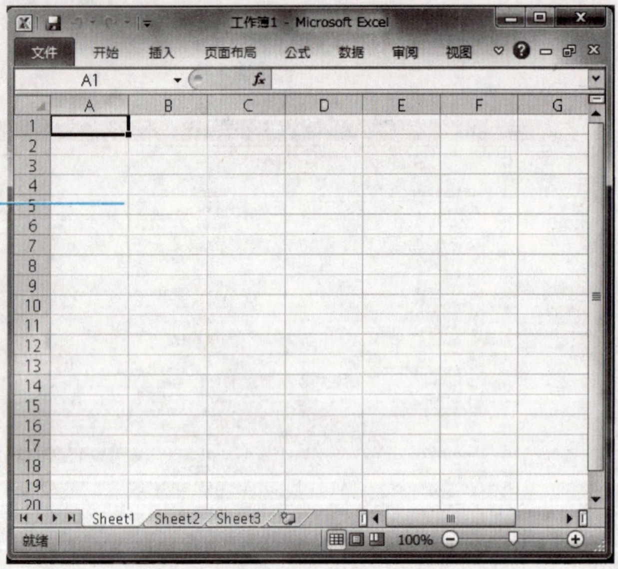

隐藏Excel功能区后的界面。

1.3.4 状态栏

表格最下面是状态栏。

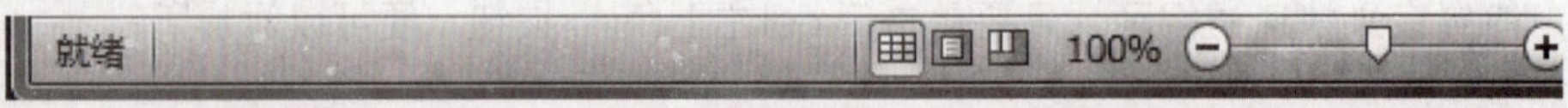

状态栏用于显示当前工作区的状态。默认情况下，状态栏显示的是“就绪”字样，表示工作表正准备接受新的信息。在单元格输入数据时，状态栏就会显示“输出”字样；当对单

视野拓展

状态栏左侧显示正在执行的选定操作，如打开一个文件、粘贴单元格等。如果选定一个命令，则会显示该命令的简要描述。

元格中的内容进行编辑和修改时，状态栏就会显示“编辑”字样。

1.3.5 Excel 帮助

当按F1键或是单击 按钮时，就会打开Excel 帮助窗口，用户可以通过帮助窗口更全面地了解Excel的使用方法。

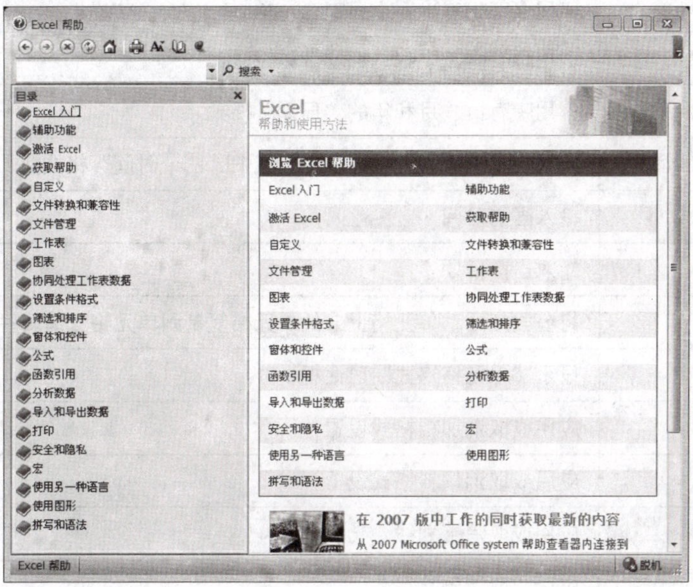

1.3.6 快捷键

快捷键可以提高用户的工作效率，使用户通过简单的操作即可完成对工作表的编辑，例如，Ctrl+Z键对应“撤销”命令；Ctrl+N键对应“新建”命令；Ctrl+S键对应“保存”命令。

对于Excel 2010来说，用户可以通过键盘访问功能区。

功能区附带新的快捷方式，称为按键提示。若要显示按键提示，请按 Alt键。

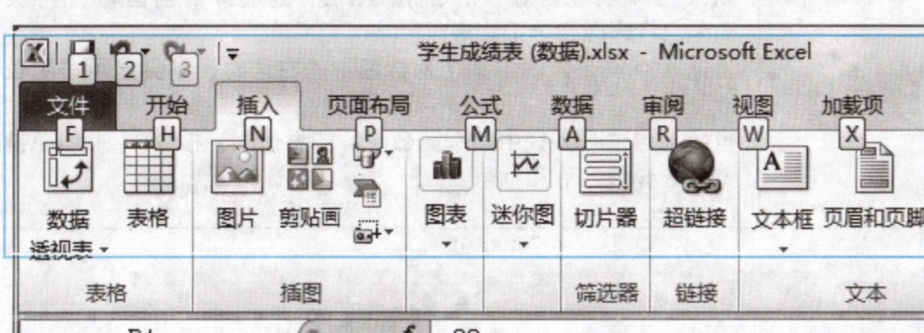

视野拓展

熟练掌握按键提示功能能够使用户的操作过程更加方便快捷。

若要显示某个选项卡，则请按对应的字母。例如，对于“插入”选项卡，按字母 N；对于“公式”选项卡，按字母 M。当按了相应的字母键后就会激活相对应的功能。下面介绍一些较常用的快捷键。

按 键	说 明
Ctrl+Shift+$	应用带有两位小数的“货币”格式（负数放在括号中）
Ctrl+Shift+%	应用不带小数位的“百分比”格式
Ctrl+Shift+^	应用带有两位小数的科学计数格式
Ctrl+Shift+#	应用带有日、月和年的“日期”格式
Ctrl+Shift+@	应用带有小时和分钟以及 AM 或 PM 的“时间”格式
Ctrl+Shift+:	输入当前时间
Ctrl+;	输入当前日期
Ctrl+'	将公式从活动单元格上方的单元格复制到单元格或编辑栏中
Ctrl+1	显示“单元格格式”对话框
Ctrl+2	应用或取消加粗格式设置
Ctrl+3	应用或取消倾斜格式设置
Ctrl+4	应用或取消下划线
Ctrl+5	应用或取消删除线
Ctrl+6	在隐藏对象和显示对象之间切换
Ctrl+8	显示或隐藏大纲符号
Ctrl+9	隐藏选定的行
Ctrl+0	隐藏选定的列
Ctrl+A	选择整个工作表。 如果工作表包含数据，则按Ctrl+A键选择当前区域，再次按Ctrl+A将选择整个工作表。 当插入点位于公式中某个函数名称的右边时，则会显示“函数参数”对话框。 当插入点位于公式中某个函数名称的右边时，按Ctrl+Shift+A键将会插入参数名称和括号

视野拓展

旧版中以Ctrl 开头的键盘快捷方式在Excel 2010 中仍然可用。例如，Ctrl+C仍然会将内容复制到剪贴板，而Ctrl+V仍然会从剪贴板中进行粘贴。

（续表）

按 键	说 明
F1	显示“Excel 帮助”任务窗格。 按Ctrl+F1键将显示或隐藏功能区。 按Alt+F1键可创建当前区域中数据的嵌入图表。 按Alt+Shift+F1键可插入新的工作表
F2	编辑活动单元格并将插入点放在单元格内容的结尾。如果禁止在单元格中进行编辑，它也会将插入点移到编辑栏中。 按Shift+F2键可添加或编辑单元格批注。 在Backstage 视图中按Ctrl+F2键可显示“打印”选项卡上的打印预览区域
F3	显示“粘贴名称”对话框，仅当工作簿中存在名称时才可用。 按Shift+F3键将显示“插入函数”对话框
F4	重复上一个命令或操作（如有可能）。 按Ctrl+F4键可关闭选定的工作簿窗口。 按Alt+F4键可关闭Excel
F5	显示“定位”对话框。 按Ctrl+F5键可恢复选定工作簿窗口的窗口大小
F6	在工作表、功能区、任务窗格和缩放控件之间切换。在已拆分（通过依次单击“视图”菜单、“管理此窗口”、“冻结窗格”、“拆分窗口”命令来进行拆分）的工作表中、在窗格和功能区区域之间切换时，按 F6键可包括已拆分的窗格。 按Shift+F6键可以在工作表、缩放控件、任务窗格和功能区之间切换。 如果打开了多个工作簿窗口，按Ctrl+F6键可切换到下一个工作簿窗口
F7	显示“拼写检查”对话框，以检查活动工作表或选定范围中的拼写。 如果工作簿窗口未最大化，则按Ctrl+F7键可对该窗口执行“移动”命令。使用箭头键移动窗口，并在完成时按Enter键确认，或按Esc键取消
F8	打开或关闭扩展模式。在扩展模式中，“扩展选定区域”将出现在状态行中，并且按箭头键可扩展选定范围。 通过按Shift+F8键，可以使用箭头键将非邻近单元格或区域添加到单元格的选定范围中。 当工作簿未最大化时，按Ctrl+F8键可执行“大小”命令（在工作簿窗口的“控制”菜单上）。 按Alt+F8键可显示用于创建、运行、编辑或删除宏的“宏”对话框

视野拓展

也有一些其他的快捷方式，具体操作方法可以查看“Excel帮助”。例如，按Ctrl+Shift+箭头键可将单元格的选定范围扩展到活动单元格所在列或行中的最后一个非空单元格，或者如果下一个单

哦，原来有这么多快捷键，真是方便！

呵呵，是呀！多多练习，对提高日常工作效率很有帮助。

（续表）

按键	说明
F9	计算所有打开的工作簿中的所有工作表。 按Shift+F9键可计算活动工作表。 按Ctrl+Alt+F9键可计算所有打开的工作簿中的所有工作表，不管它们自上次计算以来是否已更改。 如果按Ctrl+Alt+Shift+F9键，则会重新检查相关公式，然后计算所有打开的工作簿中的所有单元格，其中包括未标记为需要计算的单元格。 按Ctrl+F9键可将工作簿窗口最小化为图标
F10	打开或关闭按键提示（按Alt 键也能实现同样目的）。 按Shift+F10键可显示选定项目的快捷菜单。 按Alt+Shift+F10键可显示用于“错误检查”按钮的菜单或消息。 按Ctrl+F10键可最大化或还原选定的工作簿窗口
F11	在单独的图表工作表中创建当前范围内数据的图表。 按Shift+F11键可插入一个新工作表。 按Alt+F11键可打开Microsoft Visual Basic For Applications编辑器，可以在该编辑器中通过Visual Basic for Applications (VBA)来创建宏
F12	显示“另存为”对话框

1.4 趁热打铁

现在用本章学到的知识解决下面的问题。

1.4.1 选择题

（1）在（ ）选项卡中可以找到“页边距”命令。

A. 开始　　B. 插入

C. 视图　　D. 页面布局

（2）撤销上一次操作的快捷方式是（ ）。

A. Ctrl+N　　B. Ctrl+S

C. Ctrl+Z　　D. Ctrl+C

（3）“保护工作表”功能在（ ）选项卡中可以找到。

A. 公式　　B. 数据

C. 审阅　　D. 视图

视野拓展

按Alt+Page Up键可在工作表中向左移动一个屏幕；按Ctrl+Page Up键可移到工作簿中的上一个工作表；按Ctrl+Shift+Page Up键可选择工作簿中的当前和上一个工作表。

(4) 在Excel中输入当前日期的快捷键是（ ）。

A. Ctrl+; B. Ctrl+Shift+;

C. Ctrl+1 D. Ctrl+2

1.4.2 实践题

(1) 打开Excel 2010，新建一个工作簿，熟悉各个选项卡包含的功能。

(2) 在单元格中输入数字“230000000”，用快捷键将其格式转化为科学计数法格式。

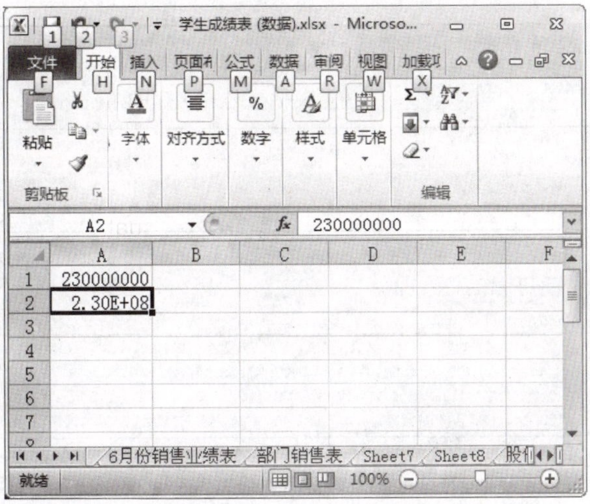

(3) 在单元格中输入数字“0.987”，用快捷键将其格式转化为不带小数位的“百分比”格式。

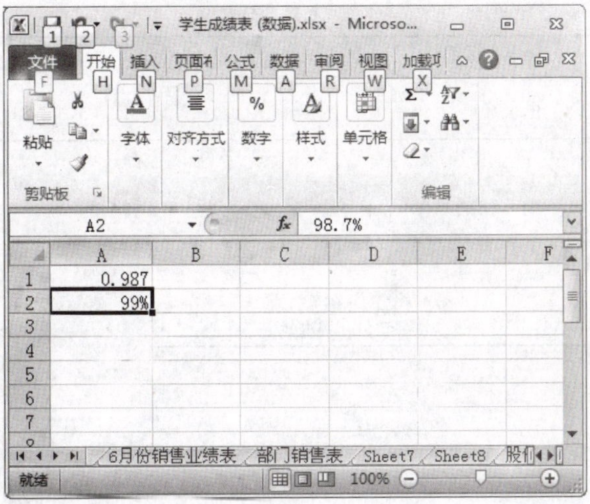

视野拓展

按Shift+Tab键可移到前一个单元格（在工作表中）或前一个选项（在对话框中）；在对话框中，按Ctrl+Tab键可切换到下一个选项卡；按Ctrl+Shift+Tab键可切换到前一个选项卡。

读书笔记

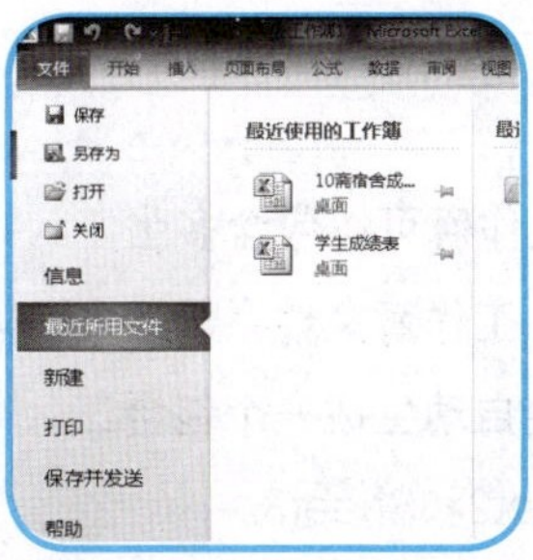

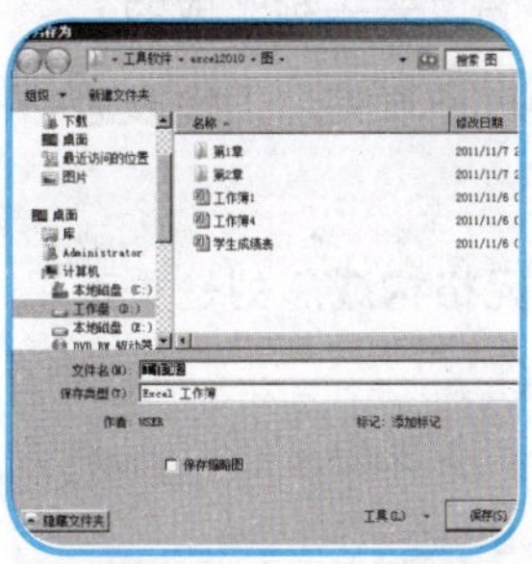

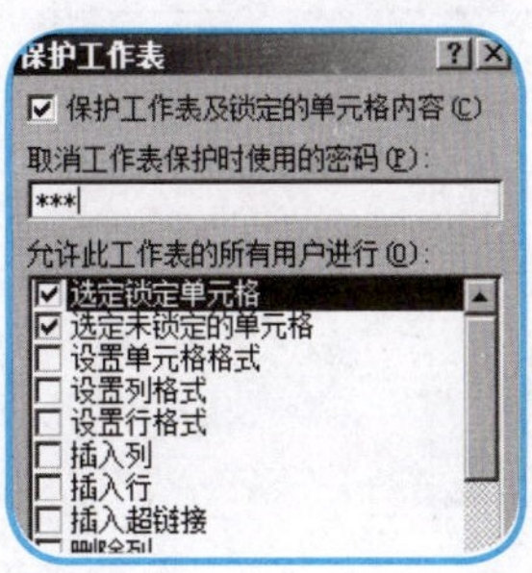

第2章

工作簿与工作表的基本操作

本章导读

通过第1章的学习，读者对Excel有了初步了解。本章将对Excel的基本操作进行介绍，包括新建工作簿、保护工作簿、插入添加工作表、设置和删除工作表等知识。

本章学习目标

- 掌握Excel 2010工作簿的基本操作。
- 掌握Excel 2010工作表的基本操作。

本章学习重点

- Excel 2010保护工作簿。
- Excel 2010工作表和工作簿的设置。

2.1 基本概念

使用Excel软件编辑的文件称为工作簿，一个工作簿是由多张工作表组成的，一个工作表中又含有若干个单元格。在操作Excel 2010之前，需要了解工作簿、工作表、单元格三者之间的关系。

2.1.1 工作簿

在Excel中，工作簿是处理和存储数据的文件，每个工作簿可以包含多张工作表，每张工作表可以存储不同类型的数据，因此可在一个工作簿文件中管理多种类型的相关信息。默认情况下启动Excel 2010时，系统会自动生成一个包含三个工作表的工作簿，默认的工作表名称分别为Sheet1、Sheet2和Sheet3。

2.1.2 工作表

注意： 在显示的工作表标签中，呈白色亮度显示的工作表标签表示当前活动工作表，即是当前正在操作的工作表。用户可通过单击工作表的标签来切换当前活动工作表。

工作表是组成工作簿的基本单位。工作表本身是由若干行、若干列组成的。工作表是Excel中用于存储和处理数据的主要文档，也称为电子表格。工作表总是存储在工作簿中。

从外观上看，工作表是由排列在一起的行和列，即单元格构成。列是垂直的，由字母区别；行是水平的，由数字区别。在工作表界面上分别移动水平滚动条和垂直滚动条，可以看到行的编号是由上到下、从1到1048576，列标是从左到右，字母编号从A到XFD。因此，一个工作表可以达到1048576行、16384列。

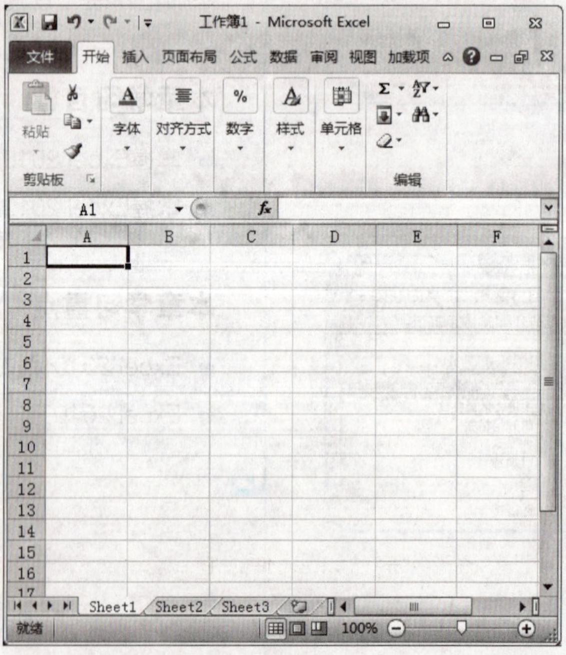

每张工作表都有相对应的工作表标签，如“Sheet1”、“Sheet2”、“Sheet3”等，数字依次递增。

视野拓展

Excel中最常用的是工作表，一个工作表共有256列、65536行。通常情况下，使用Excel工作表时，只用其中的一部分。

2.1.3 单元格

每一张工作表都是由多个长方形的“存储单元”所构成，这些长方形的“存储单元”即为单元格。输入的任何数据都会被保存在这些单元格中。单元格由它们所在行和列的位置来命名，如单元格B2表示列号为B与行号为2的交叉点上的单元格。

在Excel中，当单击选择某个单元格后，在窗口“编辑栏”左边的“名称”框中将会显示出该单元格的名称。

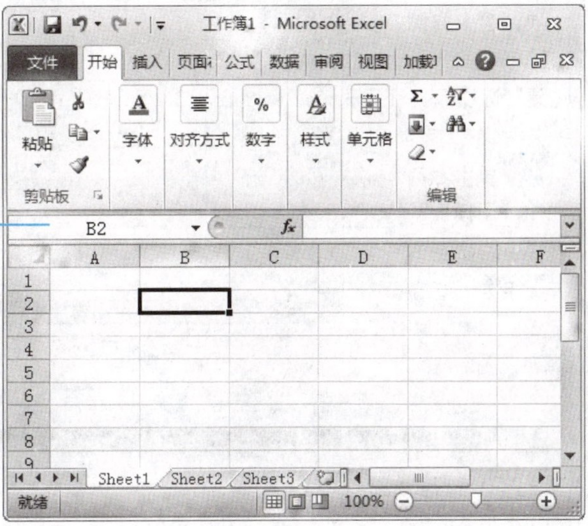

2.1.4 单元格区域

单元格区域是指多个单元格的集合，它是由许多个单元格组合而成的一个范围。表元区域可分为连续表元区域和不连续表元区域。

在表元区域的表示中，如果单元格名称与单元格名称中间是冒号（：），则表示一个连续的表元区域；若中间是逗号（，），则表示不连续的表元区域。

2.2 工作簿的基本操作

工作簿就是Excel文件，它包含数量最多为255个的工作表，而每个工作表都是独立的空间。

视野拓展

在单元格内输入数据时，可能需要换行。操作时可以在需要断行的位置按Alt+Enter键，再接着输入内容即可。

2.2.1 新建工作簿

默认情况下，启动Excel 2010后会自动新建一个工作簿。如果要新建一个空白工作簿，可以按以下步骤操作。

操作步骤

1 单击“文件”选项，选中右侧菜单中的“新建”选项卡。

2 单击“可用模板”栏中的“空白工作簿”。

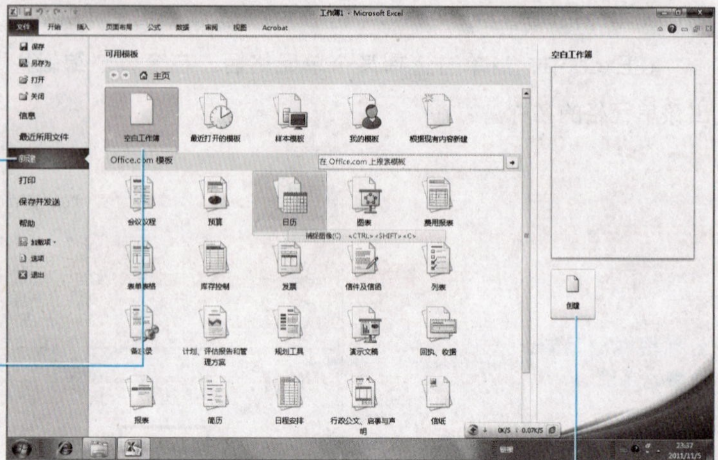

3 单击右侧窗格左下角的“创建”按钮。

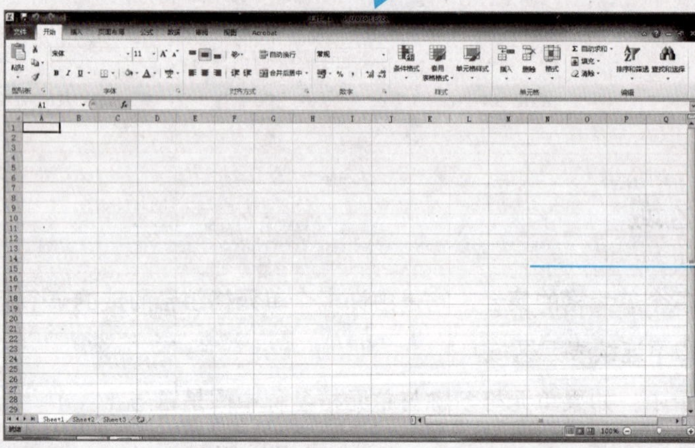

4 生成空白工作簿。

技巧：用户也可双击“空白工作簿”按钮，直接生成新的工作簿。或者在Excel窗口中按Ctrl+N键。

2.2.2 打开工作簿

在工作中经常会使用到以前保存的工作簿，这样就需要从以前的保存位置找到需要的工作薄并将其打开。当然，最常用的打开已有工作簿的方法是，在“计算机”窗口中找到并双击要打开的文件。除了这种方法还可以通过以下方法打开工作簿。

视野拓展

在根据现有的工作簿新建的工作簿中，保留了原工作簿的格式和内容，用户可以根据实际需求，在新建的工作簿中设置工作簿的格式与内容。

操作步骤

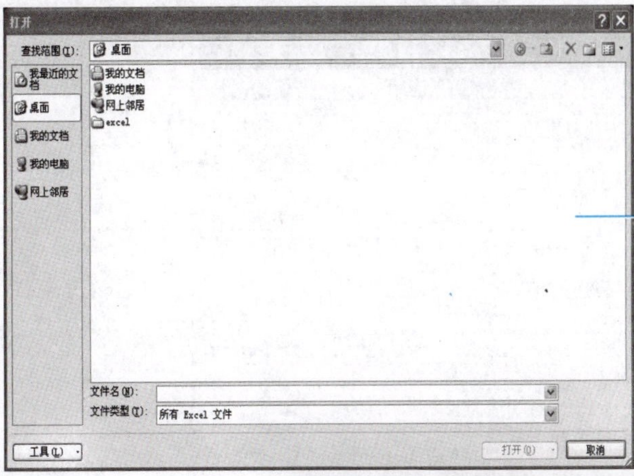

1 按Ctrl+O键，此时也会打开“打开”对话框，选择要打开的文件，然后单击“打开”按钮，即可打开工作簿。

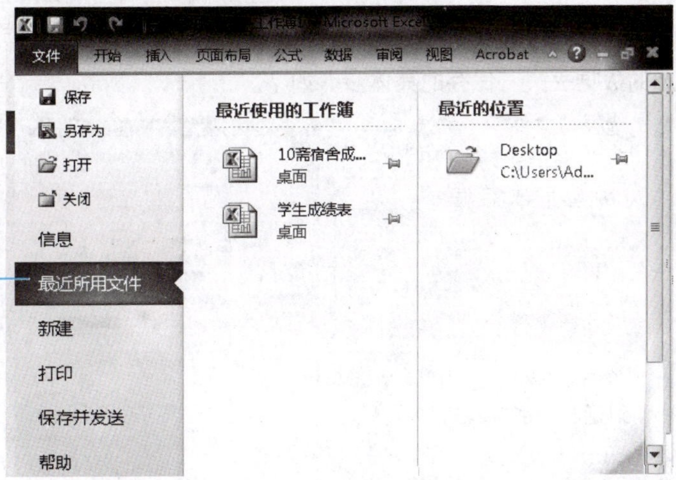

2 选择“文件”→“最近所用文件”命令，从“最近使用的工作簿”下方选择目标工作簿，也可以打开工作簿。

2.2.3 保存和关闭工作簿

1. 保存工作簿

如果要保存工作簿，可以按下列方法进行操作。

操作步骤

Step 01 选择“文件”→“保存”命令。

Step 02 选择“文件”→“另存为”命令。

单击快速访问工具栏中的“保存”按钮，此时保存的路径和上次文件保存的路径相同。

如果是第一次保存工作簿，使用以上任意一种方法都会打开“另存为”对话框。在“保存位置”下拉列表中选择要保存的位置，然后在“文件名”右侧的文本框中输入工作簿的名称，单击“保存”按钮即可完成工作簿的保存。

视野拓展

默认情况下，“最近使用的工作簿”中显示出最近使用的17个文档，通过设置也可以显示最多50个文档。

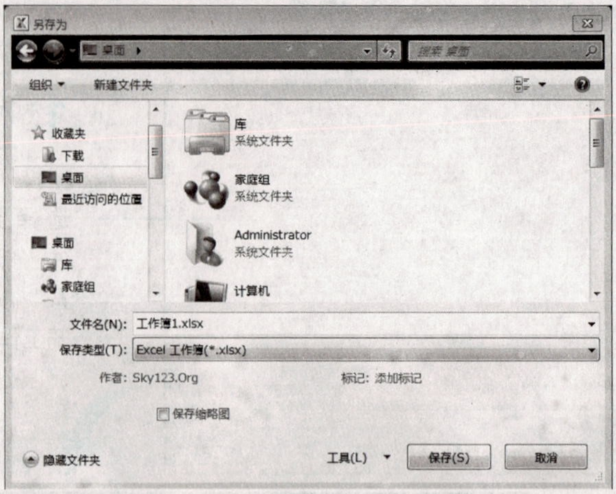

用户还可以设置工作簿的自动恢复信息时间间隔，以防止未及时手动保存造成的数据丢失。保存的具体步骤如下。

操作步骤

1 选择“文件”→“选项”命令，打开“Excel 选项”对话框。

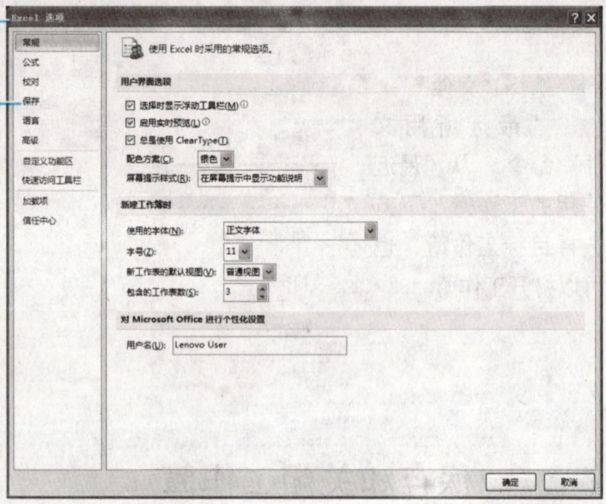

2 单击“Excel选项”对话框中的“保存”选项。

博学先生，我们可以按Ctrl+S键进行保存吗？

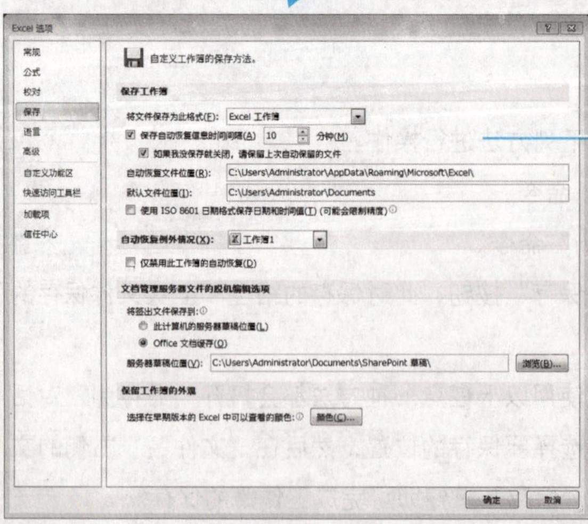

3 在“保存工作薄”选项区域勾选“保存自动恢复信息时间间隔”复选框，在右侧进行调整，可以输入1~120的整数，然后单击“确定”按钮。

呵呵，当然可以啦！不过要注意，此时文件的保存路径将和上次文件的保存路径相同。

视野拓展

如果要保存已经存在的工作簿，可以通过按Ctrl+S键或者按Shift+F12键来快速保存。

2. 要关闭工作簿

关闭工作簿应当使用正确的方法，这样可以防止数据丢失。如果要关闭工作簿可以按下列方法进行操作。

操作步骤

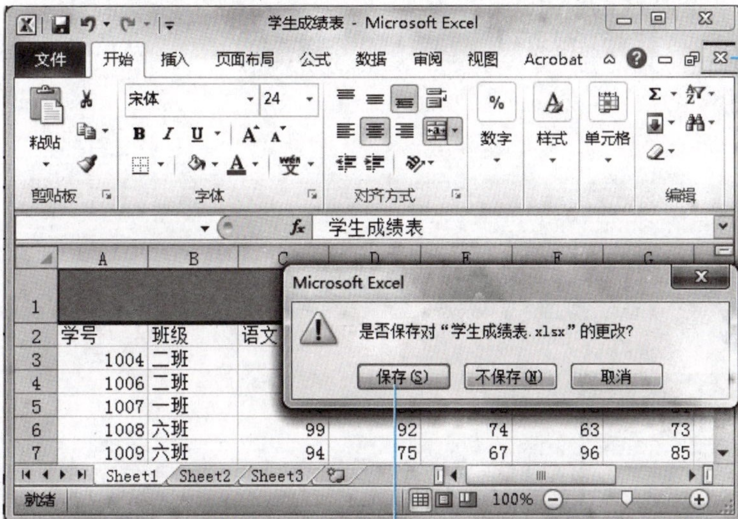

1 单击窗口右上角的"关闭"按钮，然后单击"Excel选项"对话框中的"保存"按钮。

2 在弹出的对话框中单击"保存"按钮。

关闭工作簿还有以下方法。

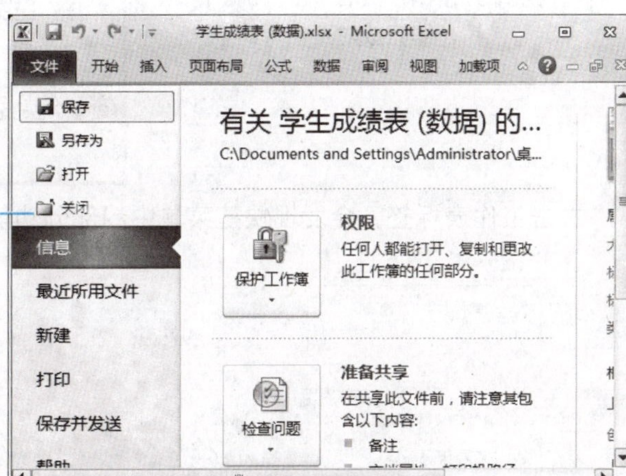

选择"文件"→"关闭"命令，可以关闭使用的工作簿。

2.2.4 保护工作簿

在Excel中，既可以保护工作簿的窗口结构，也可以指定用户访问工作簿的

视野拓展

当需要另存时，选择"另存为"命令，在"另存为"对话框中选择"保存类型"为"Excel工作簿"，则保存文件后缀名为".xlsx"；若选择"Excel 97-2003工作簿"，则文件后缀名为".xls"，

数据，这样可以防止数据随意被修改。保护工作簿的具体步骤如下。

操作步骤

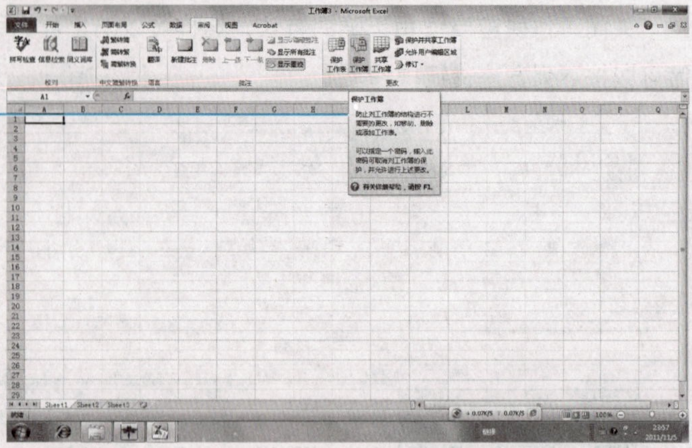

1 单击功能区“审阅”选项卡下“更改”组中的“保护工作簿”，打开“保护结构和窗口”对话框。

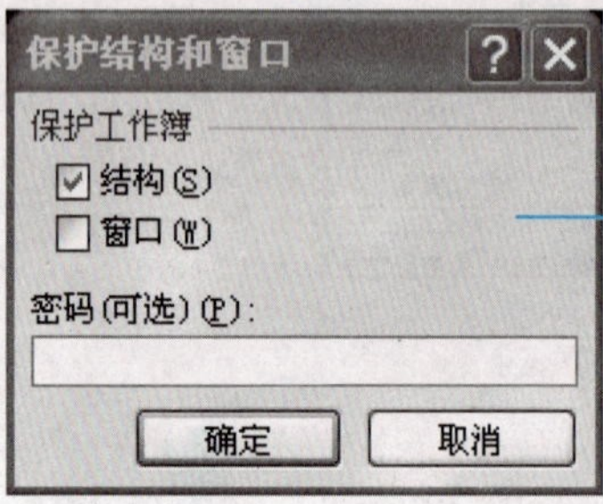

2 在“密码”文本框中输入密码，然后单击“确定”按钮。

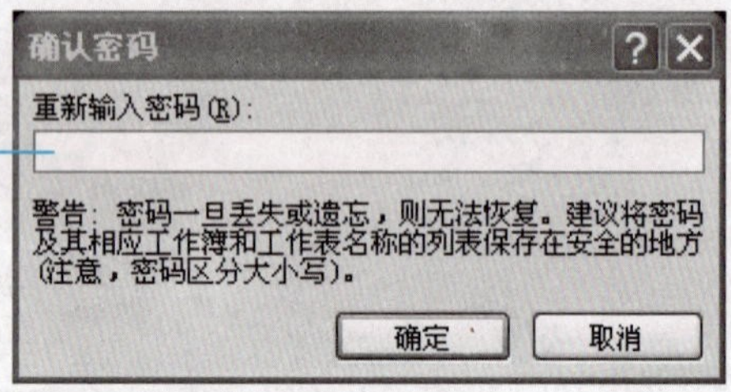

3 再次输入密码，然后单击“确定”按钮，即完成对工作簿的保护设置。

右击工作表标签，会发现快捷菜单中的部分功能命令已被禁用。

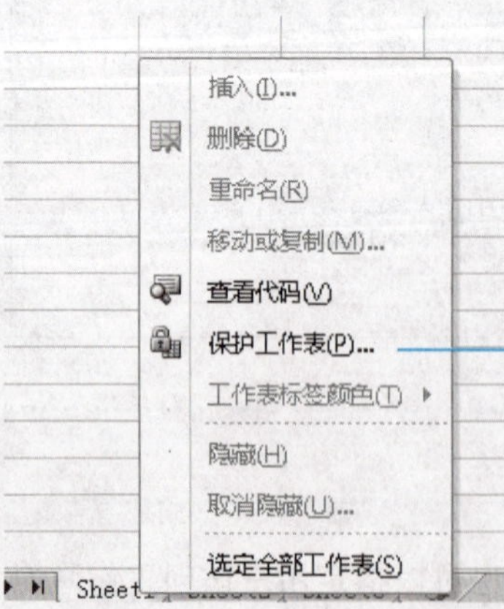

保护工作簿后的效果。

提示：在“保护结构和窗口”对话框中，若勾选“结构”复选框，可以防止修改工作簿的结构，还可以防止删除、重新命名、复制、移动工作表等；若勾选“窗口”复选框，则可以防止修改工作簿窗口，窗口控制按钮变为隐藏，并且多数窗口功能，如移动、缩放、恢复、最小化、新建、关闭、拆分和冻结窗口功能将不起作用。

视野拓展

如果有多个打开的窗口，想要关闭这些窗口，可以在按住Shift键的同时单击窗口右上角的“关闭”按钮。

2.2.5 共享工作簿

在Excel中，如果允许多个用户对一个工作簿同时进行编辑，可将使用的工作簿设置为共享工作簿。

1. 设置共享工作簿

共享工作簿对管理更改频繁的列表而言特别有用。例如，如果工作组中的成员每人都要处理多个项目并需要知道相互的工作状态时，那么工作组就可在共享工作簿中使用列表，每个成员都可在其中输入和更新每个项目的信息。具体操作步骤如下。

操作步骤

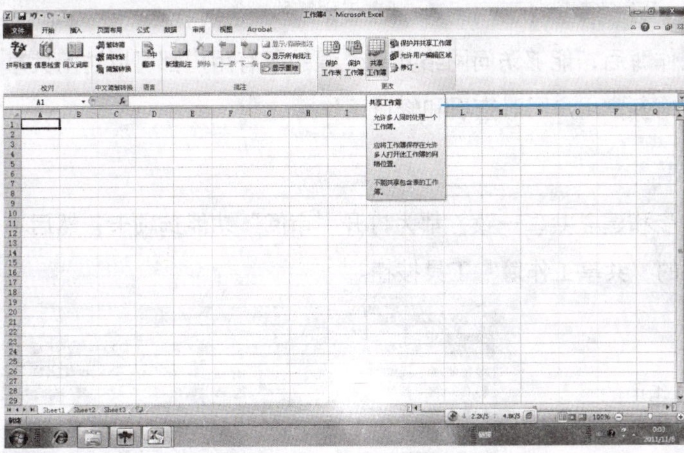

1 单击功能区“审阅”选项卡下的“更改”组中的“共享工作簿”，打开“共享工作簿”对话框。

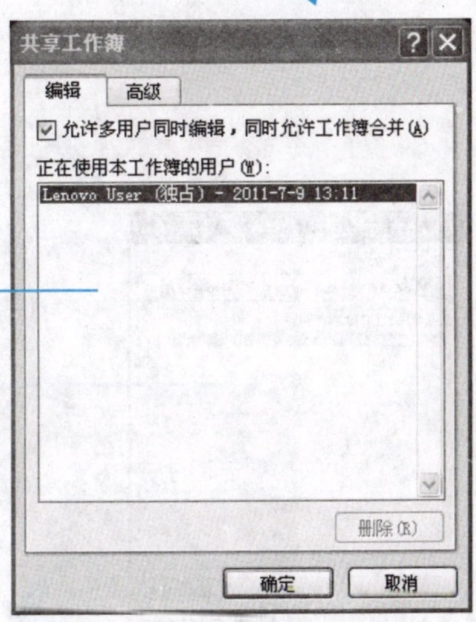

2 勾选“允许多用户同时编辑，同时允许工作簿合并”复选框。然后切换到“高级”选项卡，进行相关设置。

视野拓展

对工作簿进行保护可以防止他人改动工作簿的结构或窗口。启用结构保护，可以防止他人对工作表移动、重命名、删除等操作。

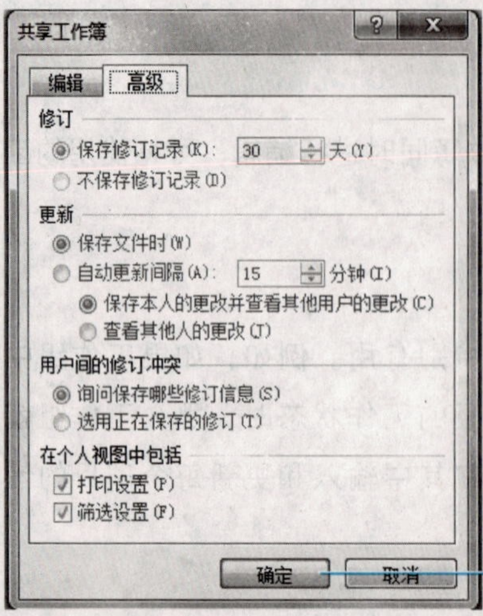

3 单击“确定”按钮，完成共享工作簿的操作。

当创建了共享工作簿后，能够访问网络共享资源的所有用户都可以访问共享工作簿。允许网络上的多位用户同时查看和修订工作簿。

2. 取消共享工作簿

操作步骤的第一步和建立共享一致，都为打开“审阅”功能选项卡，然后单击“更改”功能组中的“共享工作簿”工具按钮。

操作步骤

1 单击“更改”功能组中的“共享工作簿”按钮。

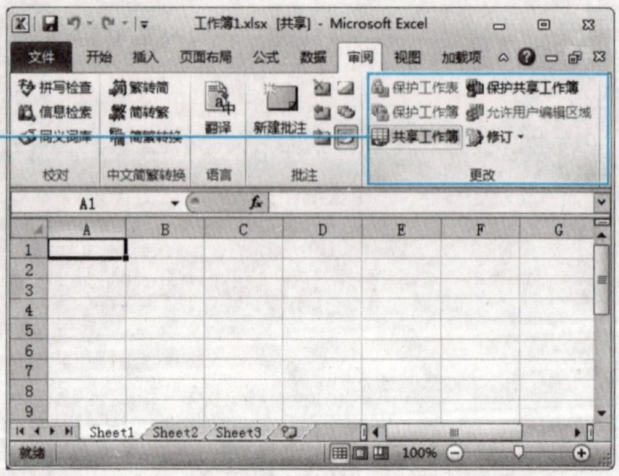

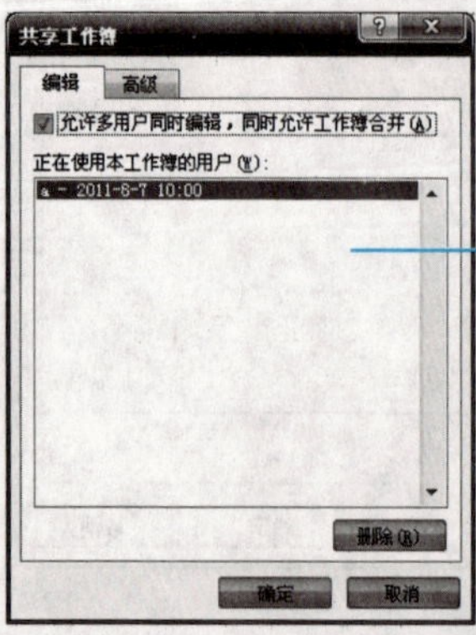

2 取消复选框前的“√”标记，然后单击“确定”按钮。

视野拓展

共享工作簿不支持删除工作表、插入或删除单元格、组合或分级显示数据等功能，但可以使用插入正行和列、使用现有大纲等操作。

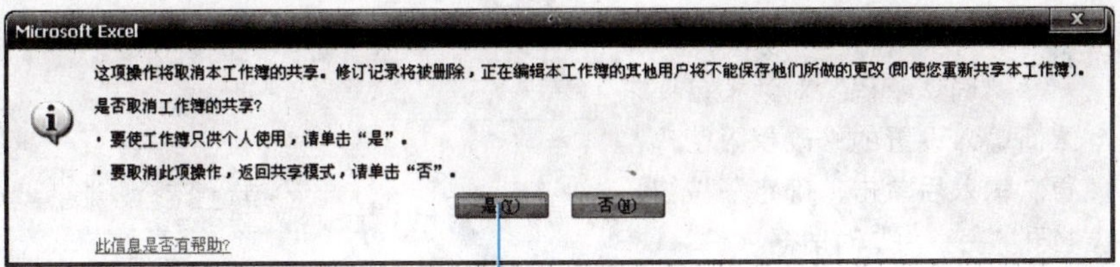

3 单击“是”按钮即可。

2.2.6 加密工作簿

为了保护工作簿，避免网络内其他用户非法访问共享工作簿，需要对打开的工作簿进行加密设置，用户只有输入正确的密码后才可以打开或编辑工作表中的数据。设置工作簿密码的操作步骤如下。

操作步骤

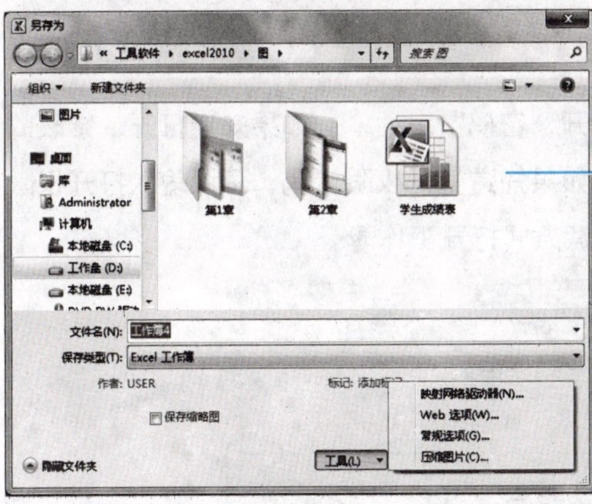

1 选择“文件”→“另存为”命令，打开“另存为”对话框。

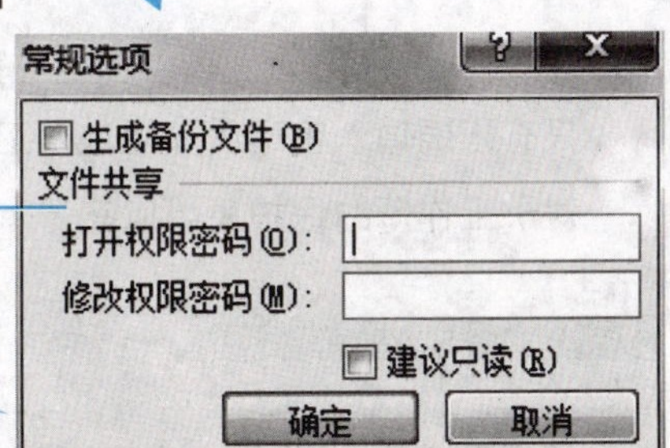

2 单击对话框左下角的“工具”按钮，然后弹出“常规选项”命令，打开“常规选项”对话框。

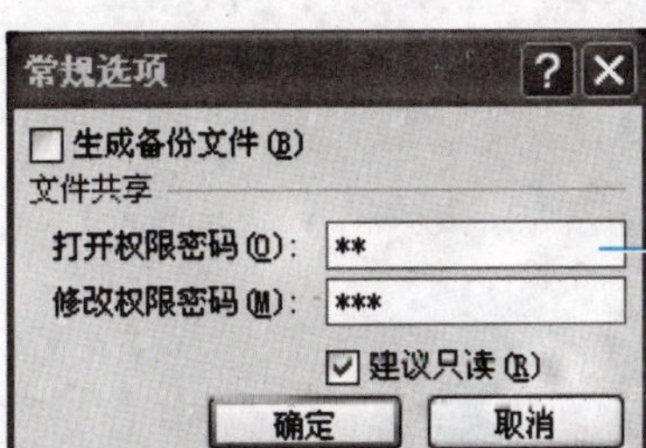

3 在文本框中设置工作簿的“打开权限密码”和“修改权限密码”，勾选“建议只读”复选框。

视野拓展

保护工作簿可以单击“文件”选项卡，选择“信息”命令。选择“标记为最终状态”将文档设为只读；选择“用密码进行加密”为文档设置密码；选择“限制编辑”可对部分功能进行更改；选择

4 单击“确定”按钮，打开“确认密码”对话框，要求重新输入设置的修改权限密码，再次输入后单击“确定”按钮，打开“另存为”对话框。

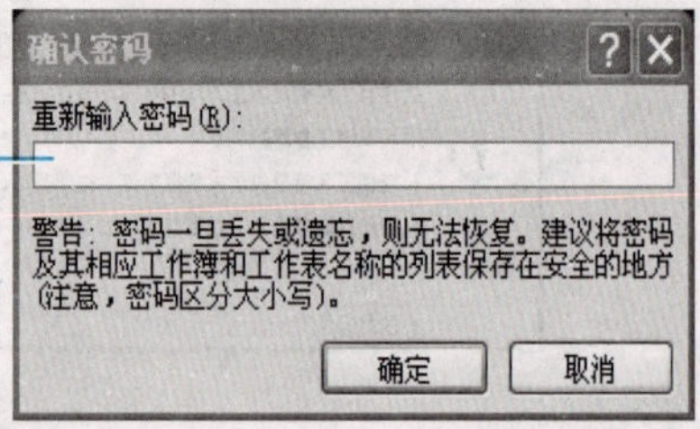

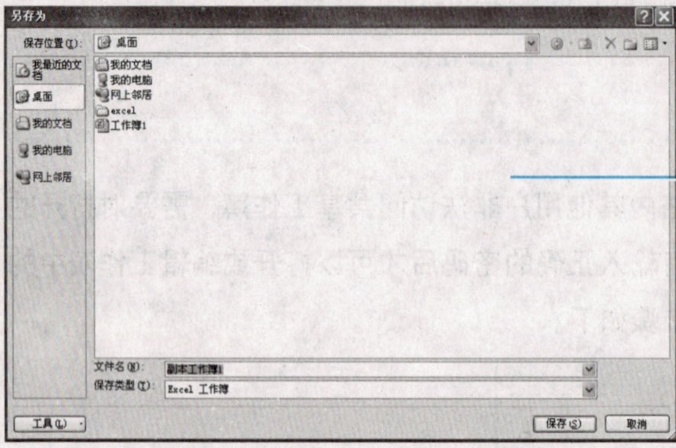

5 在“另存为”对话框中单击“保存”按钮，保存工作簿。

再次打开刚才保存的工作簿会打开“密码”对话框，如果知道打开、修改的密码，输入后即可开始编辑工作簿；如果知道打开权限密码，可以输入打开权限密码后，单击“只读”按钮，则以只读方式打开工作簿。

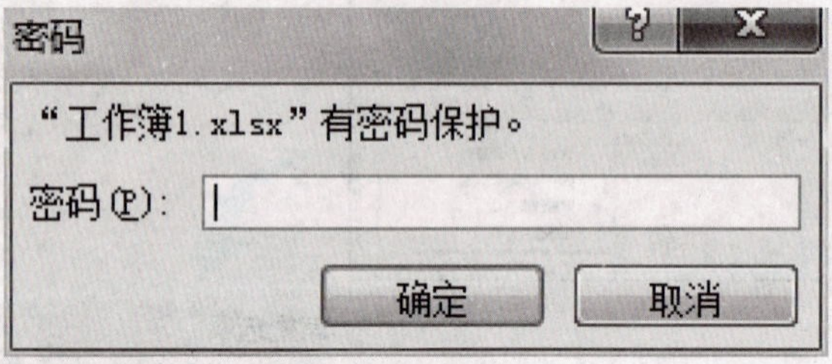

只有正确输入密码后才能进入工作簿页面。

对于工作簿的保护还可以在“审阅”选项卡中进行设置。

操作步骤

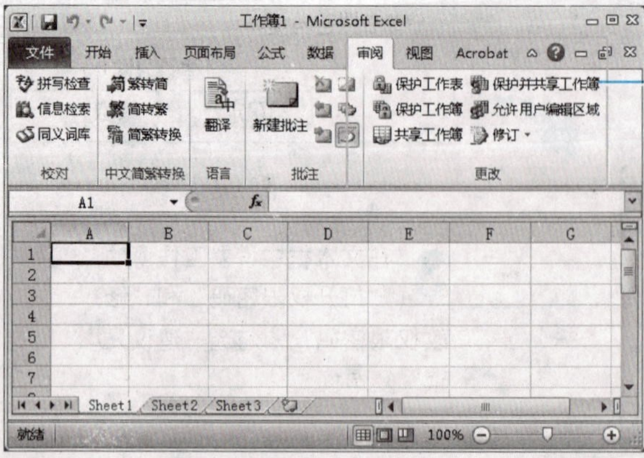

1 单击“审阅”选项卡中的“保护并共享工作簿”按钮。

视野拓展

将文档设置为“标记为最终状态”后，将禁用或关闭输入、编辑命令和校对标记。该命令有助于让其他人了解本文档是已完成的，防止审阅者或读者无意中对其更改。

2 勾选“以跟踪修订方式共享”复选框，在“密码”文本框中输入密码，最后单击“确定”按钮。

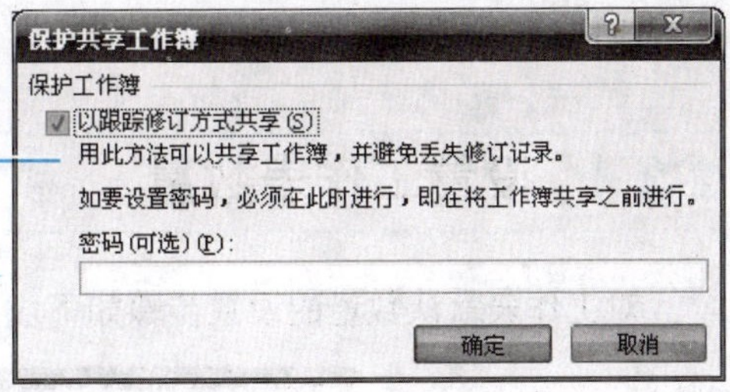

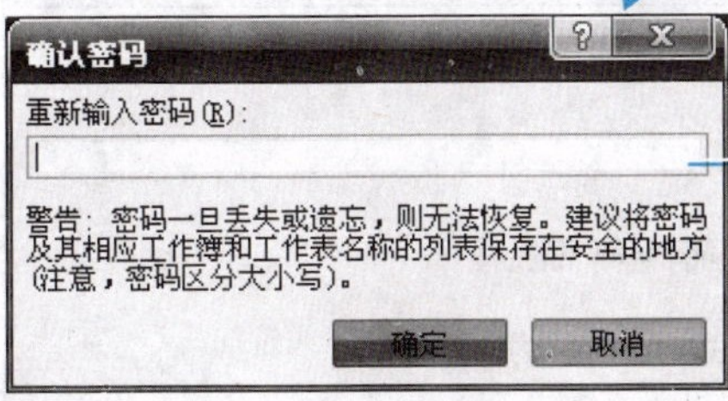

3 在弹出的“确认密码”对话框中重新输入密码即可。

4 单击“确定”按钮。

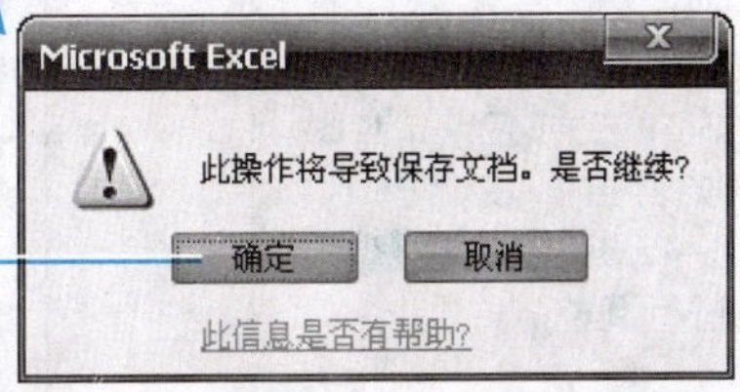

对工作簿设置保护并共享后，“更改”功能组中的“保护并共享工作簿”工具按钮会自动变为“撤消对共享工作簿的保护”按钮。

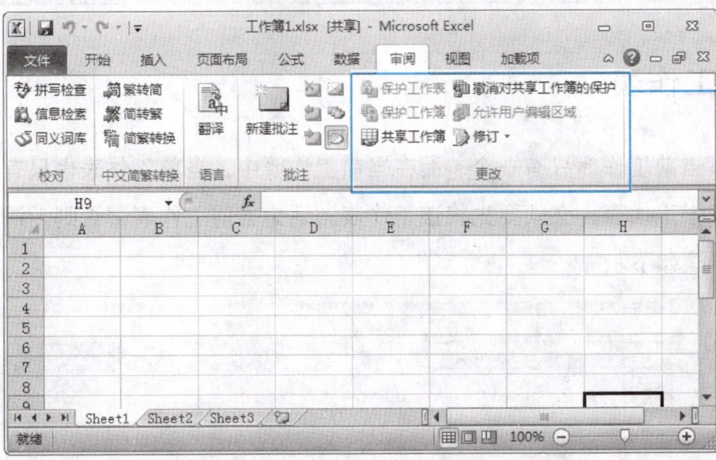

变为“撤消对共享工作簿的保护”按钮。

提示：如果要取消对工作簿的保护和共享功能，可以单击“审阅”功能选项卡，然后单击“更改”功能组中的“撤消对共享工作簿的保护”工具按钮，在弹出的对话框中输入密码即可。

2.3 工作表的基本操作

工作表是用于处理和存储Excel数据的主要文档，每个工作表由行和列组成二维表格，多个工作表组成工作薄。默认情况下，一个工作簿包括三个工作表。

视野拓展

签名行看上去类似于打印文档中可能出现的典型签名占位符，但是它的使用方式不同。向Office文件中插入签名行时，作者可以指定有关预期签名人的信息以及向签名人提供说明。

用户可以根据需要添加和删除工作表，也可以修改默认工作表数量。

2.3.1 设置工作表数量

对工作表默认数量的设置步骤如下。

选择“文件”→“选项”命令，打开“Excel 选项”对话框，在“包含的工作表数”右侧输入1~255范围内的整数进行调整。

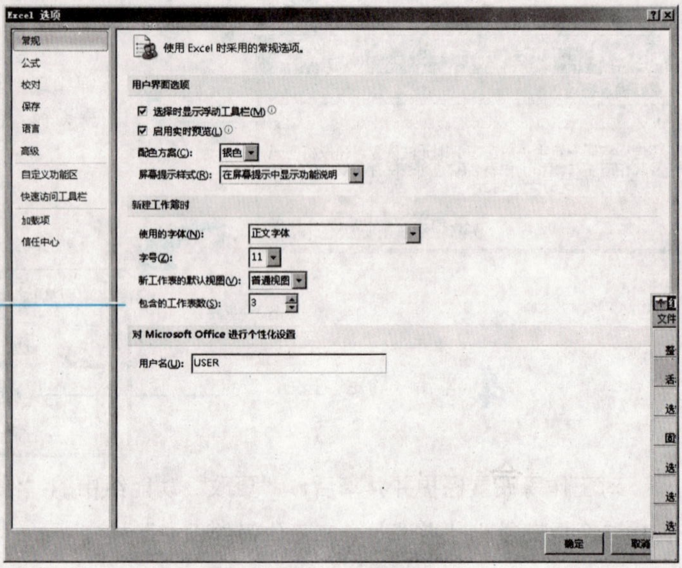

2.3.2 激活工作表

在任何时候，当前工作簿只有一个。而在当前工作簿中，当前工作表也只有一个。要使用某一张工作表，必须要先将该工作表激活为当前工作表，否则无法进行任何操作。步骤如下。

将鼠标指针指向工作表标签，然后单击鼠标即可。

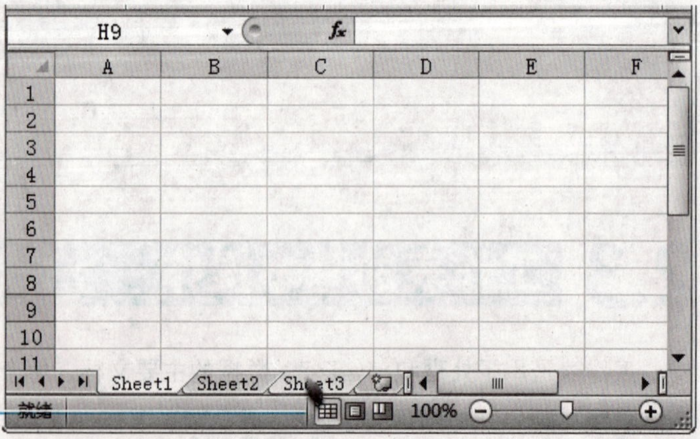

技巧： 若要激活当前工作表的前一个工作表，可以按Ctrl+Page Up键；若要激活当前工作表的后一个工作表，可以按Ctrl+Page Down键。

视野拓展

移动或复制工作表的操作步骤是：在“开始”选项卡上的“单元格”组中单击“格式”，然后在“组织工作表”下单击“移动或复制工作表”。

若需要选择多张不连续的工作表，操作方法为：先单击选择工作表范围内的一张工作表标签，然后按住Ctrl键再单击其他工作表标签，直至选择完毕，松开Ctrl键即可。

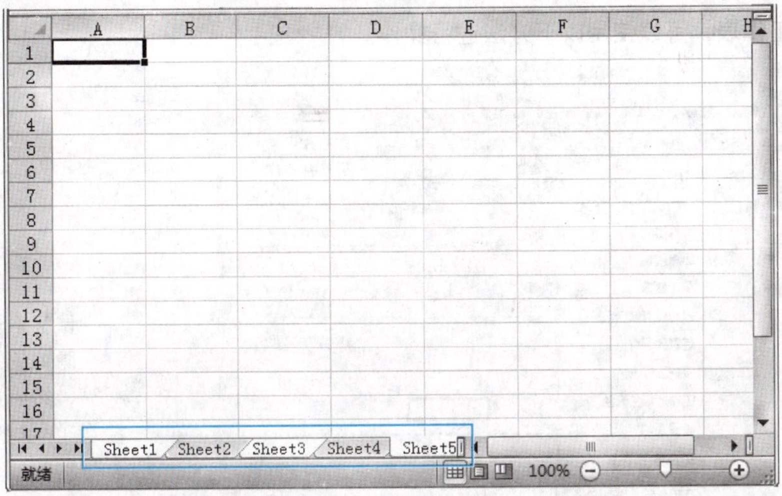

提示：当前工作簿中若有多张工作表，且需要激活的工作表标签没有显示出来时，可以单击工作表标签左侧的标签滚动按钮，将需要的工作表显示出来。

2.3.3 重命名工作表

用户可以将使用的工作表进行重命名，以方便以后查找工作表。如果要重命名工作表，可以使用下列两种方法进行操作。

操作步骤

（1）鼠标右击要改名的工作表标签，然后选择快捷菜单中的“重命名”命令，此时工作表的名称高亮显示。输入新的工作表名称，然后按Enter键，即可完成工作表的重命名操作。

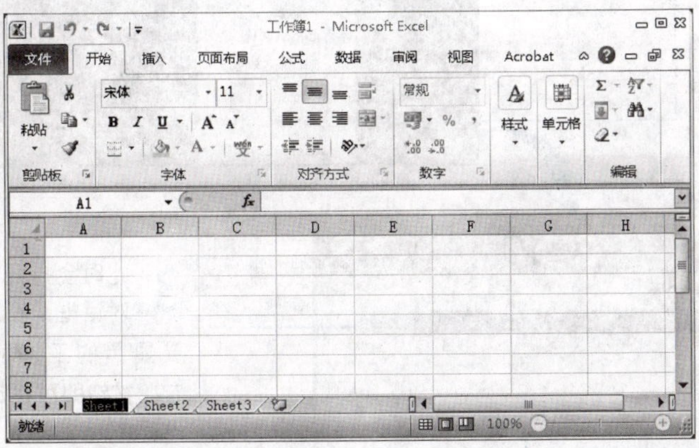

（2）双击工作表标签，此时工作表的名称高亮显示，输入新的工作表名称，然后按Enter键，即可完成工作表的重命名操作。

视野拓展

重命名工作表后，若工作簿中没有Sheet1，则在新建工作表后，新的工作表名称为Sheet1，以后新建的工作表按照不能重名、但数量加1的方法自动重命名。

2.3.4 隐藏与显示工作表

如果Excle工作簿使用的工作表过多，可以对工作表进行隐藏。要显示已隐藏的工作表，可以使用以下方法进行操作。

操作步骤

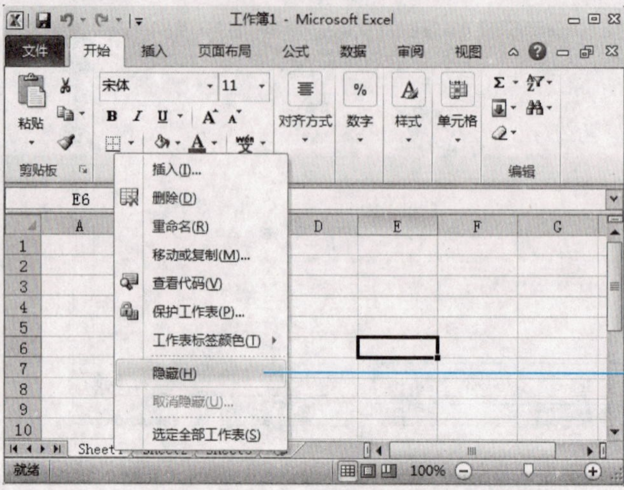

1 鼠标右击需要隐藏的工作表标签，然后选择快捷菜单中的“隐藏”命令。

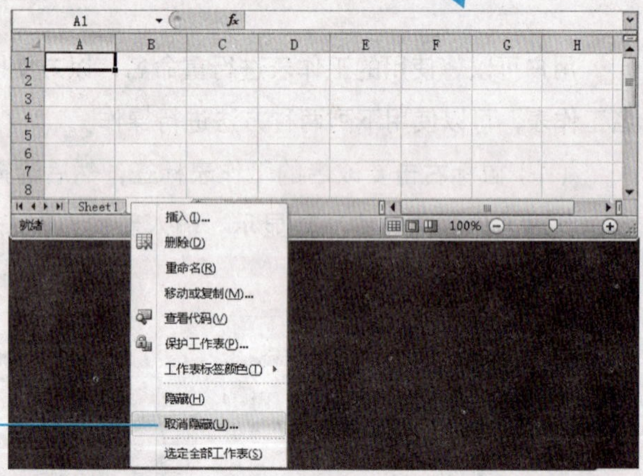

2 在标签区域右击鼠标，然后在弹出的快捷菜单中单击“取消隐藏”命令。

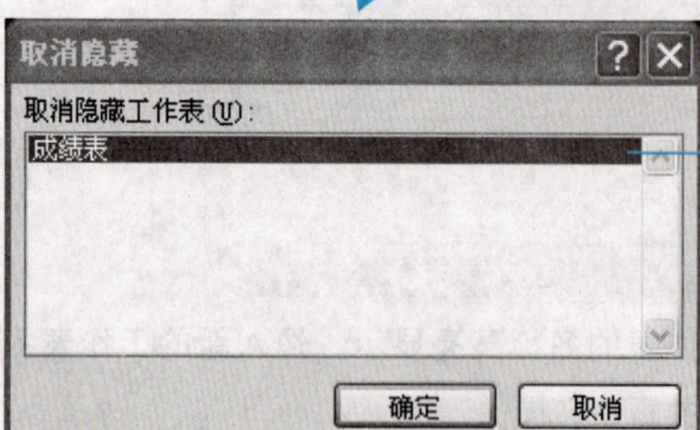

3 此时会打开“取消隐藏”对话框，在对话框中选择要显示的工作表，单击“确定”按钮即可将其重新显示。

视野拓展

如果要隐藏的工作表很多，则要小心，因为用户可以一次隐藏多个工作表，但一次只能取消隐藏一个工作表。

2.3.5 调整工作表的顺序

工作表标签的排列顺序就是各张工作表在工作簿中的排列顺序。用户可以根据实际需要调整各工作表的排列顺序。

调整工作表排列顺序的操作非常简单，只需要将鼠标指针指向要移动顺序的工作表标签上，然后按住鼠标左键向左或向右拖动，此时会出现一个倒三角形，当三角形指向目标位置后松开左键即可。

操作步骤

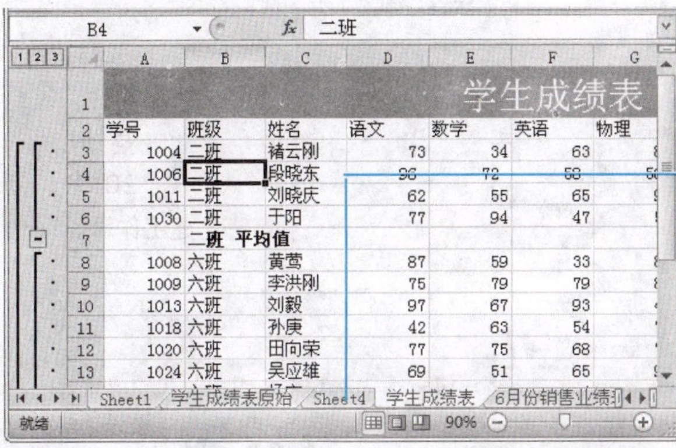

1 鼠标按住工作表标签。

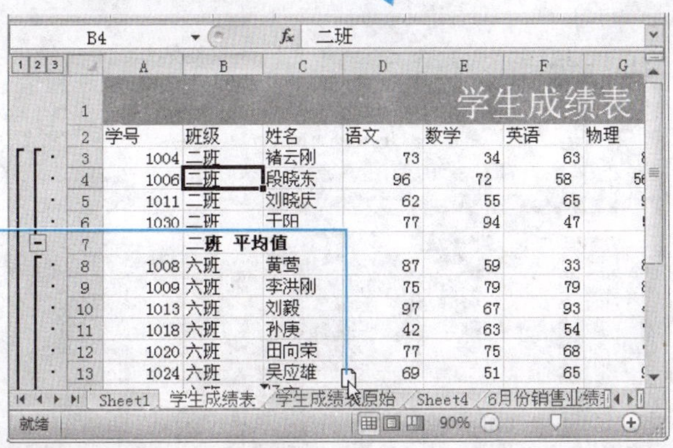

2 左移鼠标，出现移动标志。

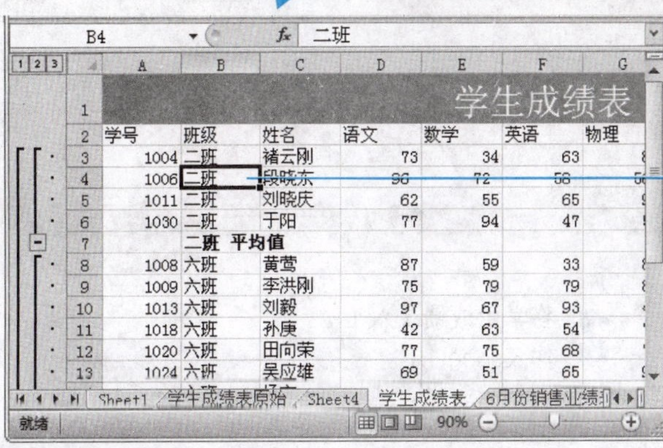

3 移动后的效果。

视野拓展

当用户退出Excel时，系统会询问是否要保存对隐藏的工作簿窗口所做的更改，如果希望下次打开该工作簿时隐藏工作簿窗口，请单击“是”按钮。

2.4 实例——学生成绩表的基本设置

本节以学生成绩表为例，详细演示Excel 2010工作表的操作方法。新建工作表，并对其进行保护、共享、加密、重命名等操作。

启动Excel 2010新建工作簿，并将学生成绩录入工作表sheet1。

操作步骤

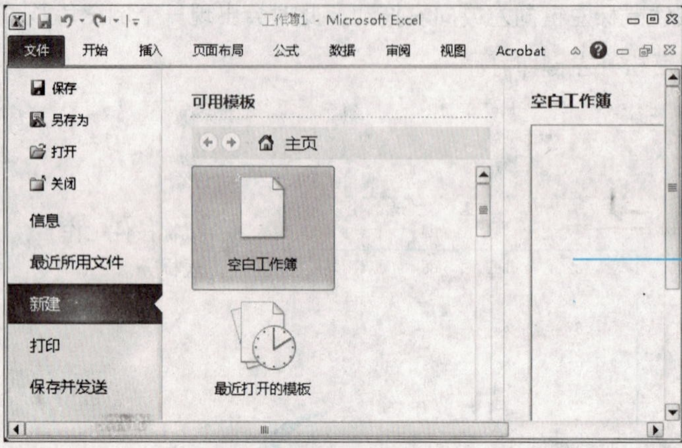

1 启动Excel 2010，新建工作簿。

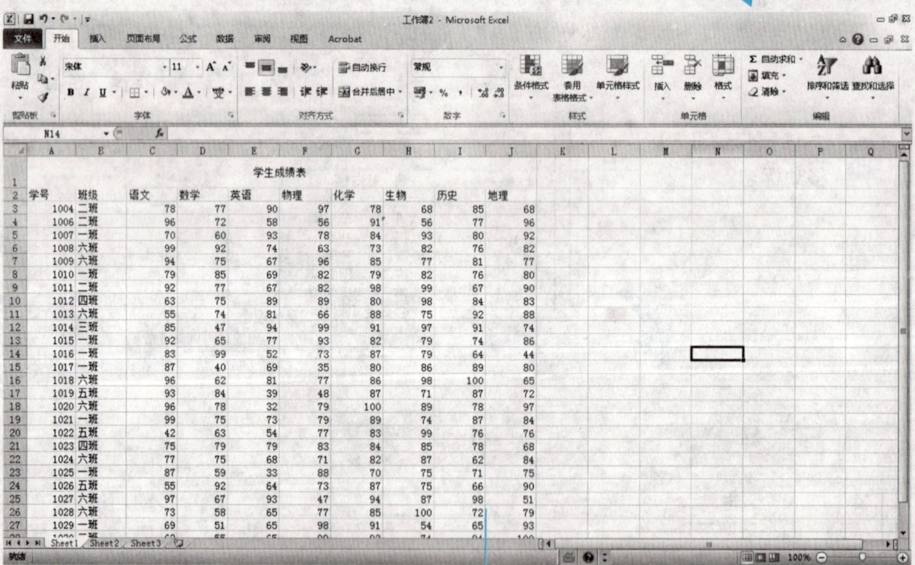

2 将学生成绩录入工作表sheet1中。

视野拓展

在“插入”对话框中的“电子表格方案”选项卡下有许多Excel自带的样式，选择其中的一项即可在当前工作表之前插入带有某种样式的工作表。

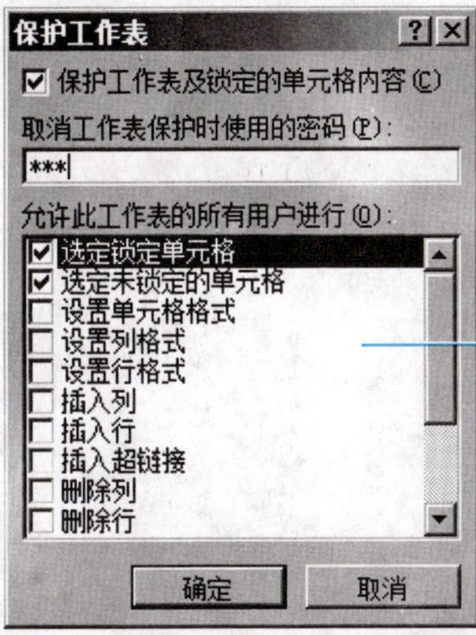

3 选择功能区“审阅”选项卡→“更改”组→“保护工作表”命令，打开“保护工作表”对话框，输入密码，然后单击“确定”按钮。

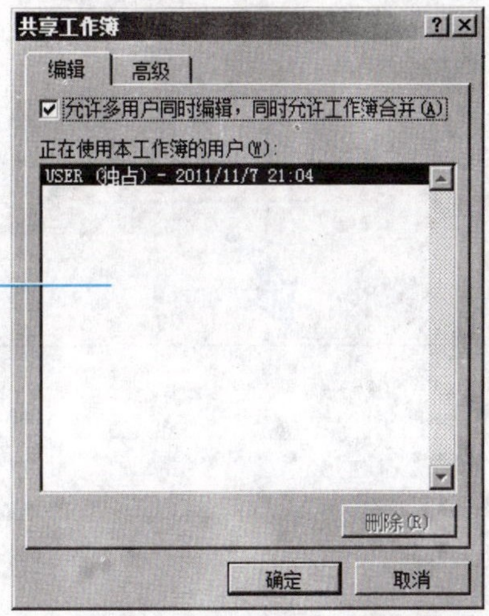

4 选择功能区“审阅”选项卡→“更改”组→“工作簿共享”命令，打开“共享工作簿”对话框，勾选“允许多用户同时编辑，同时允许工作簿合并”复选框。然后切换到“高级”选项卡，进行相关的设置，最后单击“确定”按钮完成共享设置。

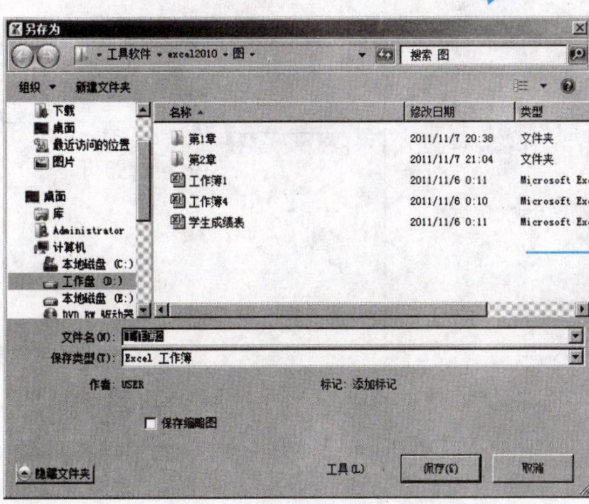

5 选择“文件”→“另存为”命令，打开“另存为”对话框，从中进行相关设置后单击“保存”按钮即可。

视野拓展

当用户向被保护的文档输入不符合密码策略规则的密码时，常见的错误有两种：密码不符和最小长度不符合最小复杂性规则要求。

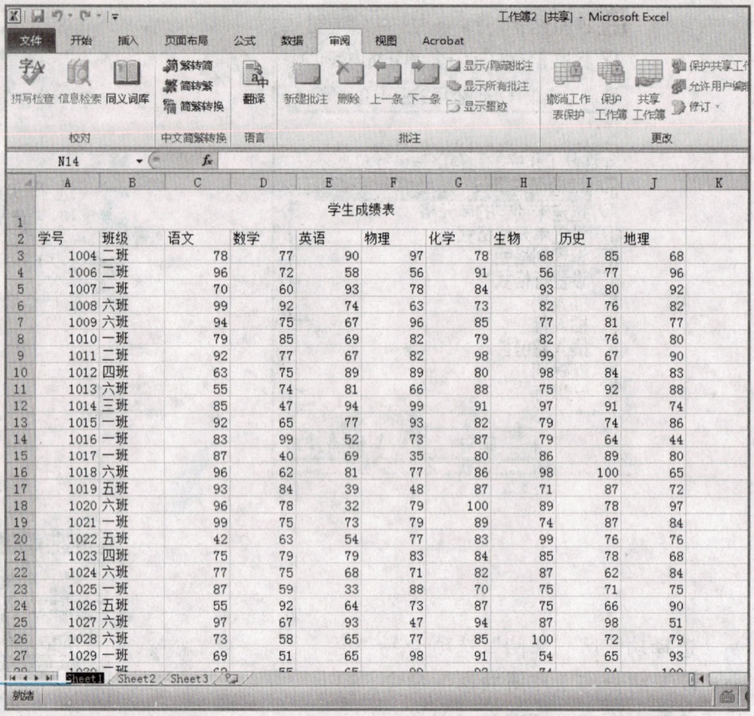

6 右击工作表sheet1，从快捷菜单中选择“重命名”命令，工作表的名称高亮显示。

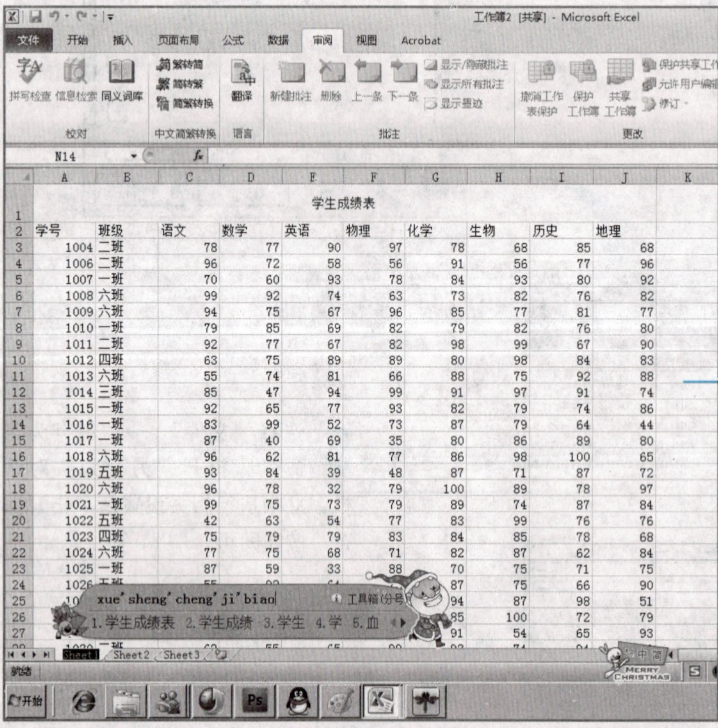

7 输入“学生成绩表”，按Enter键即可。

视野拓展

应用快捷键能大幅度提高工作效率。Ctrl+C键复制选定的内容，Ctrl+V键粘贴选定的内容，Ctrl+B键应用或取消加粗格式，Ctrl+F键显示“查找和替换”对话框。

2.5 趁热打铁

现在利用本章学到的知识解决下面的问题。

2.5.1 选择题

（1）如果选择不连续的工作表，应该按住（ ）键。

A. Ctrl　　B. Alt

C. Shift　　D. Tab

（2）如果需要将工作簿共享，则应该在（ ）选项卡中寻找相应的功能按钮。

A. 开始　　B. 数据

C. 审阅　　D. 视图

（3）下列快捷键能够将已激活的工作表切换到下一个工作表的是（ ）。

A. Ctrl+PgUp　　B. Ctrl+PgDn

C. Shift+ PgUp　　D. Shift +PgDn

2.5.2 实践题

打开本章的实例——学生成绩表，首先设置共享并保护工作簿，然后在互联网中与他人共同修改学生成绩表，最后关闭共享，查看工作簿修改效果。

视野拓展

若有需要可以将用户与共享工作簿断开连接。在断开与用户的连接之前，需要确保他们已经在工作簿上完成了他们的工作。如果删除活动用户，则这些用户所有未保存的工作将会丢失。

读书笔记

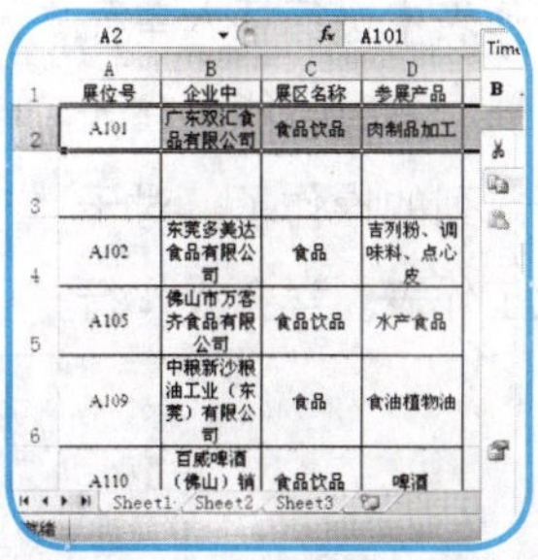

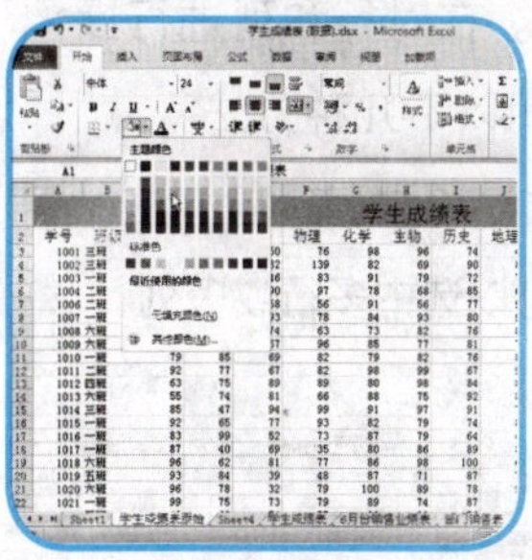

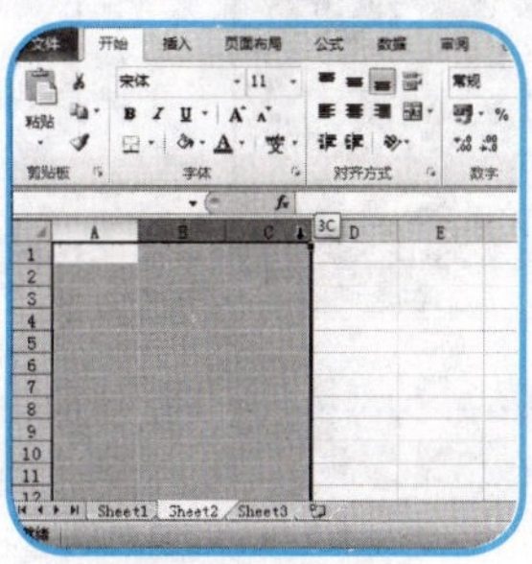

第3章 行、列、单元格的基本操作

本章导读

Excel工作表是由许多行和列组成的二维表。用户通过对二维表或是选定的单元格工作区的操作，进行数据录入和操作。本章主要对Excel工作表的行、列、单元格的基本操作进行讲解，使读者熟练掌握Excel的操作方法。

本章学习目标

- 了解行和列的操作方法。
- 能够灵活地应用行和列调整方式。

本章学习重点

会使用调整行、列和单元格方法。

3.1 行与列的操作

使用Excel 2010 进行输入或编辑数据的过程中，不可避免地会遇到一些错误，例如，在输入数据时，不慎将后面单元格的数据输入到了前面相邻的单元格中，而重新输入又会花费大量时间；或者在编辑数据的过程中，忽然发现要在某一单元格所在的位置插入一个单元格，这时候，就需要在工作表中进行插入单元格的操作了。对于一个已编辑好的表格，随着数据的不断更新，有时可能要在表中增加一行或一列来容纳新的数据，这时，就要用到插入行或列的操作了。对于工作表中多余的单元格、行或者列，可以将其删除，以简化工作表。学会操作行和列可以有效地节省时间。

3.1.1 选择行或列

启动Excel 2010后，在默认情况下，工作簿中会有三个工作表，每个工作表都由许多行和列组成。用户可以选择行和列并进行操作。在对行和列进行操作之前首先要先选中行和列。如果要选中行和列，可以使用以下几种方法。

（1）单击位于工作表左侧的数字或者上方的字母可以选中行或者列。

（2）在数字列中或是字母行中按住鼠标左键进行拖动，可以选中多行或多列。

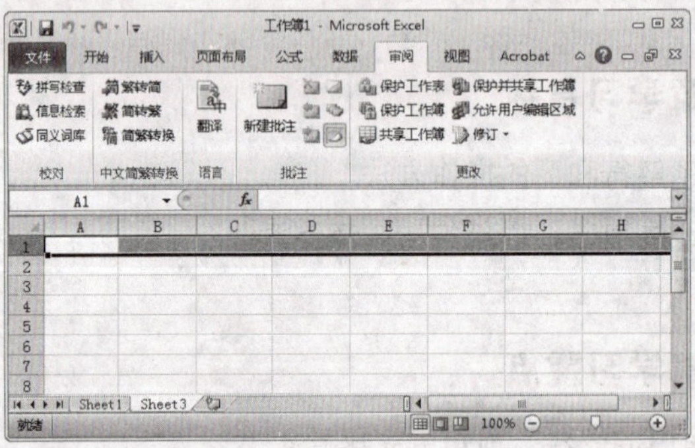

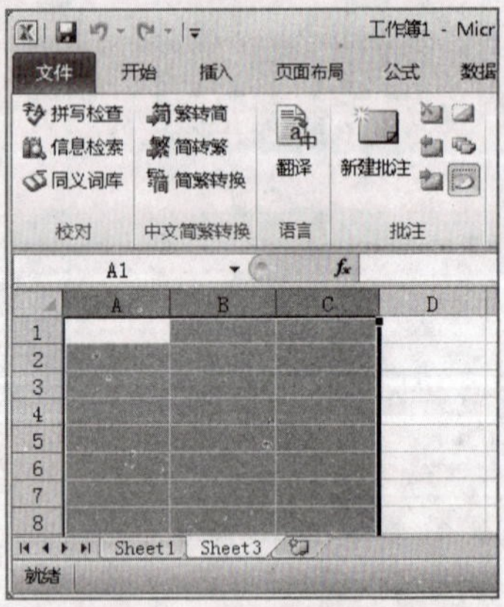

3.1.2 插入行和列

添加行需要在所添加的位置下方选中一行，使用“插入”命令，就可以在其上添加新的行。添加列时需要在所添加的位置右方选中一列，使用“插入”命

视野拓展

在工作表中插入行时，受插入影响的所有引用都会相应地做出调整，不管它们是相对还是绝对单元格引用，这同样适用于删除行。如果需要引用自动调整，建议在公式中尽可能使用区域引用，而不是指定单个单元格。

令，使用这样的方法添加行和列可以使编辑变得更加轻松，不用对整个工作表进行新的编辑。下面我们就来学习具体的操作步骤。

操作步骤

1 选中要在其上方插入的行。

2 单击所选中的行，然后在快捷菜单中选择“插入”命令，此时就会在选中的行的上方插入新行。

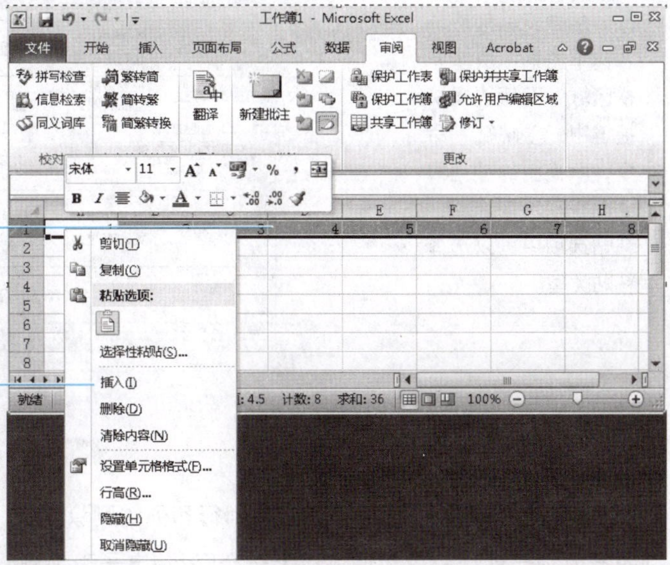

提示： 如果要插入多行，在选中的时候选择多行；要插入不相邻的行，可在按住Ctrl键的同时单击要插入的行号，然后再选择“插入”命令。插入列的方式与此类似，在此不做详述。

注意： 在插入某行时一定要选择在所要插入行的下行进行插入。

3.1.3 复制行和列

在使用Excel 2010过程中，我们经常会遇到输入相同或相近内容的情况，为了减少工作量，我们可以使用复制行和列的功能。在此我们讲解一下复制行和列的具体步骤。

操作步骤

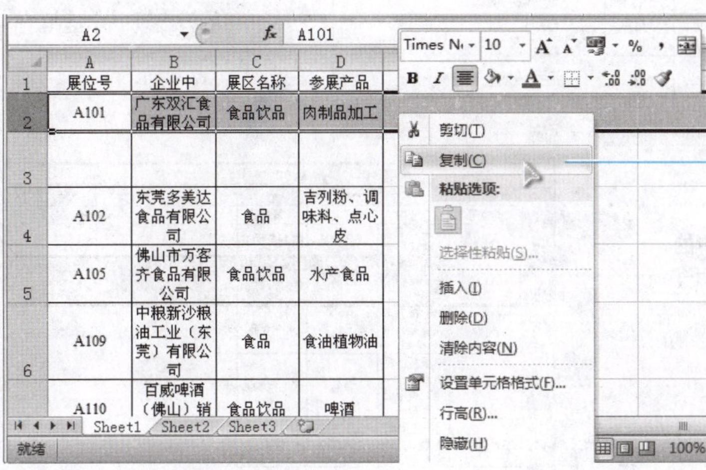

1 选中要复制的行，然后单击鼠标右键，在快捷菜单中选择“复制”命令，此时就会在选中的行出现一个虚框。

视野拓展

要快速重复插入行的操作，请单击要插入行的位置，然后按 Ctrl+Y键。

博学先生，可以在字母键中选择一列，然后按照相同方式复制吗？

呵呵，当然可以啦！我们还可以选择任意所需要的数据区域进行复制呢，这样相同数据的操作就会变得十分方便了。

2 选择要粘贴的行的单元格区域，右键单击选中的单元格区域，而后选择快捷键中的“粘贴”命令，所需要的数据即复制在了所需区域，粘贴选项中可以选择粘贴类型。

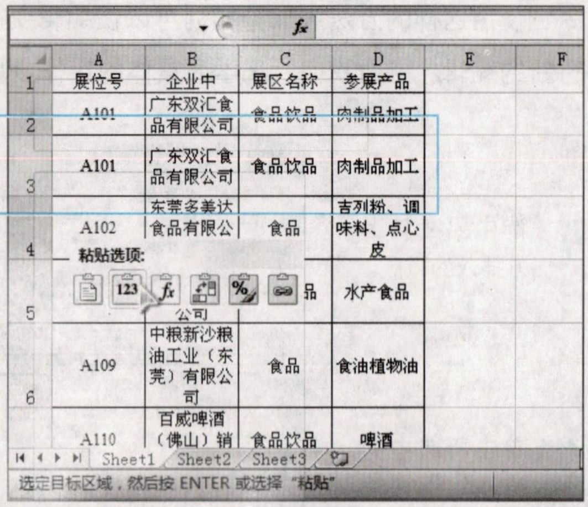

3.1.4 删除行和列

在编辑工作表的过程中，还会用到行和列的删除命令，被删除的工作表会被别的行或列自动填补。我们还以上一个Excel电子表为例，删除第三行，具体的操作步骤如下。

操作步骤

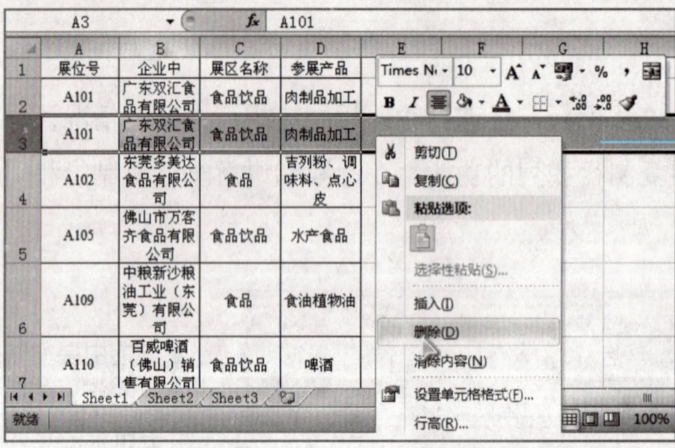

1 选中要删除的行，然后单击鼠标右键，在快捷菜单中选择“删除”命令，此时就会在选中的行出现一个虚框。

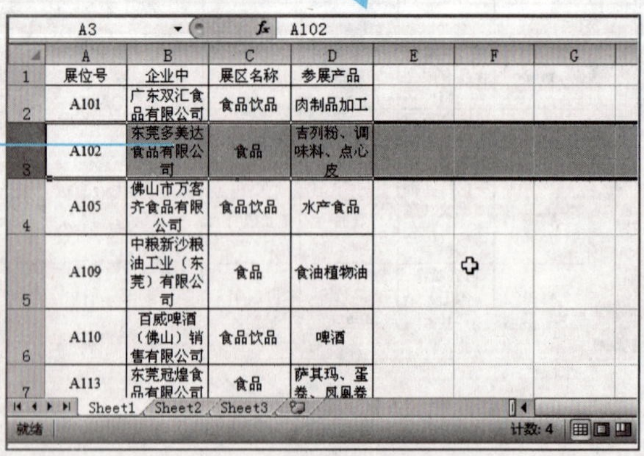

2 删除被选中的行后，整体会上移。

提示： 如果不小心进行了删除操作，要想恢复删除的数据，可以使用Ctrl+Z键进行恢复，删除的行会重新恢复。

视野拓展

Excel 通过调整对移动单元格的引用来反映它们的新位置，从而使公式保持最新。但是，如果公式中引用的单元格已被删除，将显示错误值 #REF!。

如果只想清空行里面的内容，而不想删除该行，则具体操作步骤如下。

操作步骤

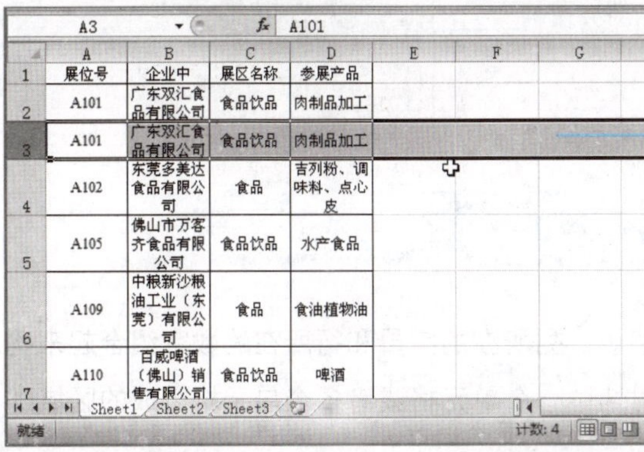

1 选中需要清空内容的行。

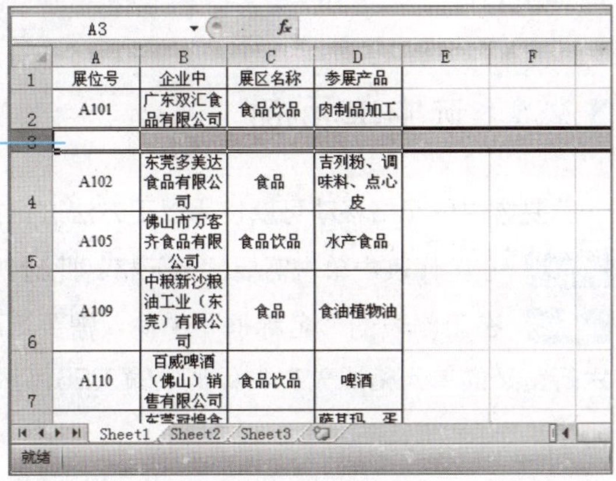

2 按键盘上的Delete键即可。

还得自己设置啊，有没有可以自动调整行高的功能呢？

呵呵，当然有啦！在“开始”菜单，单元格的“格式”中有“自动调整行高”选项，这样调整就十分方便了。

3.1.5 调整行和列

有时我们输入的数据大小内容超过了单元格的长和宽，不能正常显示，这时我们需要调整行和列的大小，以适应所需的显示范围，具体操作如下。

操作步骤

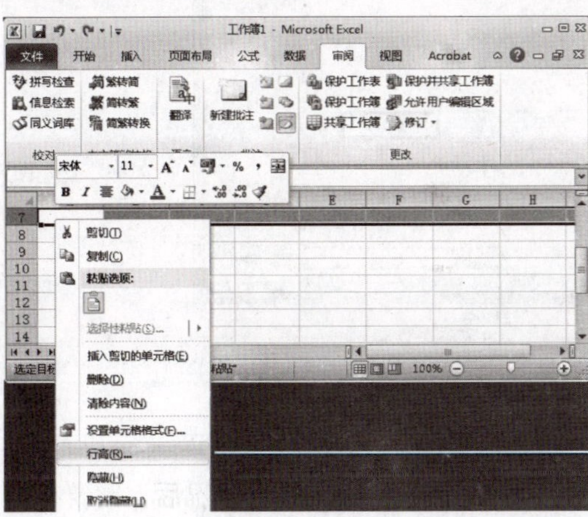

1 首先选中要修改的行右击，选择快捷菜单中的“行高”命令。

视野拓展

如果要设置格式，可以使用“插入选项”来选择如何设置插入列的格式。

2 在弹出的“行高”对话框中的“行高”文本框中输入想要调整的数值，然后单击“确定”按钮即可。

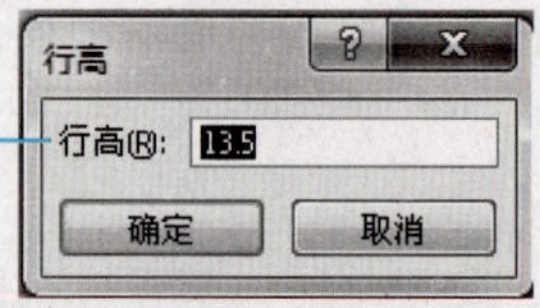

3.2 单元格及区域的操作

单元格是行与列交叉形成的格子。列所在的字母和行所在的数字组合起来构成了单元格的位置。用户在编辑时选中一个单元格或者多个单元格组成的区域进行同时操作。

3.2.1 选中单元格

要选中单元格移动可以使用以下方法进行操作。

操作步骤

Step 01 在工作表中单击需要的单元格，此时即可选中一个单元格。

Step 02 在工作表的“名称框”中输入需要选取的单元格，例如，使用E列和第六行交叉的单元格。先在名称框中输入E6，然后按Enter键，此时就会选中E6单元格。

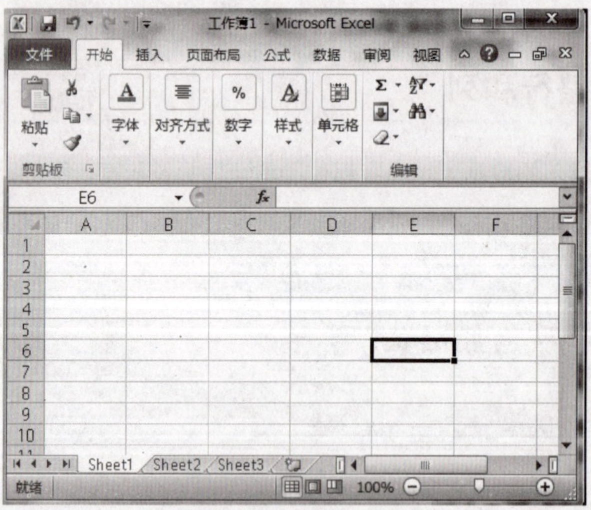

3.2.2 插入单元格

在录入工作表内容时，难免会出现遗漏的情况，出现这种情况后，需要在工

视野拓展

使用“地址栏”可以在工作表中选择单个单元格、连续单元格和不连续单元格，例如，A1、A1:B3、A1:E4、F2:K3、F4 。

作表中添加遗漏的内容，输入内容时需要空白单元格，因此，就需要在工作表中插入单元格。

例如，要在下图所示工作表B1与C1单元格之间插入空白单元格，其步骤如下。

操作步骤

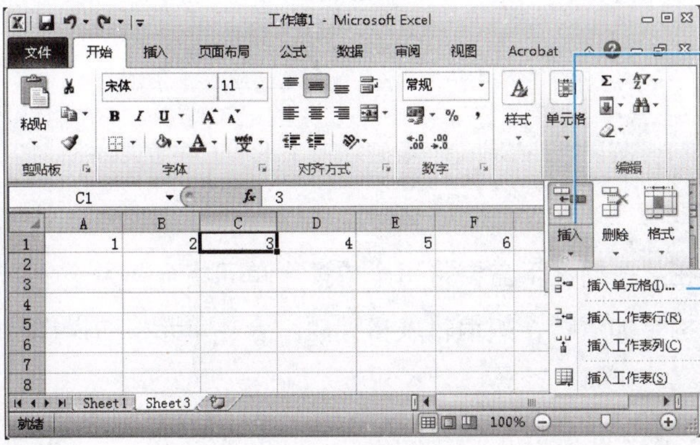

1 在“开始”菜单中选择单元格选项中的“插入”选项。

2 在“插入”下拉菜单中选择希望插入单元格的方式，即可插入的单元格。

哈哈，原来插入单元格会有这么多不同的方式呀，看来以后操作要多加注意了。

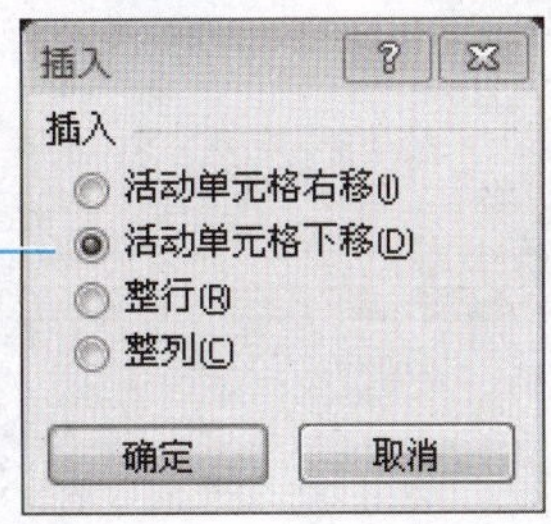

3 在弹出的对话框中选择工作表插入后其他单元格的移动方式，然后单击“确定”按钮即可。

呵呵，单个单元格的操作会对行和列同时造成影响，插入前要多加注意插入方式啊。

3.2.3 删除单元格

需要在工作表中增加内容时，则可以插入单元格，同样，当工作表中有多余的单元格时，则可以将其删除。掌握删除单元格的方法与掌握插入单元格的方法一样重要。

操作步骤

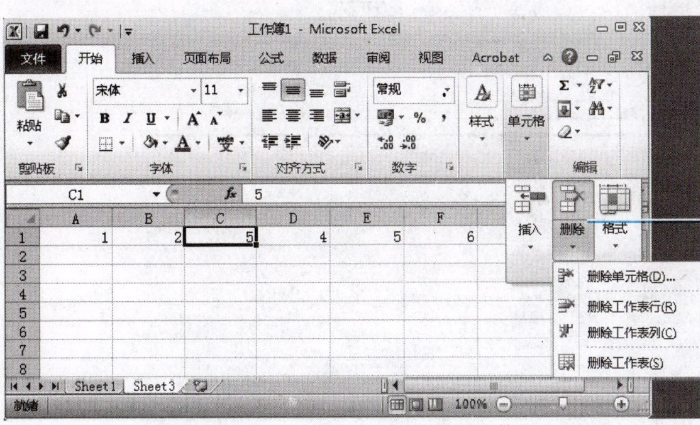

1 在“开始”菜单中选择单元格选项中的“删除”选项。

视野拓展

选取区域最简单的方法是按住Shift键，然后使用箭头使单元格突出显示。对于范围较大的选取，可以在按住Shift键的同时按住PageUp或PageDown键来加大单元格区域的选取。

提示：也可以用单击希望删除的单元格，然后单击右键，选择“删除”命令来删除不需要的单元格。

2 在“删除”下拉菜单中选择希望插入单元格的方式，即可插入单元格。

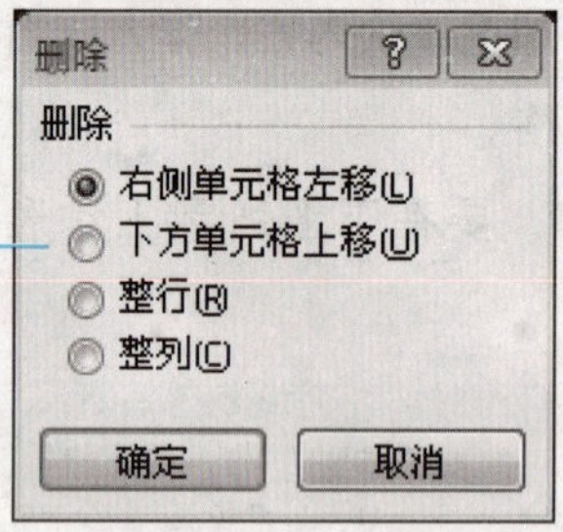

3.2.4 合并单元格

对表格进行操作时，在某些情况下需要将两个或多个单元格合并为一个单元格，这样可以使表格结构更加清晰，如编辑表格标题。合并单元格的操作步骤如下。

操作步骤

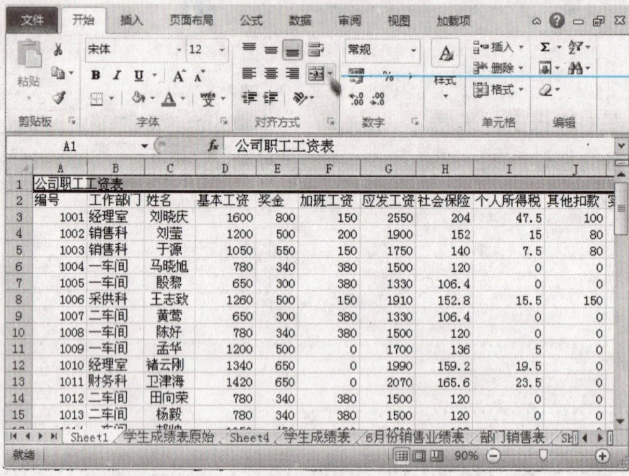

1 选择需要合并的单元格区域，单击“开始”选项卡，然后单击“合并后居中”右侧的下拉按钮。

2 合并后的效果。

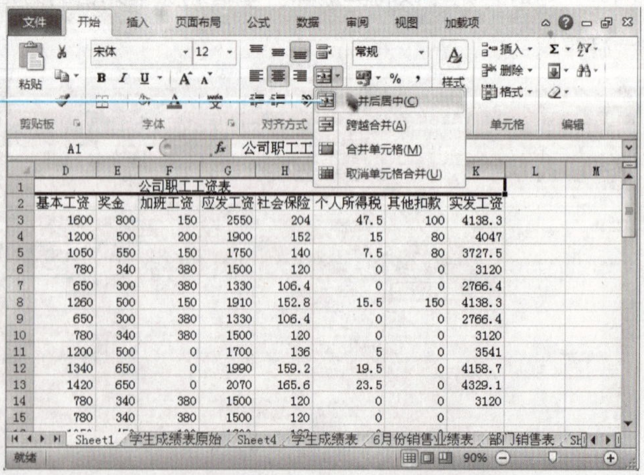

视野拓展

使用End键可以快速将选区扩展到一行或一列中的最后一个非空单元格。先选定目标单元格，然后按住Shift键，接着按下End键，再按下方向键，即可选择连续的非空单元格。

在“对齐方式”功能组中单击“合并后居中 ”工具按钮，在打开的下拉菜单中共有四个命令，各个命令的作用介绍如下。

- 合并后居中：单击此命令，合并单元格后，单元格中的内容居中对齐。选中单元格区域后，直接单击“合并后居中”工具按钮，Excel 2010默认执行“合并后居中”命令。
- 跨越合并：单击此命令，选中的单元格区域分别按行进行合并，合并后单元格中的内容靠右对齐。
- 合并单元格：单击此命令，表示将选中的单元格区域合并成一个单元格，合并后单元格中的内容执行合并前左上角单元格中的对齐方式。
- 取消单元格合并：此命令的作用是取消单元格合并。对于未合并的单元格，此命令无效。

注意： 当合并两个或两个以上的单元格含有内容时，会弹出继续合并的提示框。单击“确定”按钮后，会合并成一个单元格，但只会保留其中一个单元格的内容。

3.2.5 单元格样式

操作步骤

Step 01 在“开始”菜单中的样式项中选择“单元格样式”选项。

Step 02 在其中选择自己需要的单元格样式。

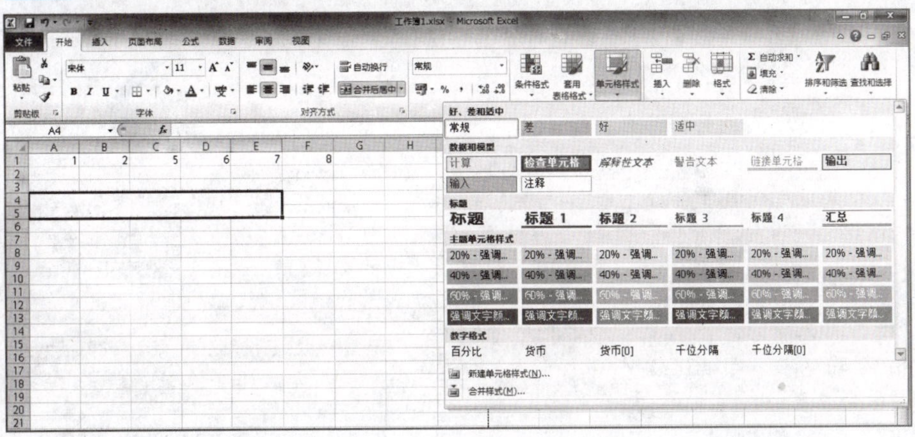

哇，有这么多的单元格样式可以选择呢。

呵呵，当然了。在Excel 2010中有很多样式可以选择，还可以根据条件的不同显示出不同的颜色和样式。

3.3 实例——学生成绩表的调整

在Excel 2010工作表中，为了能熟练应用本章中学到的调整行、列、单元格的技巧，现在对学生成绩表的调整做一次实战练习。

视野拓展

如果“合并后居中”按钮不可用，选中的单元格可能是在编辑模式下，或者单元格可能是在Excel 表内部。若要取消编辑模式，请按Enter键。

3.3.1 插入表头

本例的工作表没有表头，为使表格主题突出，给表格添加一个醒目表头非常有必要，操作步骤如下。

操作步骤

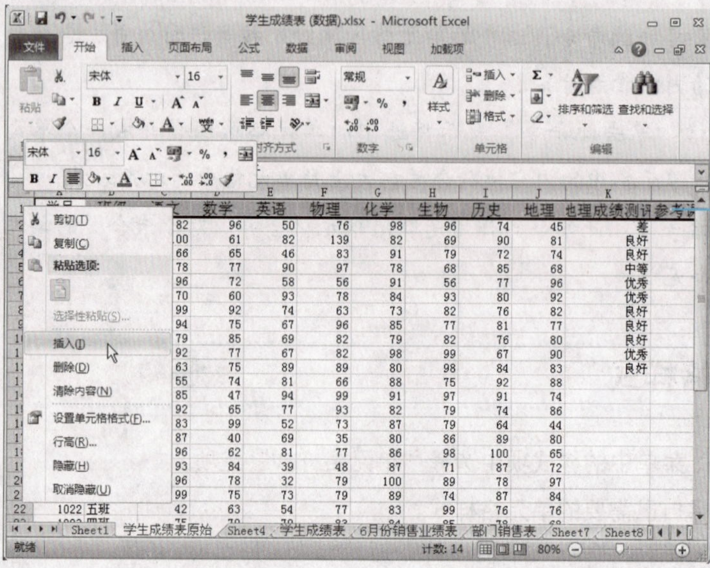

1 选中第一行，单击鼠标右键，在快捷菜单中选择“插入”命令，插入一行作为学生成绩表的表头。

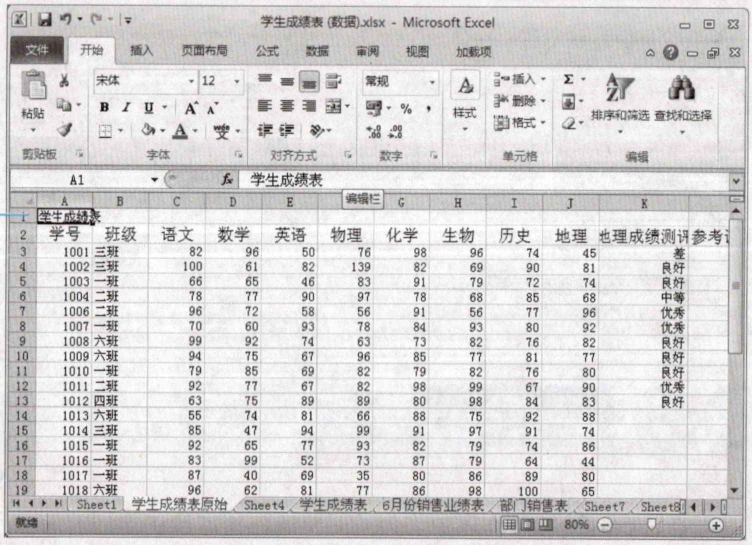

2 在第一个单元格内输入“学生成绩表”。

视野拓展

若需要合并多行或多列的数据（可能包括文本、数字等格式）可以使用CONCATENATE函数。

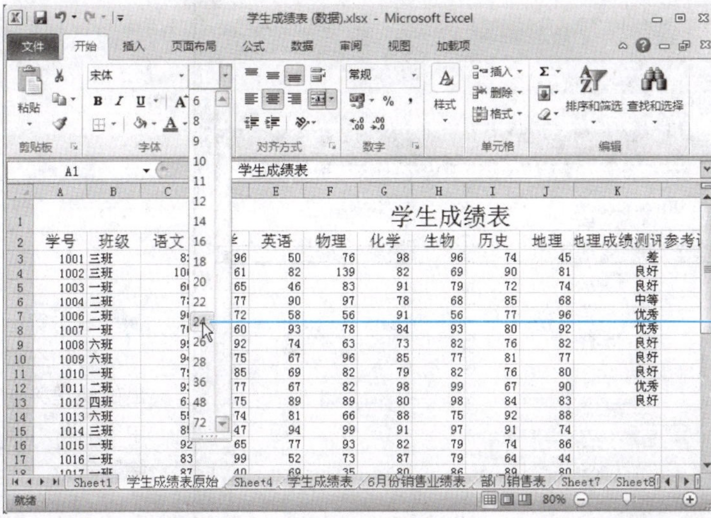

3 合并A1到N1，使文字居中，并在“开始”选项卡中将字体设置为宋体、24号。

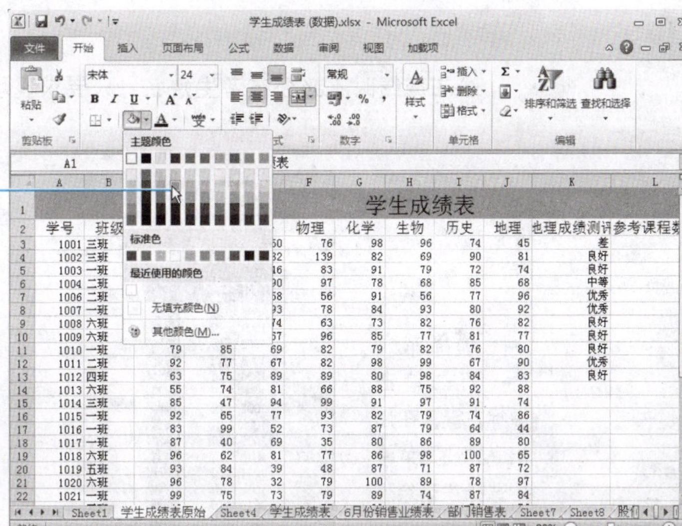

4 在“开始”选项卡中选择背景颜色为蓝色，再将文字的颜色设置成白色。

3.3.2 行列调整操作

行列调整功能包括添加和删除行，调整行高、列宽等操作。

在本例中，由于是为学号1005 的学生转学，其信息不必要留在表中，故可将此行删除。操作步骤如下。

视野拓展

在单元格中，若希望将数字以文本的形式输入，可以先输入单撇号’再输入数字，这时Excel会将其作为文本处理，这在输入编号时非常有用。

操作步骤

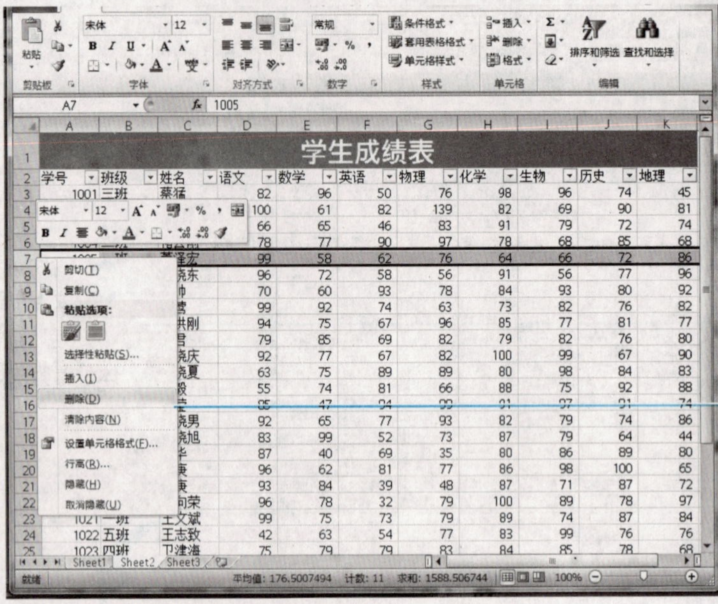

1 右击第七行，在弹出的快捷菜单中选择“删除”命令。

公布成绩时不必公布考生姓名，只要求显示学号，故可将姓名列删除。

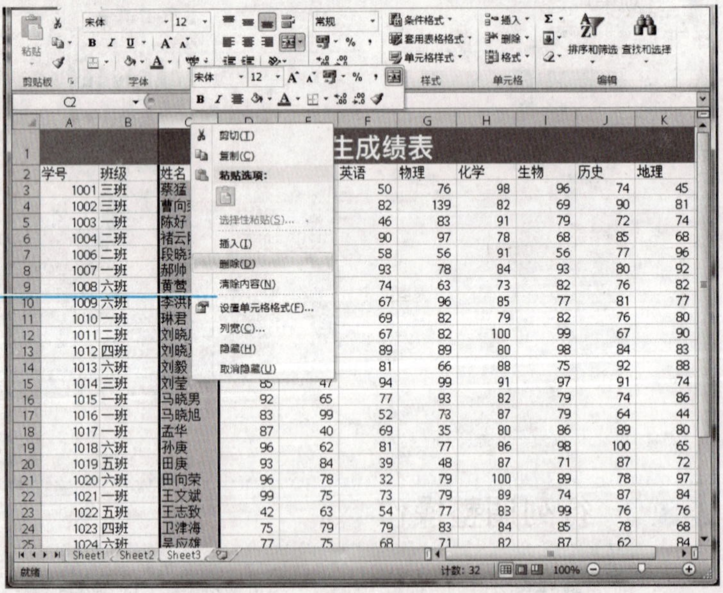

2 选择第二列，单击鼠标右键，在弹出来的快捷菜单中选择“删除”命令。

调整第二行的高度，使字段更加明显。

视野拓展

对于不需要的行或列可以将其隐藏。选中目标数据，单击鼠标右键，从弹出的快捷菜单中选择“隐藏”命令即可。

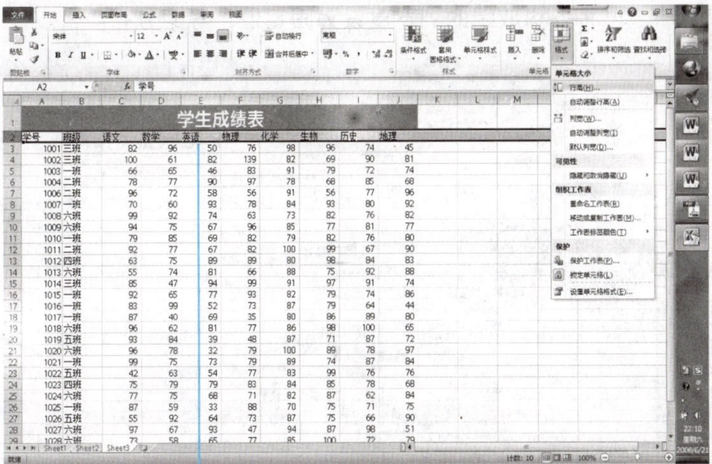

3 选择第二行，选择“开始”选项卡中的“单元格”功能组中的“格式”→“行高”命令。

4 在弹出来的“行高”对话框中进行调整，设置行高为14.25。

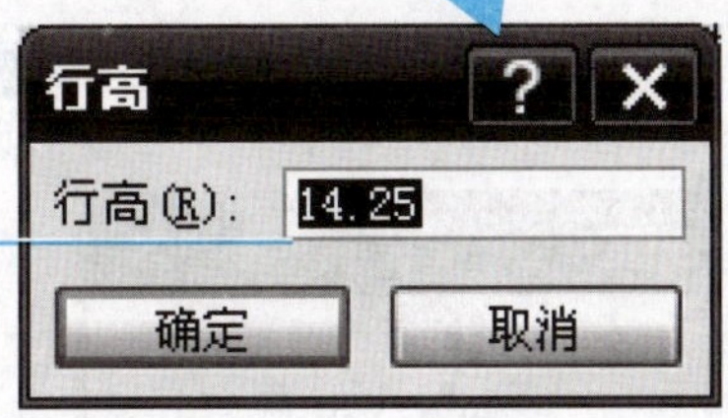

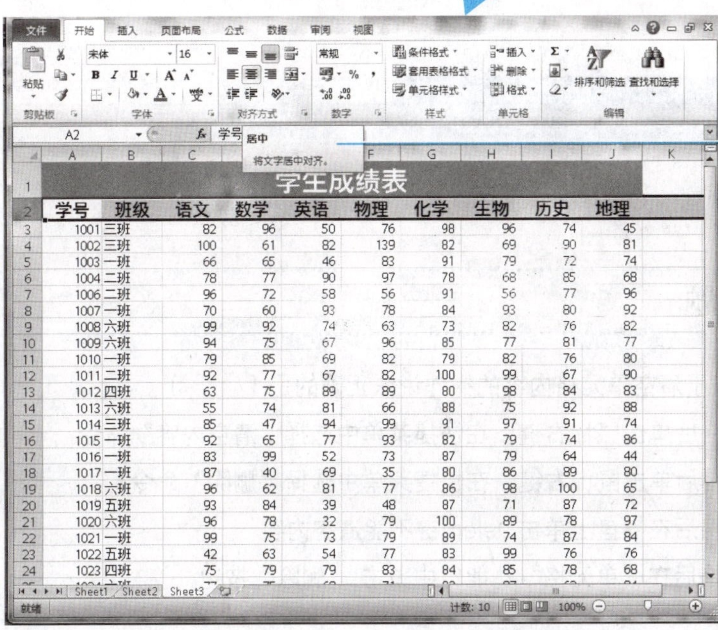

5 设置字体为宋体，字号为16，并设置居中对齐。

提示：若需要将列宽设置为自动调整，则在“开始”选项卡中的“单元格”功能组选择“格式”命令，在弹出的列表中选择“自动调整列宽”选项。

视野拓展

对于被隐藏的列，对其恢复可见性操作的方法为：在“开始”选项卡上的“单元格”组中单击“格式”按钮，在“可见性”下单击“隐藏/取消隐藏”按钮。

哇，居然可以设置出这么漂亮的学生成绩样式来啊。

呵呵，是啊！在Excel 2010以后的学习中还可以进一步优化工作表的设计，我们以后还会讲到。

为使表格更加整洁，可将各科成绩的列宽度设为固定值，等距分布。

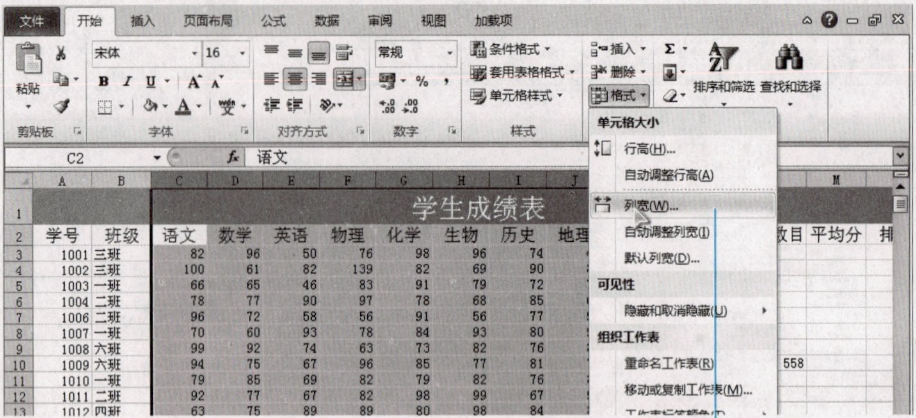

6 将需要一并调整列宽的列都选中，在“格式”列表中选择“列宽”选项。

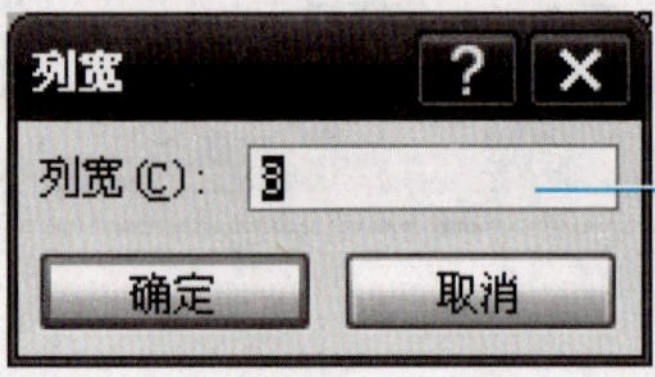

7 在弹出来的对话框中设置列宽。调整后在本例中各科的列宽将全部调整为“8”。

3.4 趁热打铁

现在用本章学到的知识解决下面的问题。

3.4.1 选择题

（1）下列关于清空单元格内容的操作说法正确的是（　　）。

A. 选中单元格后单击鼠标右键，在快捷菜单中选择“清空内容”命令

B. 选中单元格后单击鼠标右键，在快捷菜单中选择“删除”命令

C. 选中单元格后在键盘上单击Delete键不能清空内容

D. 选中单元格后在“单元格”功能组中单击 “删除”按钮

视野拓展

在“字体”选项卡的“特殊效果”区域中选择相应的复选框可为选中的文本框设置相应的效果。可以同时为选中的文本设置多个特殊效果。

（2）Office 2010剪贴板容量是（　　）个。

A. 10　　B. 12

C. 20　　D. 24

3.4.2 实践题

新建一个工作簿，然后在Sheet1工作表中输入如下图所示的数据信息，接着根据要求完善表格。

	A	B	C	D	E
1	学生成绩表				
2	编号	姓名	英语	计算机	数学
3	1	张三	85	80	86
4	2	李四	62	81	95
5	3	王五	85	82	82
6	4	赵六	98	83	82
7	5	马七	78	78	75
8	6	杨八	85	85	82
9	7	刘九	65	78	75
10	8	张四	75	85	82
11	9	李十	35	95	65
12	10	王六	75	58	75

按以下要求操作。

（1）设置工作表行、列：标题行行高为30；其余行高为20。

（2）设置单元格如下。

◆ 标题格式：字体为楷书、字号为20、字体颜色为红色、跨列居中、底纹黄色。

◆ 将成绩右对齐，其他各单元格内容居中。

（3）设置表格边框：外边框为双线、深蓝色，内边框为细实心框、黑色。

（4）在编号“1”的行上插入一行，并依次输入“0，赵建国，78，98，90”。

（5）在“英语”和“计算机”两列之间插入一列，并起名为“政治”。

视野拓展

粘贴剪贴板内容的快捷键是Ctrl+V，而打开“选择性粘贴”键盘的快捷方式是Ctrl+Alt+V。选择性粘贴既能粘贴静态数据，又可以将复制区域内容与粘贴的内容进行算术结合。

读书笔记

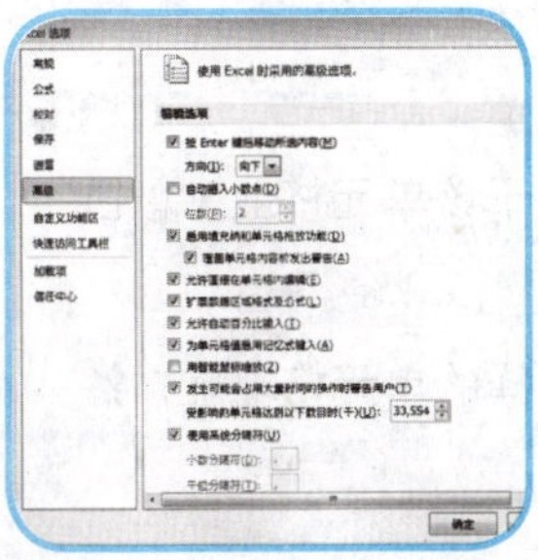

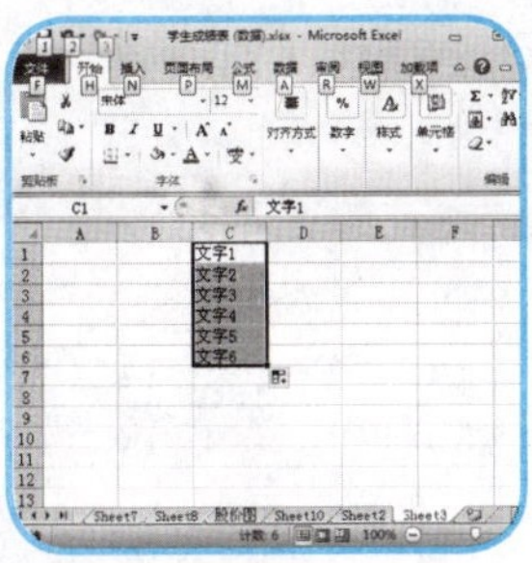

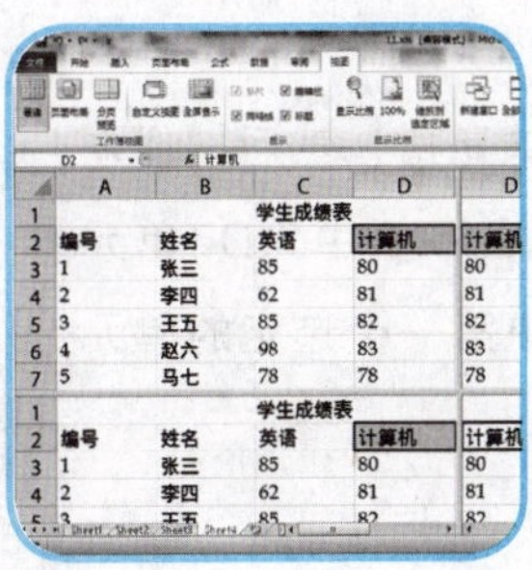

第4章 数据的输入与编辑

本章导读

本章主要介绍了Excel 2010中数据的录入和编辑的操作方法，接着介绍了检查数据输入有效性的方法。最后以“学生成绩表”的操作为例，进一步介绍了数据的输入与编辑。

本章学习目标

- 熟练掌握Excel 2010数据的输入方法，包括输入文本、日期、数值、特殊符号等。
- 掌握Excel 2010快速输入方法，包括运用填充柄快速填充、使用序列对话框填充及快捷菜单填充数据。
- 熟悉检查数据有效性的方法，学会使用限制数据输入范围、圈出出错数据的位置的方法。学会应用Excel中的拆分和冻结窗口功能。

本章学习重点

- 掌握Excel 2010数据输入的方法。
- 学会快速输入数据、检查数据有效性的操作方法。

4.1 单元格的选择与定位

若需要在单元格中编辑内容，必须先选中相应的单元格。本节将介绍选择单元格的方法技巧。

4.1.1 选择某一个单元格

选择某一个单元格的方法非常简单，只需将鼠标指针置于该单元格上，单击鼠标左键即可。

注意：使用键盘上的上、下、左、右四个方向键，也可以选定单元格。使用Tab键或Tab+Shift组合键可以在同一行中选定单元。

或者在“公式编辑栏”左侧的“名称栏”中输入需要选择的单元格地址，然后按Enter键即可选中。

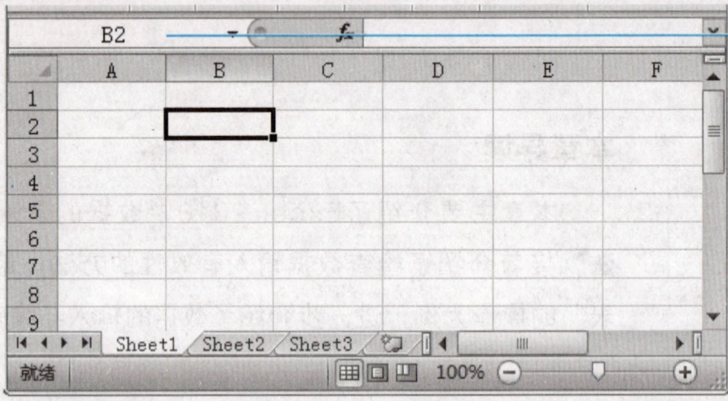

此为“名称栏”，在里面输入“B2”，按Enterj键之后便可精确定位B2。

提示：在名称栏中输入的字母可以是小写。例如，输入“b2”按Enter键后也可以定位“B2”单元格。

4.1.2 选择连续的多个单元格

选择连续的多个单元格的方法有多种，下面介绍其中的两种。

1. 鼠标拖动法

指针指向需要选择的第一个单元格，在本例中为B2单元格，然后按住左键不放拖动到需要选择单元格范围的最后一个单元格，在本例中为D7单元格，所选定区域被黑色边框框住，并且变成灰蓝色，其中第一个选定的单元格为白色。

2. 鼠标和键盘搭配法

单击选择第一个单元格，然后按住Shift键选择与第一个单元格成对角线的最后一个单元格。

视野拓展

在“名称”框中，用户无法删除或更改已为单元格或区域定义的名称。您只能在“名称管理器”对话框（“公式”选项卡中的“已定义名称”组）中删除或更改名称。

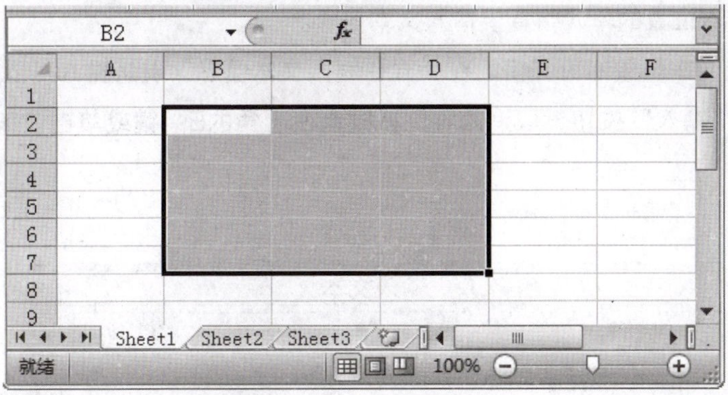

4.1.3 选择不连续的多个单元格

选择不连续的多个单元格的方法如下。

操作步骤

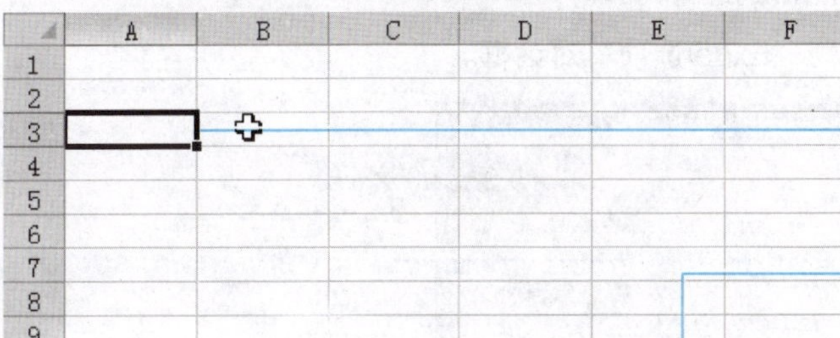

1 在需要选择的单元格范围内单击选择任意一个单元格。

2 然后按住Ctrl键单击选择其他的单元格。

3 被选定的最后一个单元格为白色，其余的均为灰蓝色。

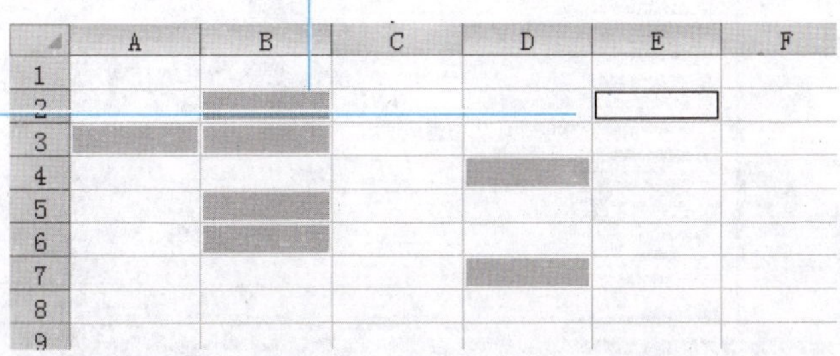

4.2 数据的录入

在Excel 2010中输入数据包括输入文本、编号、日期、数值、特殊符号等。

4.2.1 输入文本

在Excel工作表中输入文本信息包括以下两种方法。

视野拓展

可以使用“定位”命令选择命名的或未命名的单元格或区域。在“开始”选项卡上的“编辑”组中单击“查找和选择”，然后单击“定位”即可。

（1）在需要输入文本位置的单元格直接输入文本信息。

（2）单击需要输入文本位置的单元格，在公式栏输入文本信息。确认输入可以按Enter键或单击“编辑栏”中的“输入”按钮。取消内容则按键盘左上角的Esc键或单击“编辑栏”中的“取消”按钮。

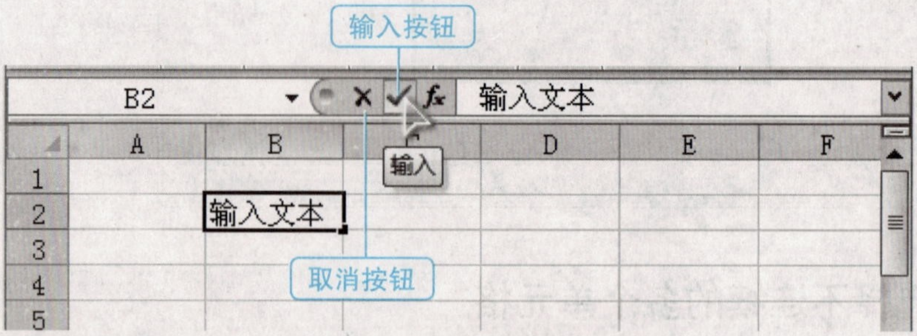

（3）选择“插入”→“文本框”命令，插入文本框信息。

在输入文本信息前可以对文本信息的格式进行配置。

选择“文件”→“选项”命令，出现“Excel选项”对话框。

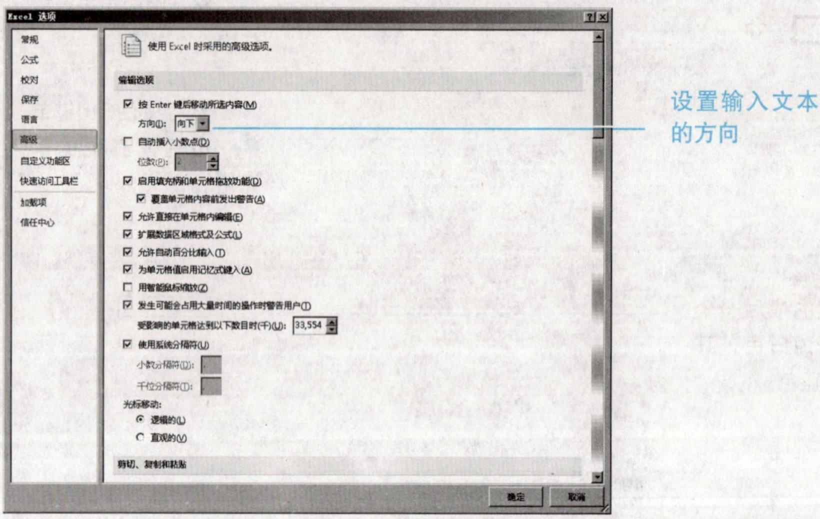

可以在“编辑选项”中设置输入数据的属性，例如，勾选“按Enter键后移动所选内容”复选框，“方向”可以选择“向下”，以方便下一个文本的输入。

4.2.2 输入编号

在默认情况下无法直接录入以0开始的编号格式，例如，“001、002、003……”如果需要输入这种格式时，我们必须提前设定单元格格式，步骤如下。

视野拓展

为了按要求显示数据的小数数据，这时可以在单元格中输入数据后，单击“开始”选项卡中“数字”组中的“增加小数位数”按钮或“减少小数位数”按钮。

操作步骤

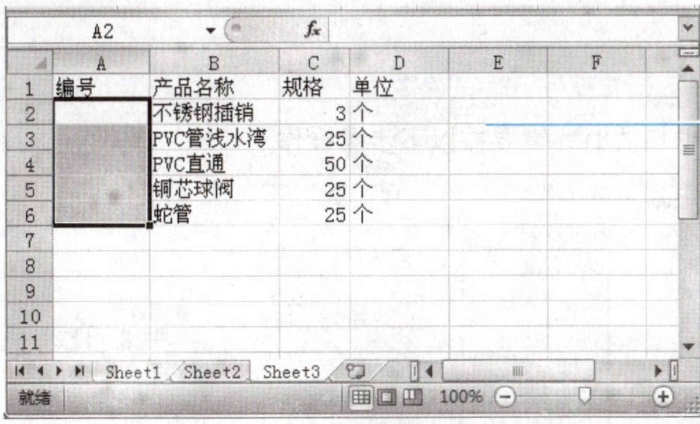

1 选择目标单元格，在本例中为编号下面五个单元格，也可以把“编号”整列选中。

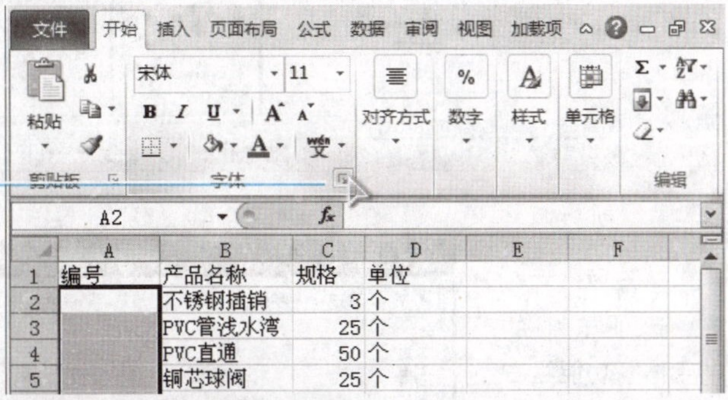

2 单击“打开”选项卡中的“字体”功能组右下角的三角按钮。

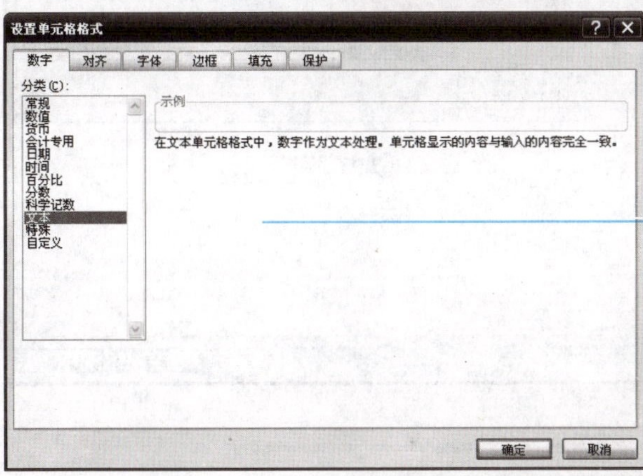

3 单击后弹出“设置单元格格式”对话框，单击“数字”→“文本”→“确定”。

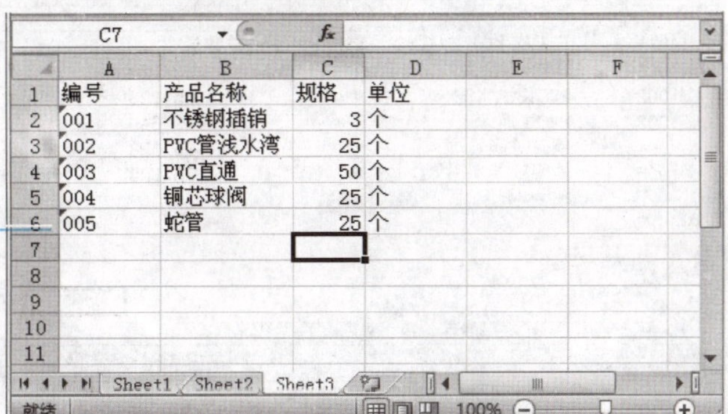

4 在编号列即可输入以“0”开头的编号了，效果如图。

提示： 按组合键Ctrl+1也可以快速打开“设置单元格格式”对话框。

视野拓展

现在身份证号码都是统一的18位数，还有银行卡上的卡号或存折账号的位数都是比较长的。在默认情况下，输入过长的数据时，Excel会自动转换成科学计数法。因此，输入身份证号码时也需定义成文本格式进行录入。

4.2.3 输入分数

操作步骤

需要在单元格中输入分数格式时，需要按以下步骤操作。

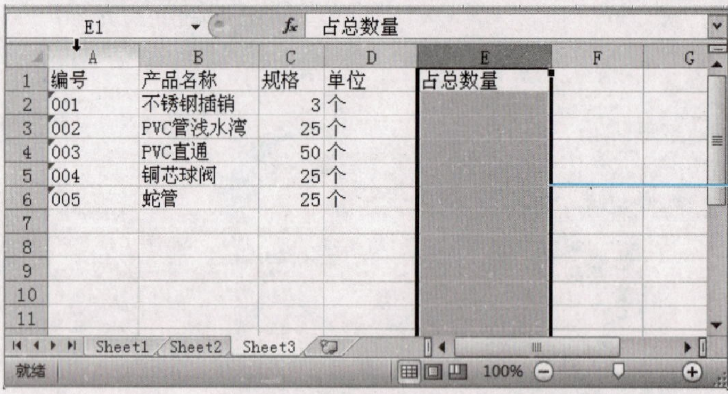

1 选择目标单元格，在本例中为E列。

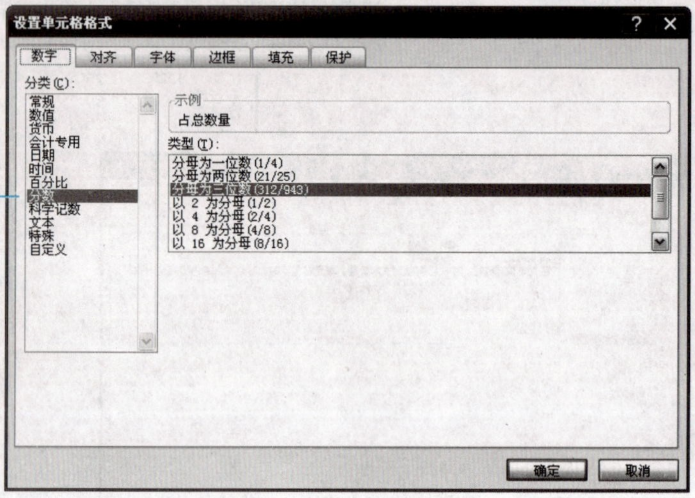

2 单击“打开”选项卡中的“字体”功能组右下角的三角按钮；或是按组合键Ctrl+1，弹出“设置单元格格式”对话框。选择“数字”→“分数”，再选择相应的类型即可。

技巧： 输入分数可以用零加空格的格式，如要输入“25/64”，则在单元格中输入“0”+空格键+“25/64”。

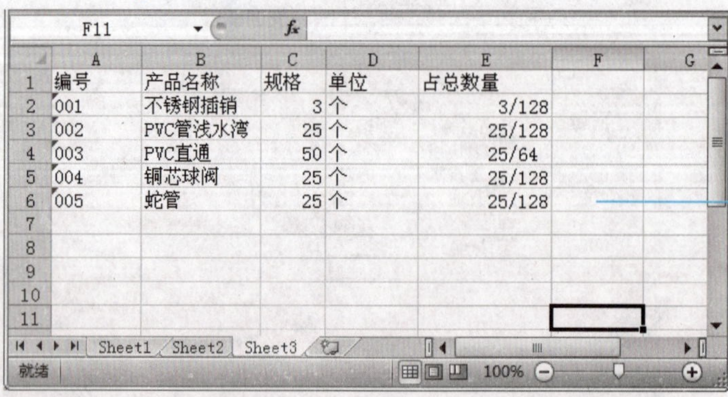

3 在E列即可输入分数了。

视野拓展

单元格中分数的格式为：分子/分母。若输入的是假分数，Excel会自动转换成带分数格式，如本节中50/128被自动转换为25/64。

4.2.4 输入百分数

操作步骤

输入百分数的操作比较简单，下面介绍具体的操作步骤。

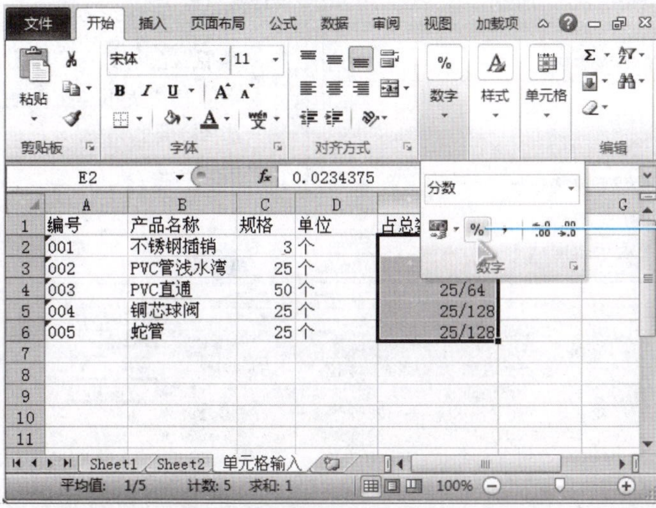

1 选择目标单元格，单击“打开”选项卡“数字”功能组中%按钮。

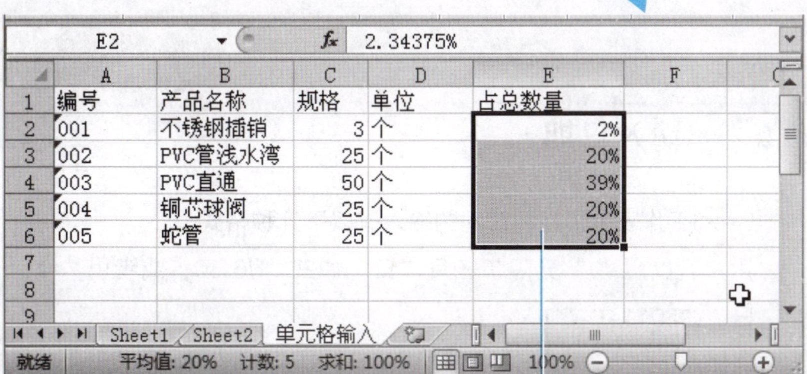

2 单击按钮后，选中区域格式便为百分数。

提示： 用户也可以按Ctrl+1键，快速打开“设置单元格格式”对话框，在该对话框中设置百分数格式。

技巧： 百分数的格式设置非常重要，如本例中默认没有保留小数位。调整时可以单击“打开”选项卡“数字”功能组中的 ⁺.00 按钮，增加小数位；单击 .00→.0 按钮减少小数位。

4.2.5 输入货币数据

在制作表格时，很可能需要输入货币符号。下面介绍将单元格中的数据设置成为货币格式的操作步骤。

视野拓展

默认情况下，当用户输入形式为“1/4”这样的数时，系统会自动将其显示为日期格式。1/4会显示为1月4日。若要输入的是分数，则需要在前面加一个“0”或一个空格。

操作步骤

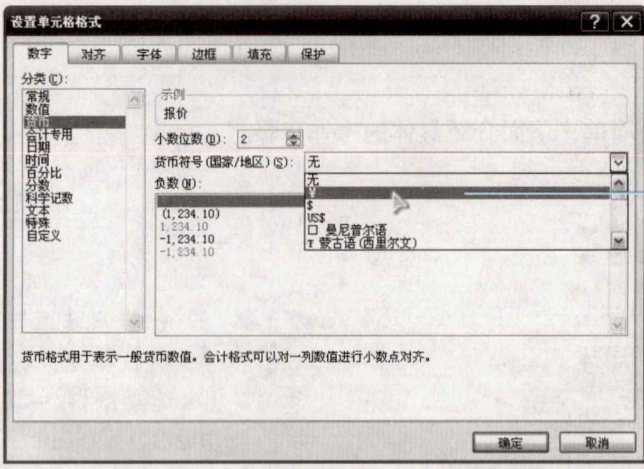

1 选择目标单元格，按Ctrl+1组合键，在“设置单元格格式”对话框中选择“数字”→“货币”，然后选择需要的格式。

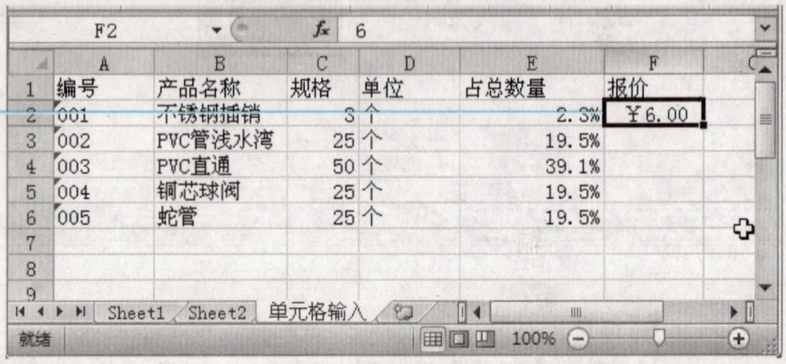

2 在F2中输入“6”即可转换为货币格式。

4.2.6 输入日期

Excel工作表中日期和时间的输入有以下几种格式。

用户可以用“/”分隔年、月、日，如2011/6/30；或者用“-” 分隔年、月、日，如2011-6-30。

在输入日期时间信息后，若需要重新更改时间日期的格式，需要进行以下操作。

操作步骤

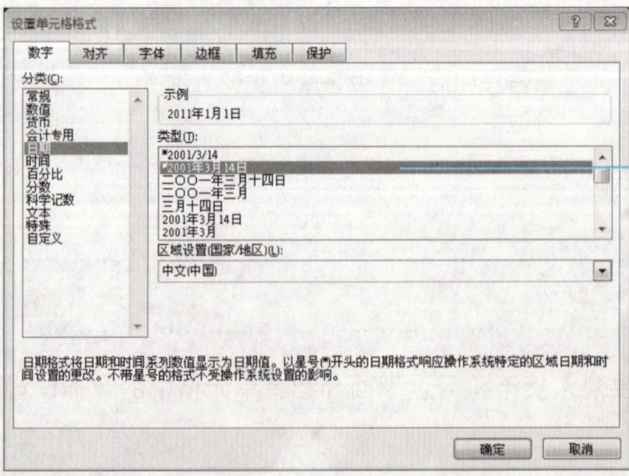

1 选择目标单元格，按Ctrl+1组合键，在“设置单元格格式”对话框中选择“数字”→“日期”，然后选择需要的格式。

提示： 如果需要输入系统当前日期，选定单元格后，可以按Ctrl+；组合键，单元格中则自动出现系统当前日期，其格式也会根据已设格式转化。

视野拓展

Excel规定了严格的输入格式，如果Excel能够识别出输入的是日期，则单元格的格式将由“常规”数字格式变为内部的日期格式。如果Excel不能识别出当前输入的日期，则作为文本处理。

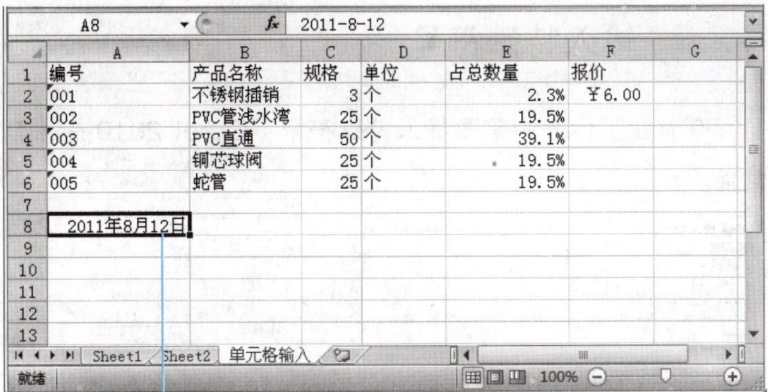

2 在目标单元格中输入日期“2011-8-12”，单元格中会将其转化为已设置的日期格式。

技巧： 如果用户只需要输入某月某日，如“8月12日”则可以在单元格中输入“8/12”，按Enter键后自动转化为“8月12日”。

4.2.7 输入时间

Excel工作表中输入时间的操作方法也非常简单，其操作步骤如下。

操作步骤

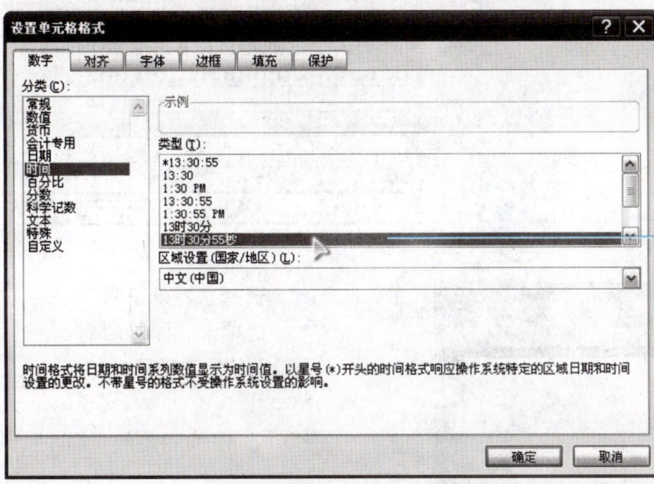

1 选择目标单元格，按Ctrl+1组合键，在“设置单元格格式”对话框中选择“数字”→“时间”，然后选择需要的格式。

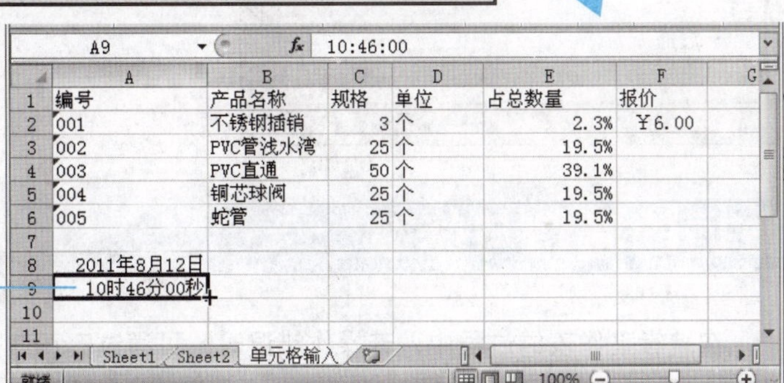

2 在目标单元格中即可输入时间，如“10：46”，格式将自动转化。

提示： 如果需要输入系统当前时间，选定单元格后，可以按Ctrl+Shift+;组合键，单元格中则会自动出现系统当前日期，其格式也会根据已设格式转化。

视野拓展

若在本页第一张图中的对话框中的类型中选择1:30PM，输入的时间若为上午12点以前（包括12点整），则时间后面会显示“AM”；输入的时间若为12点以后，则时间后面会显示“PM”。

4.2.8 输入特殊符号

操作步骤

有时在工作表中需要插入特殊符号，Excel 2010提供了插入特殊符号的功能。

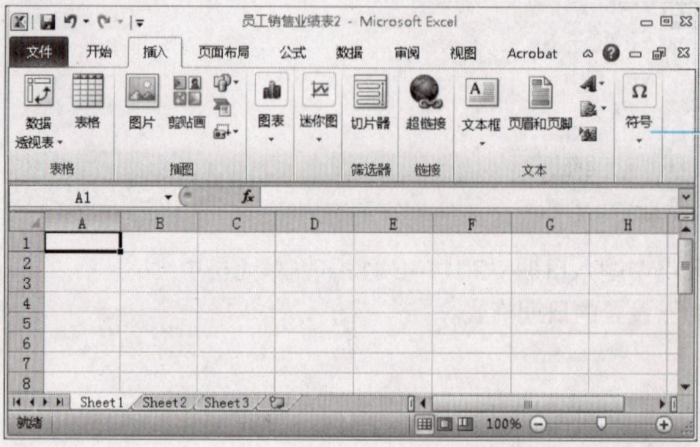

1 选择“插入”→“符号”命令。

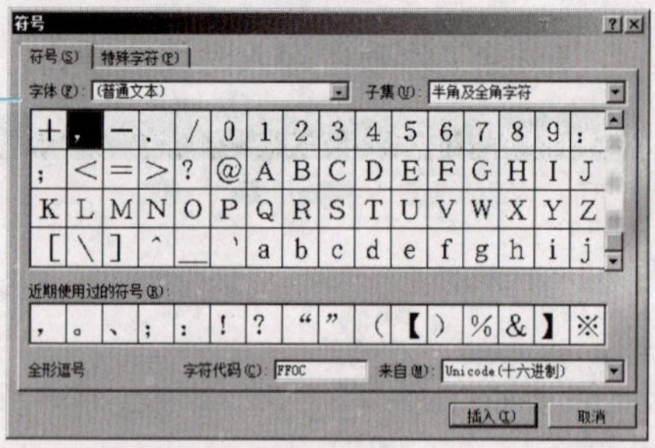

2 弹出“符号”对话框。

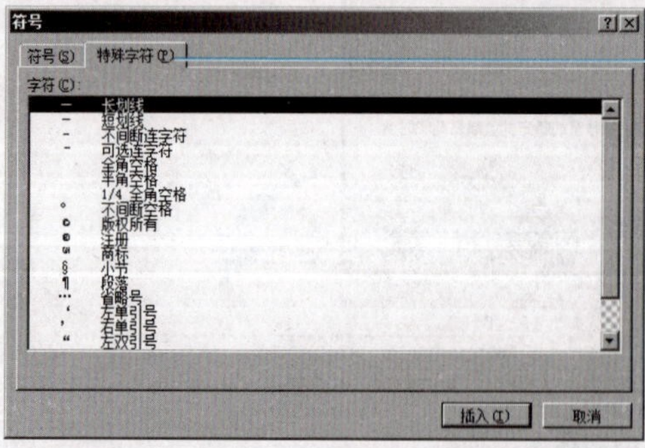

3 选择“特殊符号”选项卡，添加所需要插入的特殊符号。

4.3 数据的撤销与修改

在编辑工作表的过程中，若操作错误时，可通过Excel的“撤销”功能来还原操作。当需要修改时，可以修改单元格的内容。

视野拓展

通过键盘还可以快速输入其他符号，其操作步骤都是先选择单元格，然后按住Alt键，在键盘右侧的数字小键盘中输入相应的数据，最后松开Alt键即可。

4.3.1 撤销操作

用户可以单击“快速访问工具栏”的按钮来撤销当前错误的操作。当需要撤销多步操作时可以按右边的下拉按钮，可以显示一些最近的操作，选择需要撤销的操作即可。

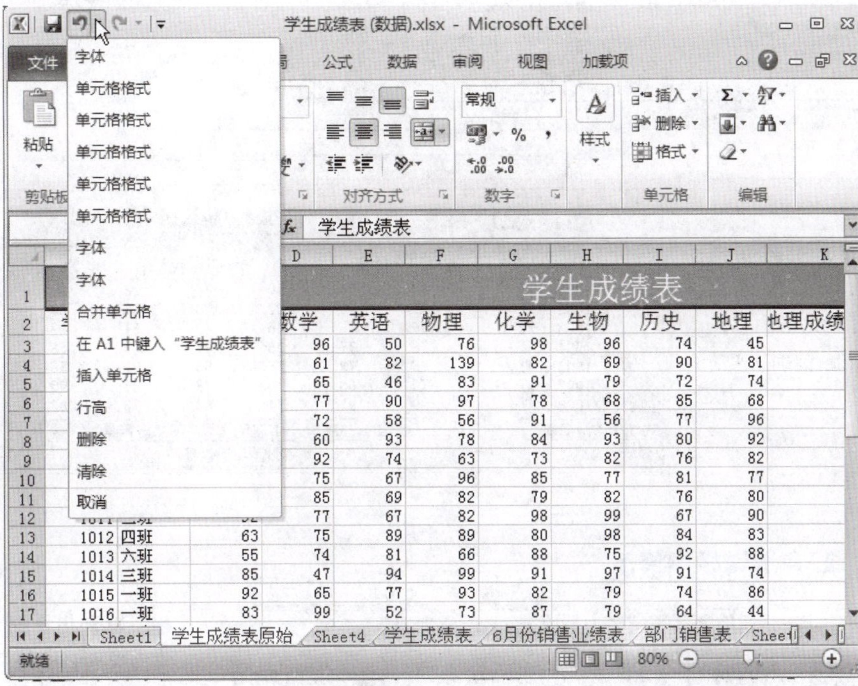

技巧： 用户可按Ctrl+Z组合键撤销当前的错误操作，每按一次撤销一步操作。

4.3.2 恢复操作

当用户进行“撤销”操作后，其“快速访问工具栏”中的“恢复”命令被激活，由灰色变为蓝色，可以被按下。如果要恢复已撤销的操作，则可单击此按钮。

若要恢复多步操作，则单击“恢复”按钮右边的按钮，选择需要恢复的操作即可。

技巧： 用户可按Ctrl+Y组合键恢复原来的操作，每按一次恢复一步操作。

4.3.3 修改操作

如果需要对单元格中输入的内容进行修改，可以通过以下三种方法进行。

视野拓展

如果要插入“长划线”、“商标”、“小节”和“段落”等符号，则可以在“符号”对话框中切换到“特殊字符”选项卡，双击需要的字符即可。

操作步骤

1. 直接在单元格中修改

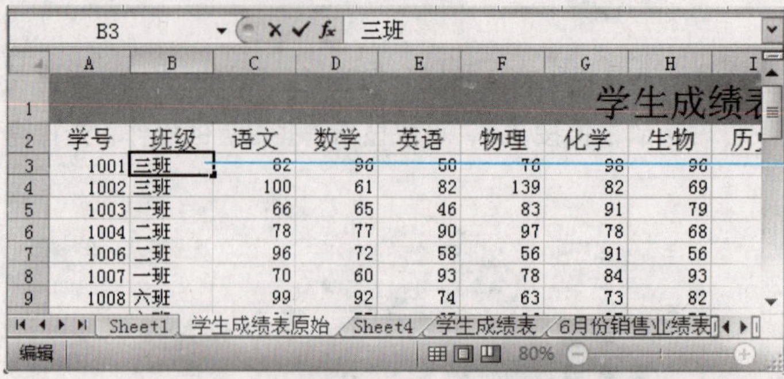

1 鼠标指向需要修改的单元格，并双击鼠标左键，则单元格中出现闪动光标。

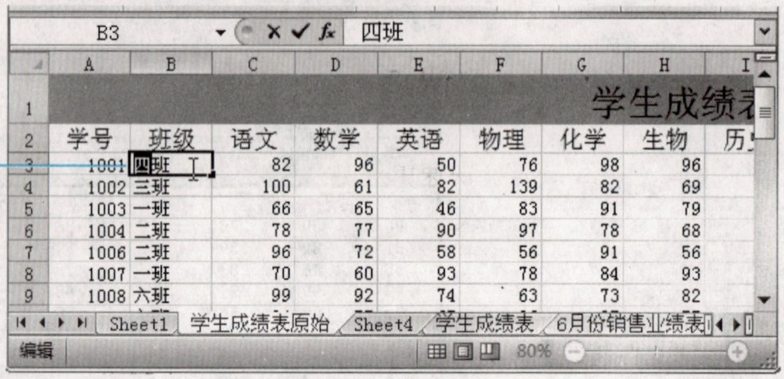

2 选中需要修改的内容，然后输入新内容，按Enter键确认。

操作步骤

2. 在编辑栏中修改

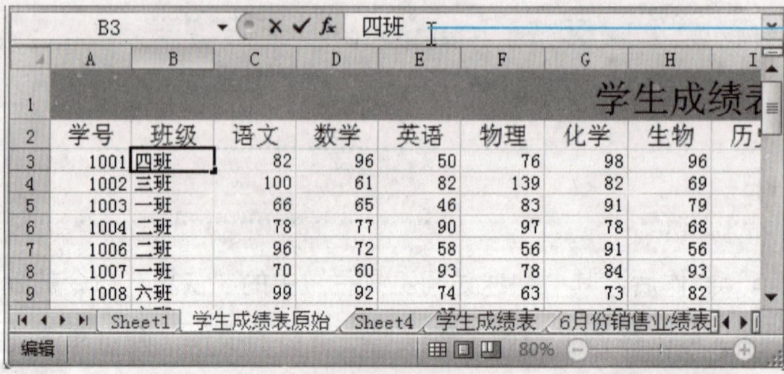

1 鼠标单击需要修改的单元格，然后单击“编辑栏”中的内容，则编辑栏中出现闪动的光标。

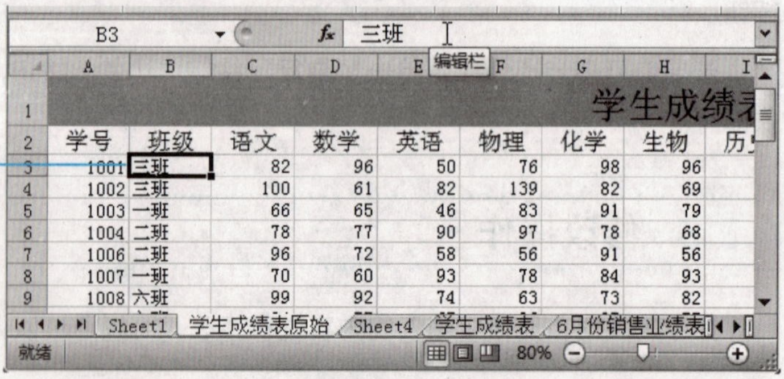

2 输入新内容后按Enter键确认。

视野拓展

Excel为用户提供了记忆式输入，当所输入的数据的起始符与该列其他单元格中内容起始字符相同时，Excel会自动将符合的数据显示出来。如果接受则按Enter键，不接受则接着输入数据即可。

3. 修改单元格中的全部内容

如果需要修改某一个单元格中的全部内容，可单击选择需要修改的单元格，直接输入新内容即可。

4.4 快速填充数据

Excel 2010提供了多种快速填充数据的功能，本节从使用填充柄、序列对话框两方面介绍快速填充数据的方法。

4.4.1 使用填充柄快速填充数据

首先介绍使用填充柄快速填充数据的步骤。

操作步骤

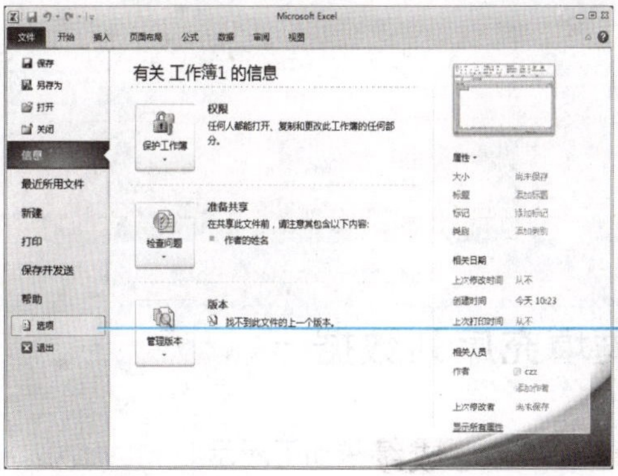

1 单击“文件”选项卡中的“选项”命令。

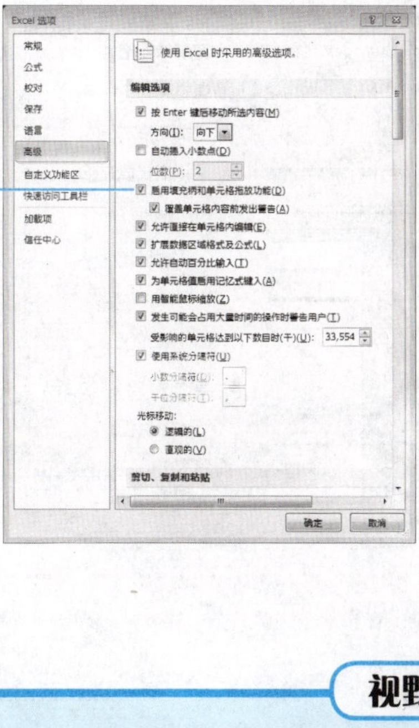

2 勾选“启用填充柄和单元格拖放功能”复选框。

视野拓展

在Excel中除了可以快速填充数字序列外，还可填充日期和时间序列，方法与填充数字序列一样。例如，初始值为8:00，则扩展序列填充后为9:00,10:00,11:00……

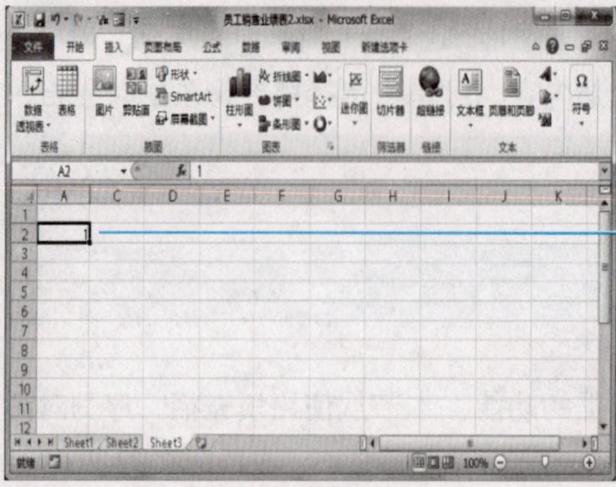

3 返回工作表，单击数据所在单元格，鼠标移动到单元格右下方变成“十字”形。

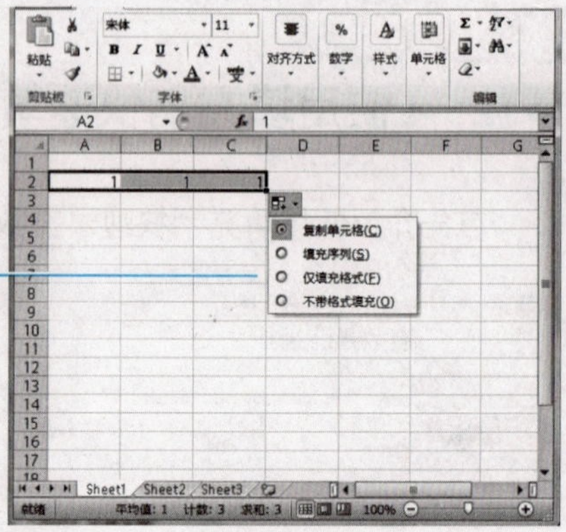

4 左键拖动鼠标，到预定的位置后释放左键，出现复制方式，选择快速填充方式。

4.4.2 使用“序列”对话框填充序列数据

使用“序列”对话框也可以快速填充序列数据，步骤如下所示。

操作步骤

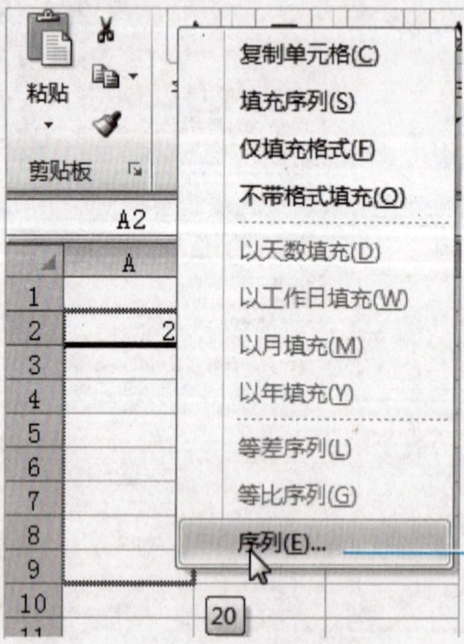

1 选中数据，鼠标移动到右下角，光标呈现十字形，右键向下拖动，释放后即出现菜单，选择“序列”命令。

视野拓展

在Excel中，用户可以根据自己的需要自定义填充。例如，可以将“亚洲、欧洲、非洲、拉丁美洲、北美洲、大洋州、南极洲”自定义为填充序列，只需选中该列值，在“文件”选项卡“高级”中打开“编辑自定义列表”，单击“输入序列”，然后单击“确定”按钮即可。

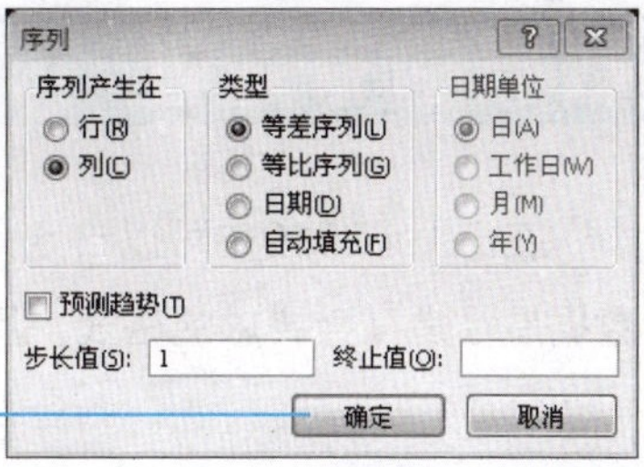

2 弹出“序列”对话框，选择自动填充的方式。然后单击“确定”按钮。

4.4.3 使用填充相同数据

在需要重复填充的第一个单元格中输入文本或数字，用鼠标选中它，等单元格右下角出现黑四方块的填充柄时，按下填充柄开始拖拉即可填入重复数据。

如果单元格的内容既包含数字又包括文本，拖拉时需要按住Ctrl键才能保证填充的数据都是相同的。否则会在数字基础上加1 。

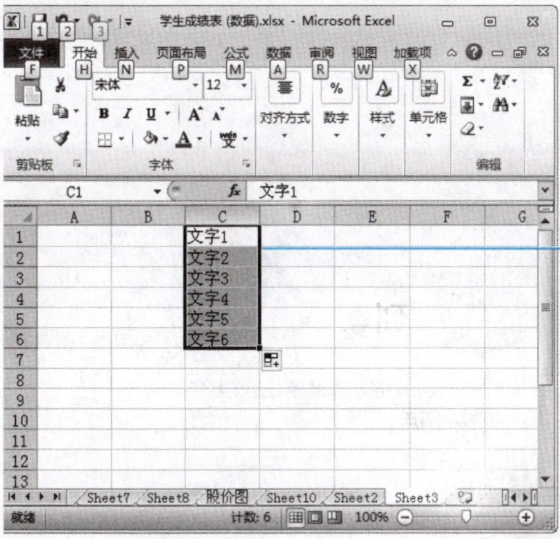

此为没有按Ctrl键的填充效果。

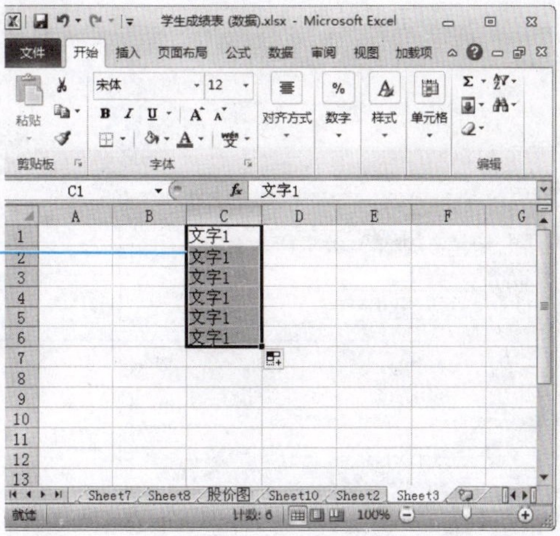

此为按住Ctrl键的填充效果。

技巧：如果要重复填充多个单元格中输入的内容，可以选中这多个单元格后按住Ctrl键不放开始拖拉即可。

视野拓展

自定义数据序列之后，用户就可以使用该序列填充单元格了。Excel用户可以更改或删除自定义序列，但不能编辑或删除系统内置的序列。

4.5 数据的有效性

在Excel 2010中可以自定义数据的有效性，这样在输入数据的同时可以检查数据是否是符合要求的格式，用户使用起来更加方便。

4.5.1 设置数据的有效性

操作步骤

数据的有效性功能可以增加输入数据的准确率，设置步骤如下。

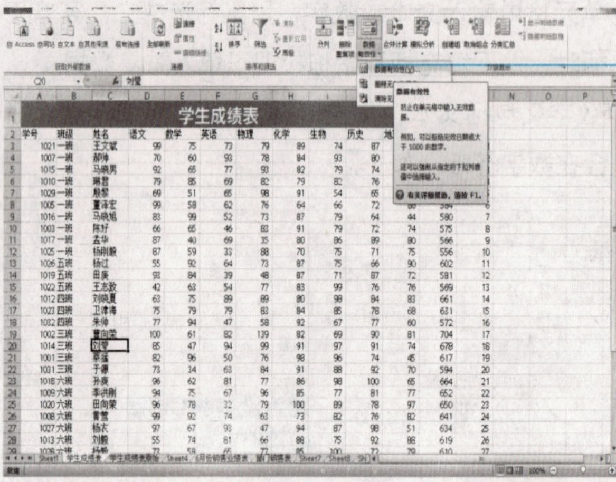

1 单击“数据”→“数据有效性”，选择“数据有效性选项”命令。

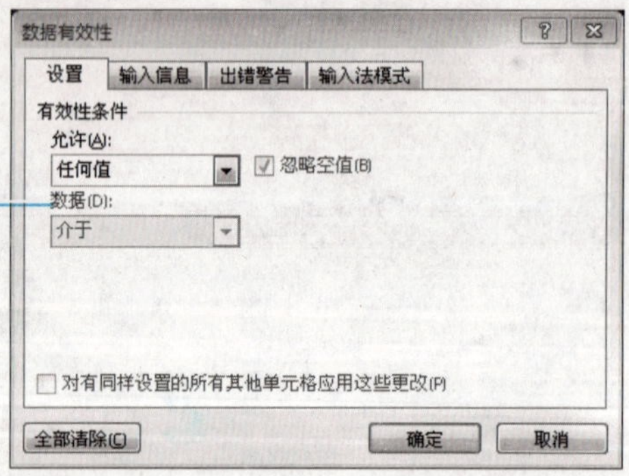

2 弹出“数据有效性”对话框，在“允许”下拉列表中选择有效性规则。

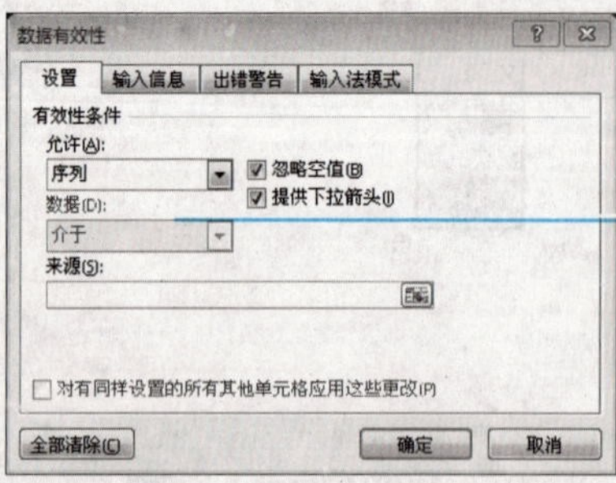

3 此处选择“序列”规则。

视野拓展

如果用户输入无效的数据，则会显示警告信息。如果用户忽略此信息，并在该单元格中输入无效数据，其看到的内容取决于用户配置的数据的有效性方式。

4 “来源”设置为：一班到六班，中间用逗号隔开。单击“确定”按钮完成设置。

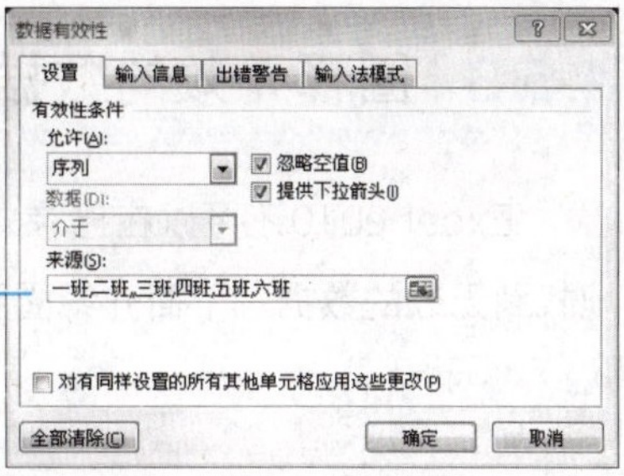

4.5.2 出错信息警告

上一节完成了对数据有效性的设置，用户还需要当遇到输入有误时的警告提醒，下面介绍出现错误时设置警告信息的步骤。

操作步骤

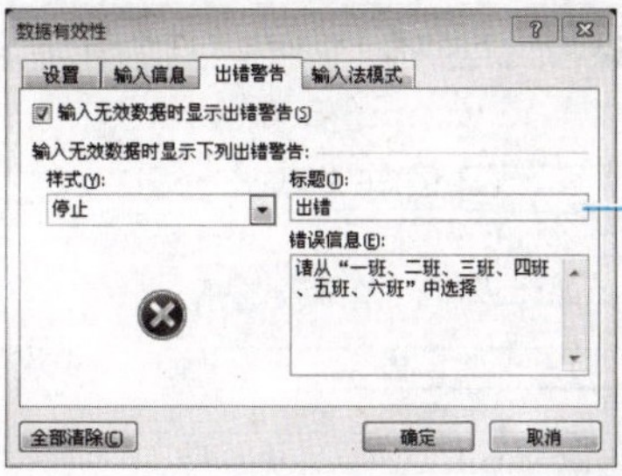

1 在“数据有效性”对话框中选择“出错警告”选项卡。在其中设置出错警告对话框“样式”、“标题”和“错误信息”内容。

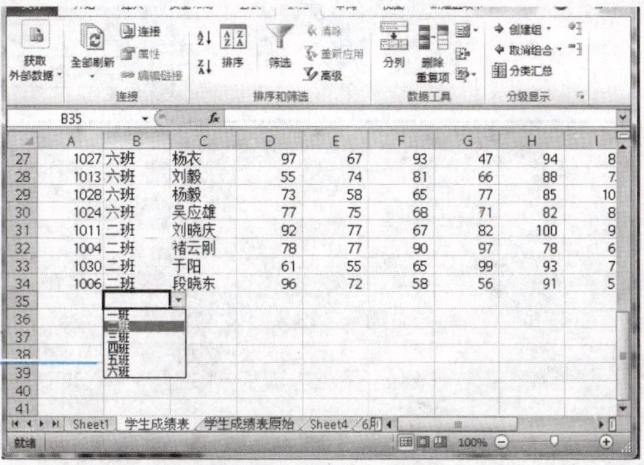

2 返回工作簿，输入班级数据时会出现下拉列表，输入数据时只需从下拉列表中进行选择即可。

提示：为了确保数据的有效性，班级内容从下拉菜单中选择即可。

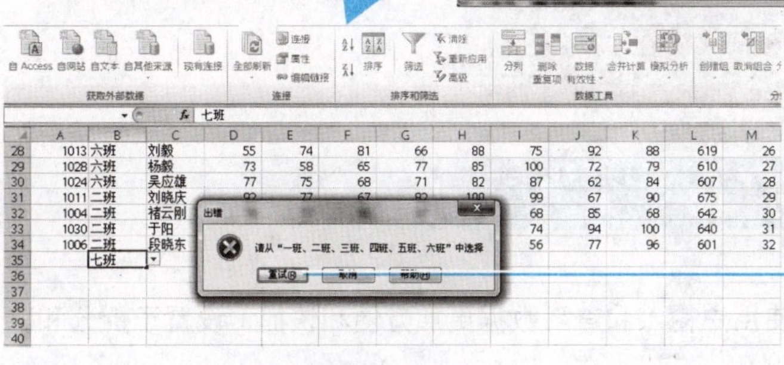

3 在单元格中输入七班时，会弹出设置好的警告信息，单击“重试”按钮。

视野拓展

有三种类型的出错警告：停止、警告和信息。其中“信息”方式通知用户他们输入了无效数据，但不会阻止他们输入无效数据。这种类型的出错警告最为灵活。在出现“信息”警告消息时，用户可单击“重试”按钮接受无效值，或单击“取消”按钮拒绝无效值。

4.5.3 圈释无效的数据

Excel 2010还可以在已录入好的工作表中圈释无效的数据，用户可以轻松地找到无效的数据。下面介绍圈释无效数据的方法。

操作步骤

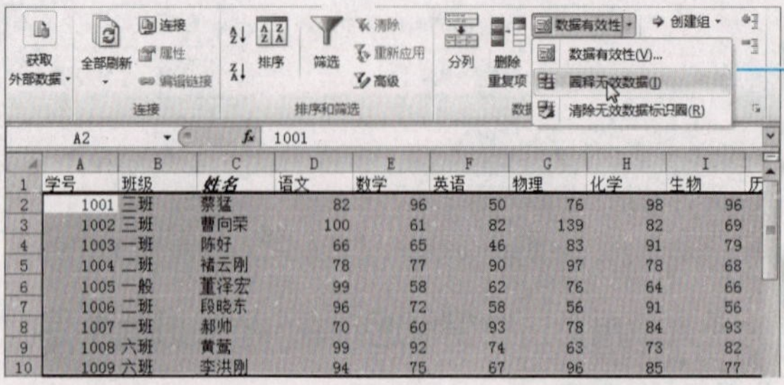

1 在工作表中选择查找的数据范围，单击“数据”→“数据有效性”，选择“圈释无效数据”命令。

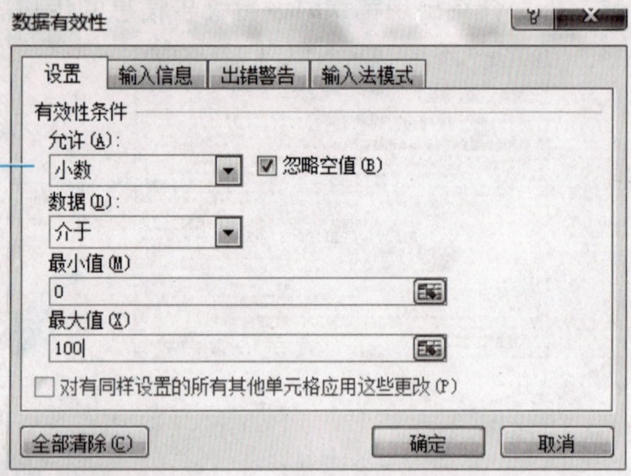

2 弹出“数据有效性”对话框，设置数据有效性的属性，单击“确定”按钮。

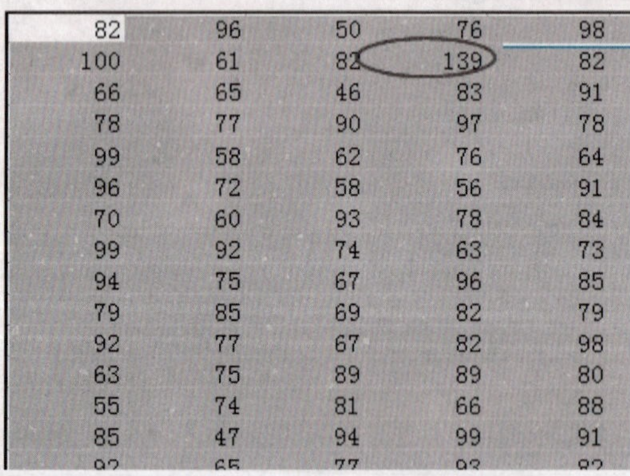

3 工作表中会把不符合条件的单元格圈释出来。

4.6 拆分和冻结窗口

Excel 2010 为了使用户输入和查看数据更加方便和快捷，设置了拆分和冻结窗口的功能。

视野拓展

Excel 不会自动通知用户现有单元格包含无效数据，在这种情况下，可以通过指示 Excel 在工作表上的无效数据周围画上圆圈来突出显示这些数据。标识无效数据后，可以再次隐藏这些圆圈。如果更正了无效输入，圆圈便会自动消失。

4.6.1 拆分窗口

操作步骤

本节介绍拆分窗口的功能，具体步骤如下所示。

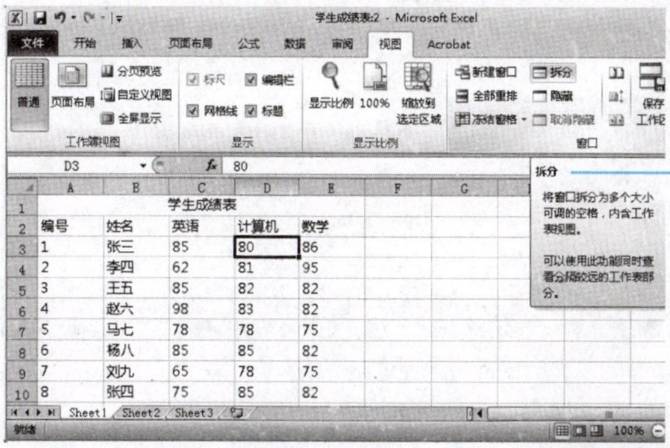

1 选中工作表中需要拆分的位置，单击“视图”→“拆分”命令。

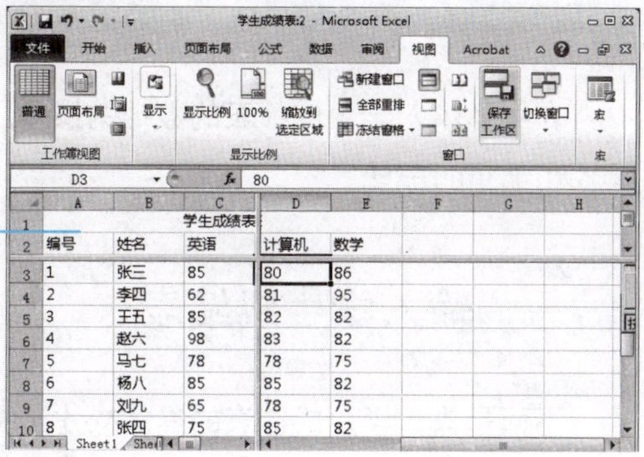

2 拆分后的工作表视图。

4.6.2 冻结窗格

操作步骤

当工作表过大时，为了更加清楚地看到每行数据对应的标题，Excel设置了冻结窗格的功能，具体实现步骤如下。

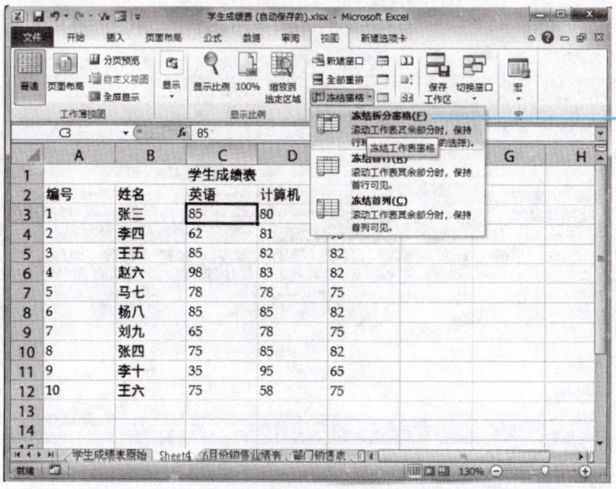

1 选中工作表中需要冻结的位置，单击“视图”→“冻结拆分窗格”命令。

视野拓展

用户在单元格中输入数据时，“数据”选项卡上的“数据有效性”命令不可用。若要终止数据输入，请按Enter键或Esc键。

2 当移动鼠标时标题冻结的窗格就不随数据的移动而移动，而此时的3～5行自动被隐藏。

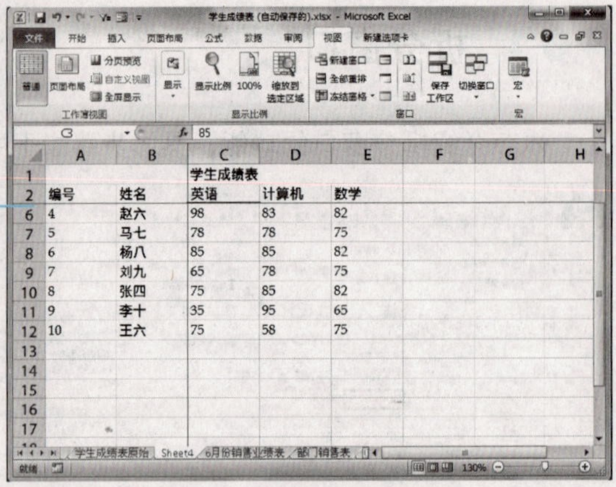

4.7 实例——学生成绩表的数据操作

介绍了输入学生成绩表的数据的操作。通过这一案例进一步加深大家对数据操作和编辑的理解。

4.7.1 输入学生成绩表

操作步骤

下面是输入学生成绩表的具体操作步骤。

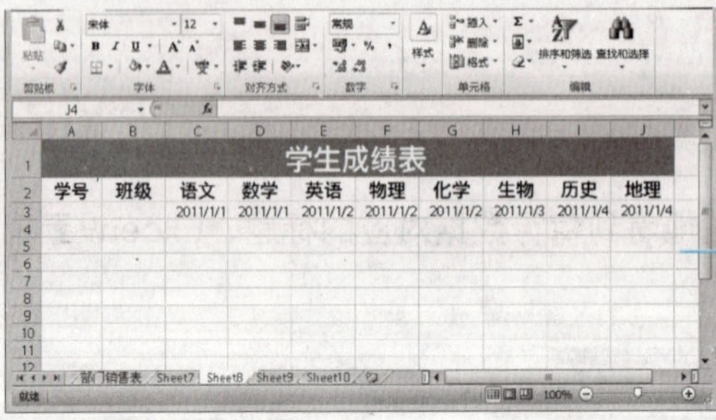

1 在第二行中输入“学号”、“班级”等重要信息。在第三行中输入考试日期。

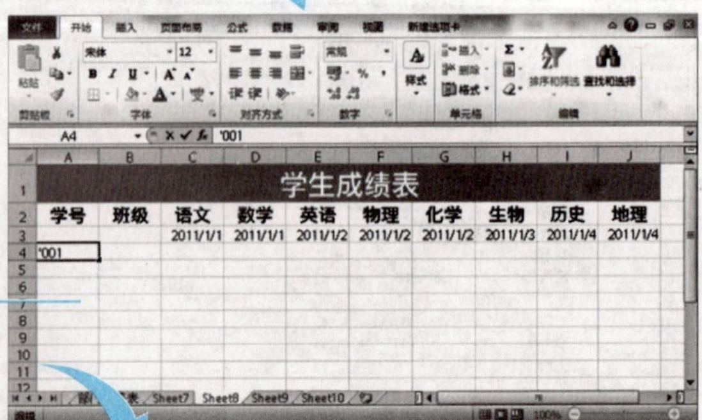

2 在“A4”中输入“‘001”。

视野拓展

拆分窗格后，Excel 会创建两个或四个单独的工作表区域，用户可在这些区域中用滚动条查看滚动区数据，同时保持非滚动区域中的行或列依然可见。每个区域均包含相同数据的单独视图。

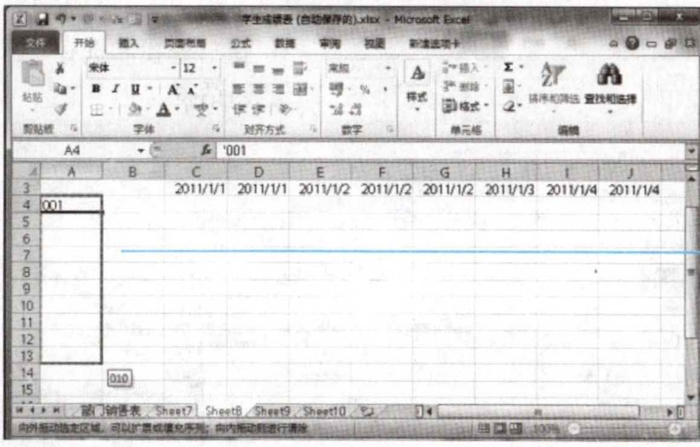

3 选中“A4”鼠标显示“十字”形时向下拖动，到“A13”释放。

注意：在输入学号001时，前面的“‘”符号不能忘，否则只是显示1。

4.7.2 查找和替换学生成绩表错误信息

当填完学生成绩表的班级和成绩信息后，发现有的同学的成绩输入有误，需要从100分改到98分，下面进行查找和替换。

操作步骤

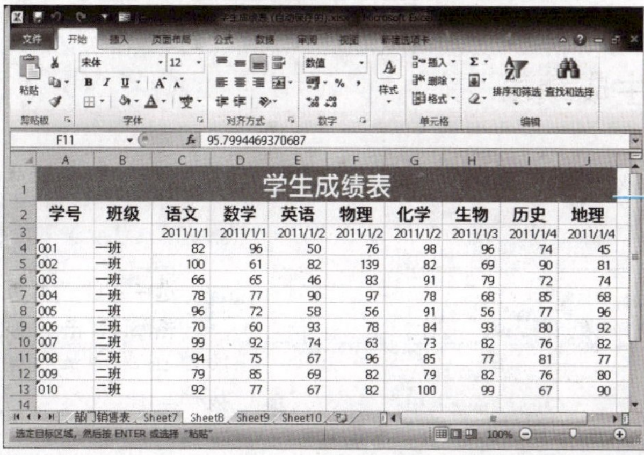

1 输入完的学生成绩表。

博学先生，我记得还可以圈出无效数据是吧，139分明显不是百分制的数啊？

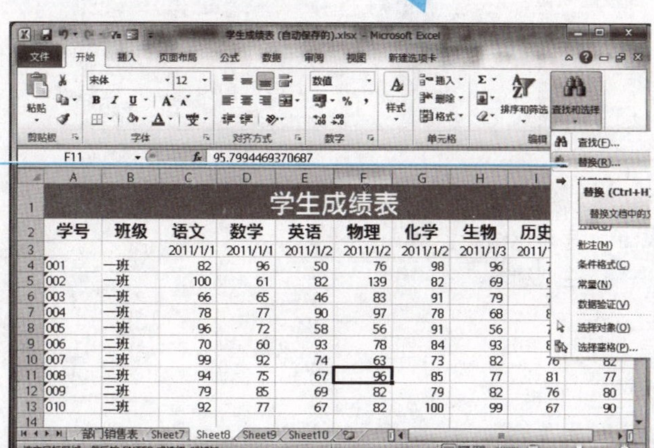

2 选择“开始”→“查找和选择”中的“替换”命令。

对啊，大家一定还记得如何设置数据的有效性和圈出无效数据的方法吧。

视野拓展

用户只能冻结顶行和左侧的列。无法冻结工作表中间的行和列。

提示： 设置数据的有效性：选择“数据”→“数据有效性”命令，然后选择“数据有效性选项”命令。将数据设置在0～100 的范围内。在工作表选择查找的数据范围，选择“数据”→“数据有效性”命令，然后选择“圈释无效数据”命令。

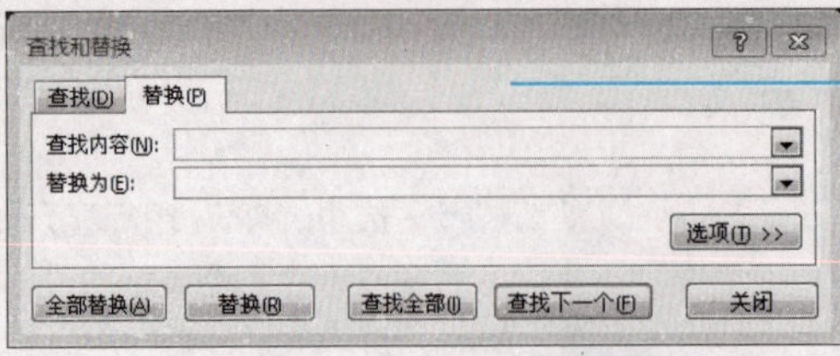

3 弹出查找和选择对话框。

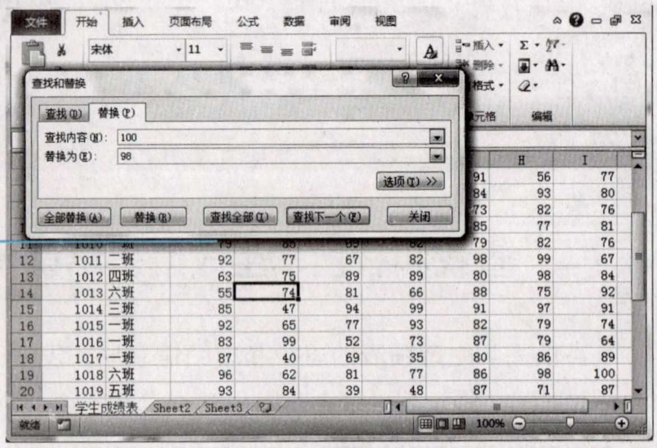

4 选择“替换”选项，“查找内容”为100，“替换”为98。

4.7.3 冻结拆分学生成绩表

为了使我们在查看学生成绩表时更加清楚和直观，我们使用冻结和拆分学生成绩表的功能。

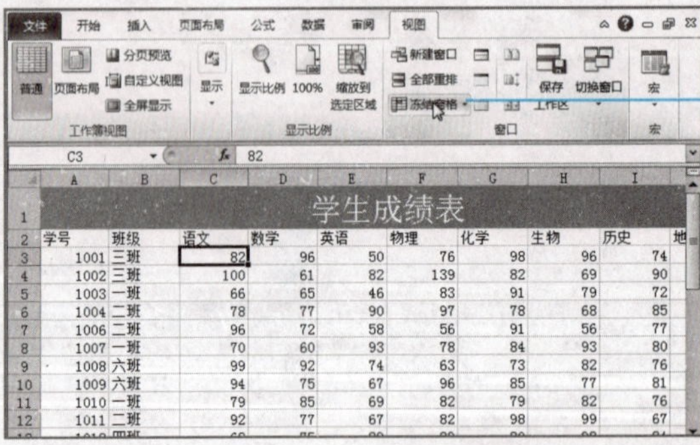

1 选中“C3”单元格，单击“视图”中的“冻结窗格”命令。

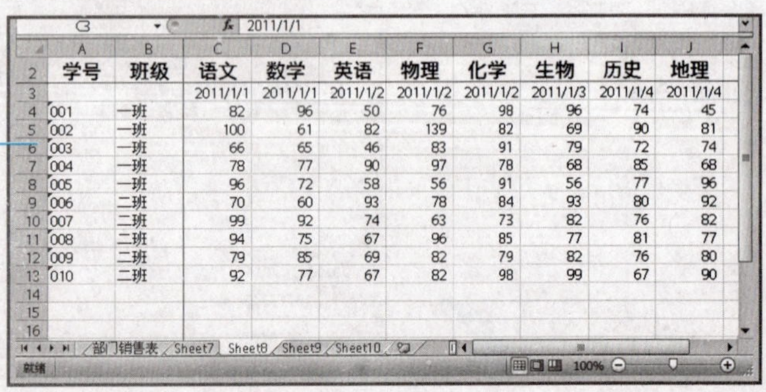

2 显示冻结后的学生成绩表。

视野拓展

在设定冻结功能时一定要注意：若要锁定行，选择在滚动时保持可见的行下方的行；若要锁定列，选择要在滚动时保持可见的列右侧的列。

4.8 趁热打铁

4.8.1 选择题

（1）当工作表的行或列较多时，需要查看表格中靠下的行或列，而不想使标题行和字段行消失，所需要的操作是（ ）。

A. 选中标题行和字段行，单击冻结拆分窗格

B. 选中标题行和字段行的下一行，单击冻结拆分窗格

C. 选中标题行和字段行，单击拆分按钮

D. 选中标题行和字段行的下一行，单击拆分按钮

（2）“保护工作表”工具按钮在（ ）选项卡中可以找到。

A. 插入

B. 页面布局

C. 审阅

D. 视图

（3）当录入数据很多时，可以设置当录入数据出错时进行提示的操作为（　　）。

A. 保护工作表

B. 设置数据的有效性

C. 冻结拆分窗格

D. 拆分

4.8.2 实践题

打开“学生成绩”工作表，完成以下练习。

（1）修改表格的A1数据为“2011年第一学期学生成绩”。

（2）撤销刚才的修改，然后恢复。

（3）使用快速填充功能，在表格最后添加连续的五个学生的学号。

（4）冻结第一行的内容，并从第三行开始拆分窗格？。

视野拓展

如果只需要冻结一行或一列，则可以在“视图”选项卡上的“窗口”组“冻结窗格”下的下拉列表中选择“冻结首行”或“冻结首列”选项即可。若要锁定多行或多列，或同时锁定行和列，则单击“冻结窗格”按钮。

读书笔记

第5章

工作表的美化

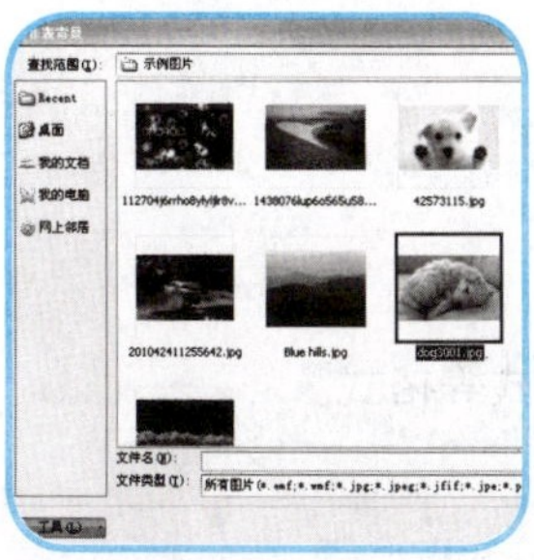

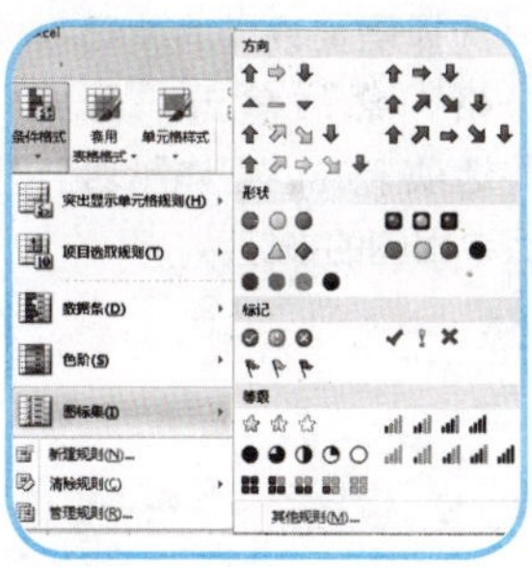

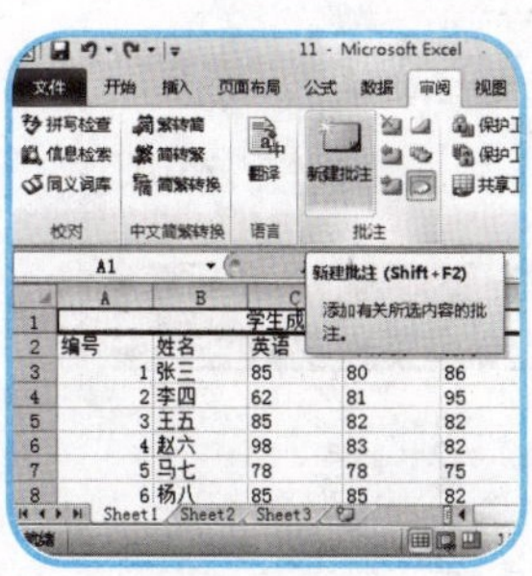

本章导读

前面讲解了Excel 2010图表的创建与编辑修改，接下来给用户讲解如何对图表的相关格式进行美化。本章主要介绍了Excel美化方案，通过设置单元格格式使数据的布局更加美观，设置工作表的背景美化工作背景，使用SmartArt、批注功能使工作表的交互过程变得更加清晰。

本章以美化学生成绩单为例，综合介绍了美化工作表的过程。

本章学习目标

- 能够熟练使用Excel 2010工作表格式设置功能。
- 掌握Excel工作表的背景美化功能。
- 了解工作表批注功能。

本章学习重点

- 掌握Excel 2010美化功能。
- 能够使工作表的整个布局更合理。

5.1 设置表格格式

Excel 2010单元格格式的布局是工作表美化工作最基本的一步。在创建表格后，对表格区域的格式设置尤为重要，例如，可以设置图表区的单元格格式、图标格式等。在前一章的介绍中曾涉及到单元格数据的录入与编辑，这章会深入地讲解设置单元格格式的方法。

5.1.1 设置字体格式

字体格式包括单元格文字的字号大小、字形、颜色及样式等格式。

1. 从“字体”功能组中设置

设置单元格字体格式的方法如下。

操作步骤

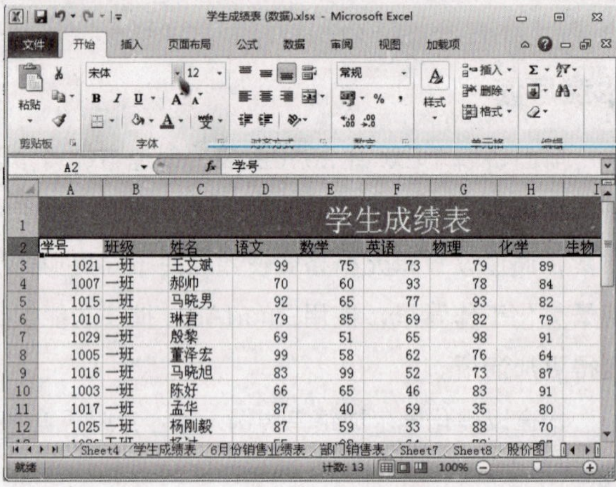

1 选择需要设置的单元格，然后单击“开始”选项卡的“字体”功能组中相应的按钮。

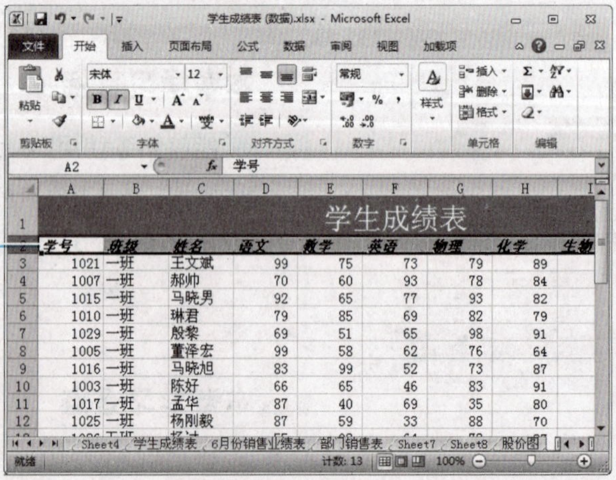

2 被选中的单元格中的字体随即改变。

视野拓展

默认情况下，Microsoft Office Excel 使用字号为“11”的“正文字体”。默认字体可以更改，单击“文件”选项卡，在Excel下单击“选项”，然后设置“常规”类别下的“新建工作簿时”的内容即可。

在“字体”功能组中有许多格式按钮，功能如下。

命令按钮	功能
宋体 ▾	字体按钮，设置文本内容的字体
12 ▾	字号按钮，设置字符大小，例如，12磅、20磅等，数字越大字就越大
A˄	增大字号按钮，单击可增大字号
A˅	减小字号按钮，单击可减小字号
B	加粗按钮，将字符的线型加粗
I	倾斜按钮，将字符进行倾斜
U ▾	下划线按钮，给字符下面加横线
填充颜色 ▾	填充颜色按钮，给单元格设置填充颜色
A ▾	字体颜色按钮，可给文档字符设置各种颜色
变 ▾	文字注音按钮，单击可给文字注音，且可编辑文字注音的格式

2.在“字体”对话框中设置

操作步骤

“字体”对话框可以对字体进行进一步设置，操作方法如下。

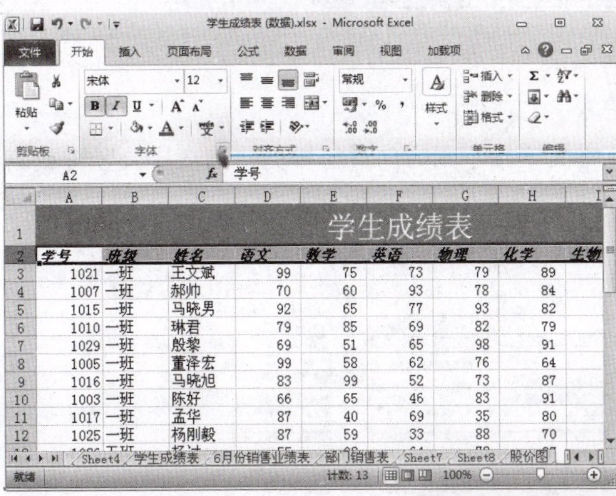

1 单击“字体”功能组右下角的下三角按钮。

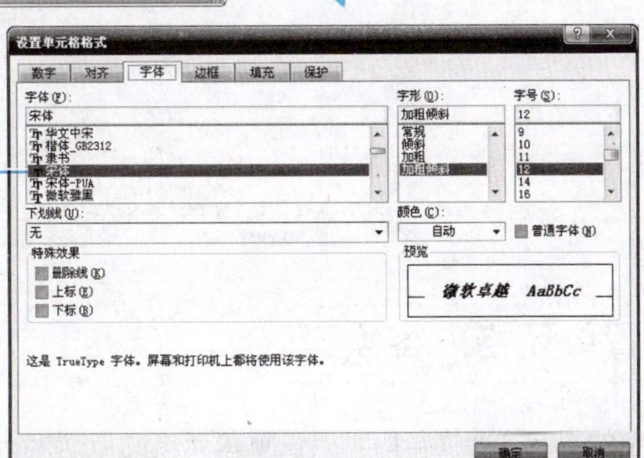

2 弹出“设置单元格格式”对话框，在“字体”选项卡中进行相应设置。

提示： 在“字体”设置对话框中，“特殊效果”栏中有“上标”、“下标”选项，“上标”是设置字符居上的格式效果，如X^2；而“下标”就是设置字符居下的格式效果，如X_2。只需选择需要设置为上标或下标的字符，然后在“字体”对话框中勾选“上标”或“下标”复选框即可。

视野拓展

要开始使用新的默认字体和字号，必须重新启动Excel。新的默认字体和字号仅在用户重新启动Excel以后创建的新工作簿中使用，现有的工作簿不受影响。若要使用新的默认字体，可以将工作表从现有的工作簿内移到新工作簿中。

5.1.2 设置对齐格式

设置单元格内容的对齐方式有多种，如内容的左右对齐、内容的上下对齐、单元格内容合并对齐、自动换行等格式。

1. 设置内容的左右及上下对齐

选择“对齐方式”工作组中相应的对齐工具按钮。

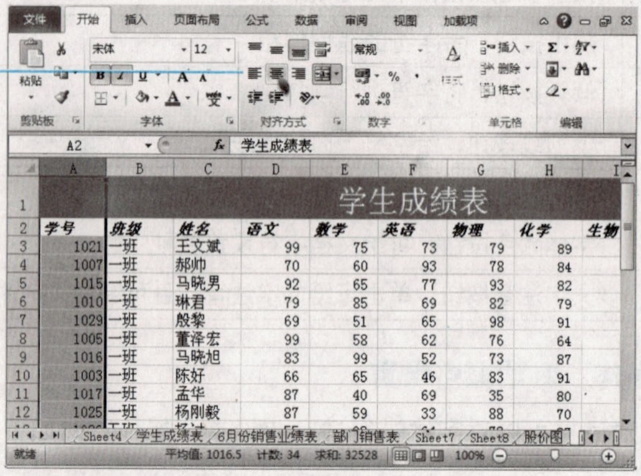

2. 设置文字的排列方向

在编辑工作表格式时，有时需要设置单元格文字按不同方向进行排列，如横排、竖排或斜排文字等格式。

单击“对齐方式”功能组中的 按钮，然后在下拉列表中选择相应的命令。

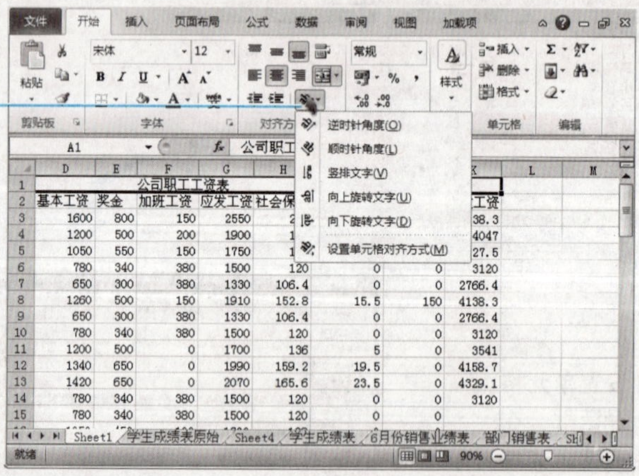

5.1.3 设置单元格内容换行

当单元格中的文字需要换行时可以设置单元格的自动换行格式，步骤如下。

视野拓展

在对单元格中的文本进行对齐时，如果单元格内容适合单行，它将靠左对齐。调整跨多行的文本时，除了最后一行外，每一行都将对齐。

操作步骤

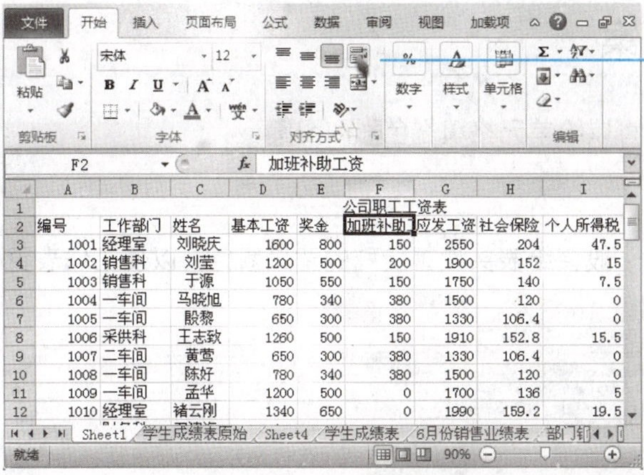

1 选中需要操作的单元格，单击“对齐方式”功能组中的“自动换行”按钮。

博学先生，有输入数据时的换行功能吗？

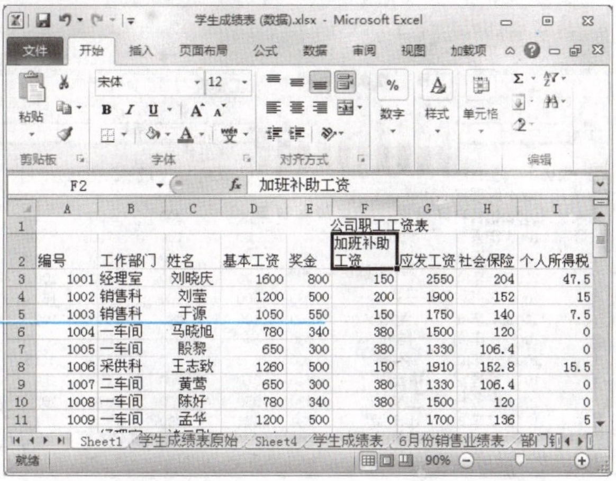

2 自动换行后的效果。

当然有，大家一定要记住Alt+Enter键，此快捷键可以在单元格内换行。

5.1.4 设置数字格式

当设置好文本格式后，下面对数字格式进行设置，具体步骤如下。

操作步骤

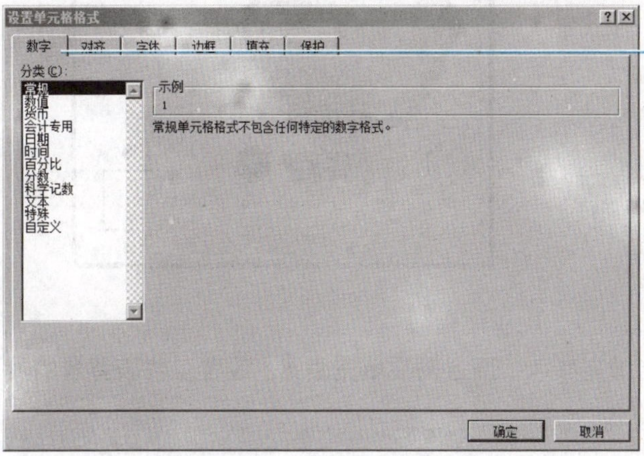

激活“数字”选项卡，然后选择数据格式。

视野拓展

要应用提供的主题颜色和标准色以外的颜色，请单击“其他颜色”，然后在“颜色”对话框的“标准”选项卡或“自定义”选项卡上指定要使用的颜色。

5.1.5 填充颜色及图案

为了使表格更美观，用户可以给单元格填充色彩和图案。

1. 填充颜色

在工作表的设计过程中，一般会给表头设置特殊的背景颜色，以使工作表更加漂亮。

操作步骤

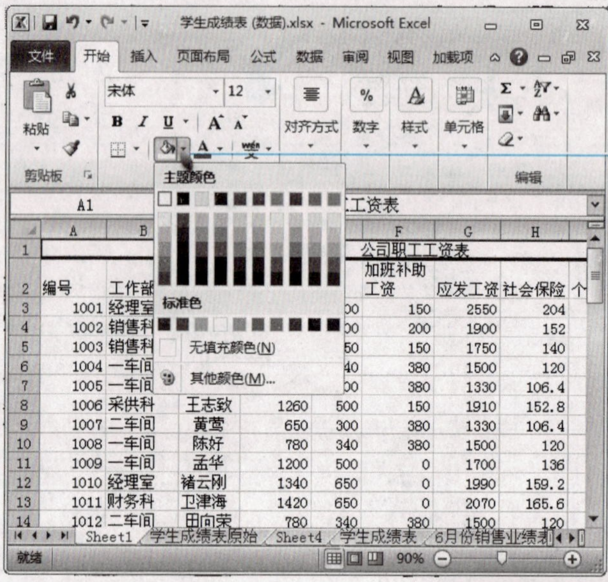

单击“字体”功能组的“填充颜色”左侧的下拉按钮，选择颜色进行填充。

单击“其他颜色”命令，会弹出更丰富的颜色选择框。

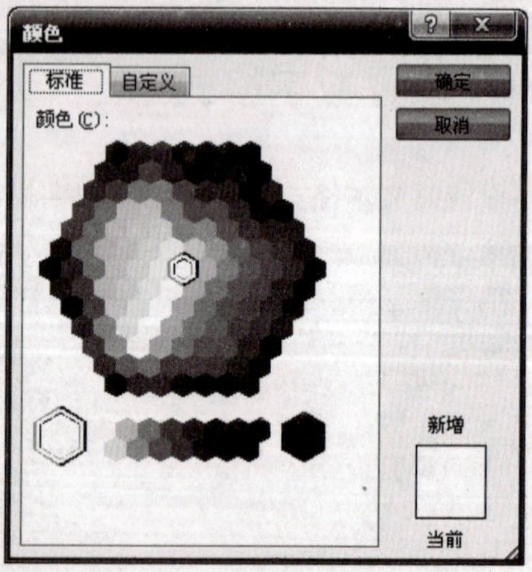

2. 设置图案

有些表格不仅需要设定填充颜色，而且需要填充图案。设置工作表背景的具体步骤如下。

视野拓展

若要使用包含两种颜色的图案，请在“图案颜色”框中单击另一种颜色，然后在“图案样式”框中单击一种图案样式。

操作步骤

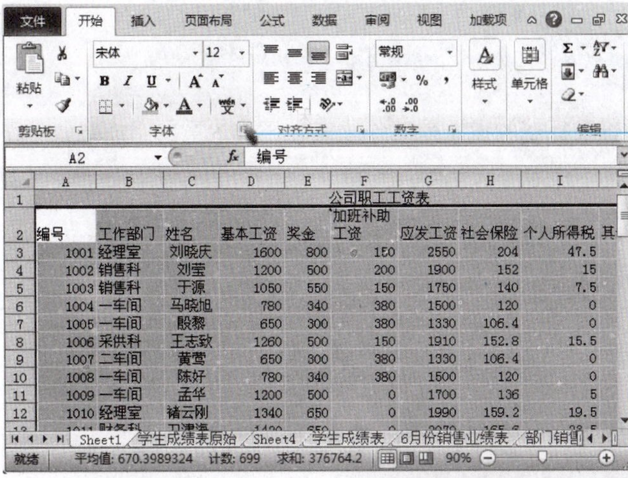

1 单击“字体”功能组的下三角按钮，弹出“设置单元格格式”对话框。

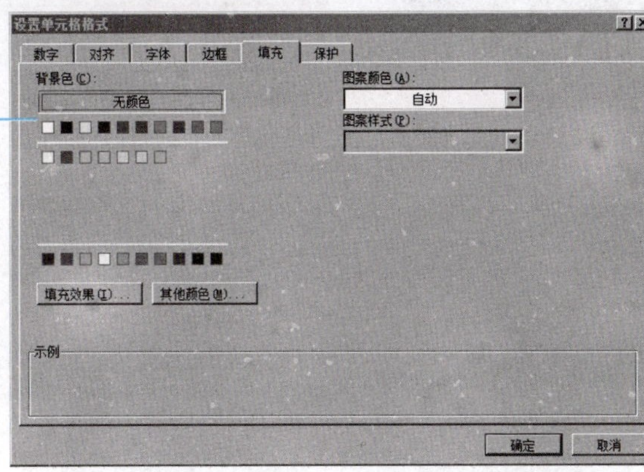

2 在“设置单元格格式”对话框中激活“填充”选项卡，然后选择背景颜色。

提示：使用格式刷可以快速地复制表格的字体、字号、颜色、字形、图案、边框等格式，可以用来快速设置相同的格式。

5.1.6 边框设置

为了使表格清晰规范，用户可以设置单元格的边框格式。

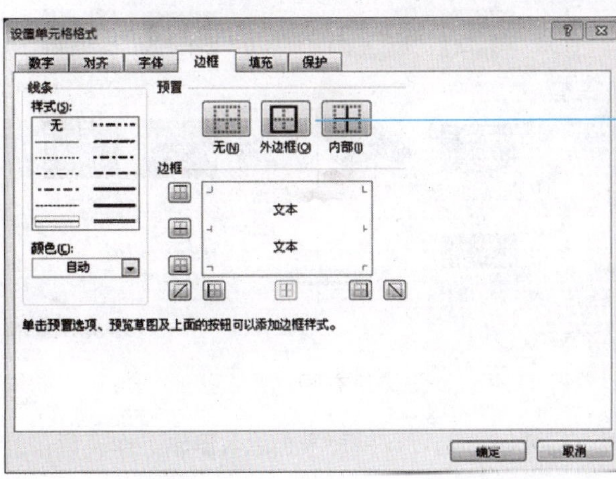

激活“边框”选项卡，单击“外边框”按钮，然后单击“确定”按钮。

视野拓展

为了提高可读性，用户可以隐藏单元格网格线，并将单色阴影应用于包含数据的单元格。当保存工作簿时，工作表背景将与工作表数据一起保存。

5.2 设置工作表背景、标签颜色及条件格式

Excel 2010工作表背景及标签的设置是工作表美化工作的重要组成部分。工作表背景的设置可以在整张工作表上添加图片背景。

5.2.1 设置工作表背景

1. 添加背景

添加背景的操作步骤如下。

操作步骤

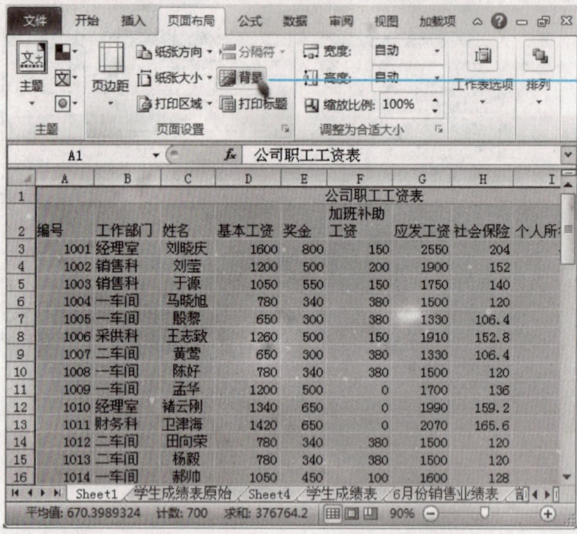

1 选择需要添加背景的工作标签，单击“页面设置”功能选项中的“背景”按钮。

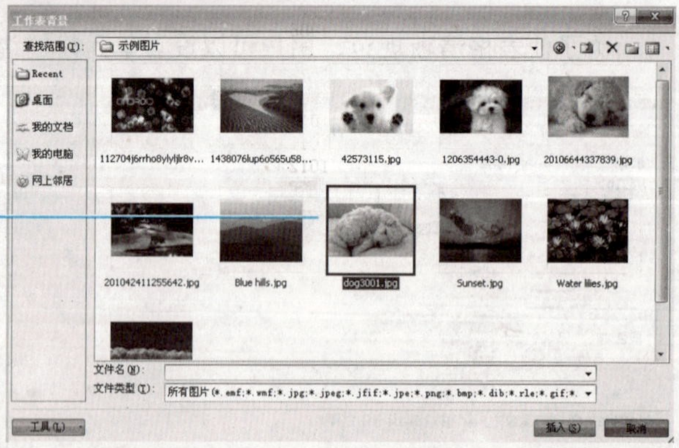

2 在“查找范围”下拉列表中选择照片，最后单击“插入”按钮。

2. 删除背景

添加工作表背景后，如果不需要时，则可以将背景删除。删除工作表背景的

视野拓展

按Shift+Ctrl+Home键可以快速选中工作表第一行的所有单元格内容；按Shift+Ctrl+End键可以快速选中工作表中最后一行的所有内容。

操作步骤为：单击要删除背景的工作表标签，然后单击“页面设置”功能组中的“删除背景”按钮即可。

5.2.2 设置工作标签颜色

用户可以给标签设置不同的颜色，以清楚地标示工作表的标签，具体步骤如下。

操作步骤

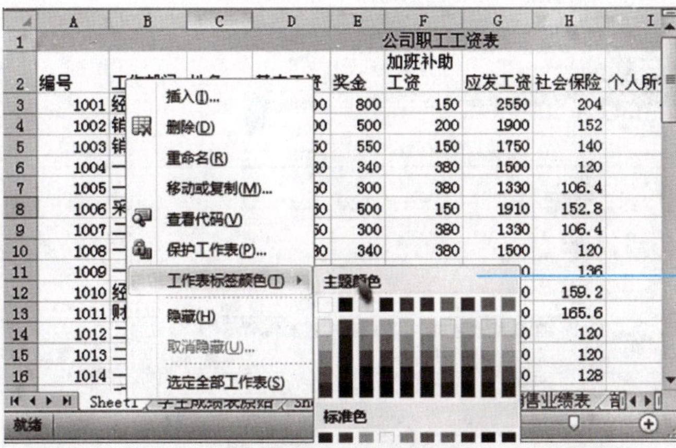

1 右击工作表标签，然后在弹出的快捷菜单中选择“工作表标签颜色”命令，再在级联菜单中单击选择需要的颜色。

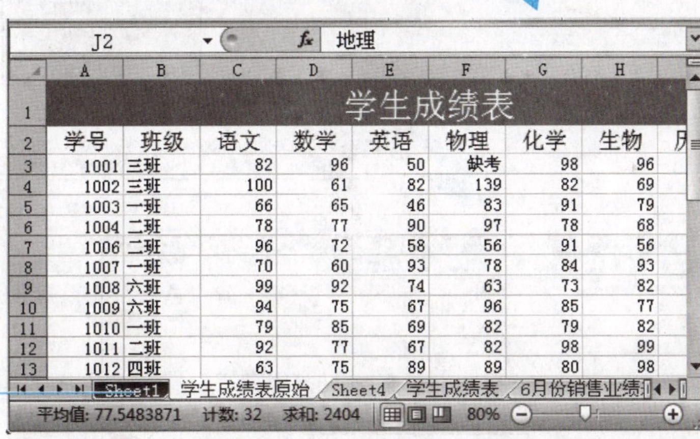

2 更改后的效果图。

5.2.3 条件格式

为了清楚地显示数据的某些特征，Excel 2010设置了条件格式功能。当数据满足一定条件时能用图形和颜色显示出来，这样能在单元格中直观地显示数据的某些特性，具体步骤如下。

视野拓展

通过为数据应用条件格式，只需快速浏览即可立即识别一系列数值中存在的差异。

操作步骤

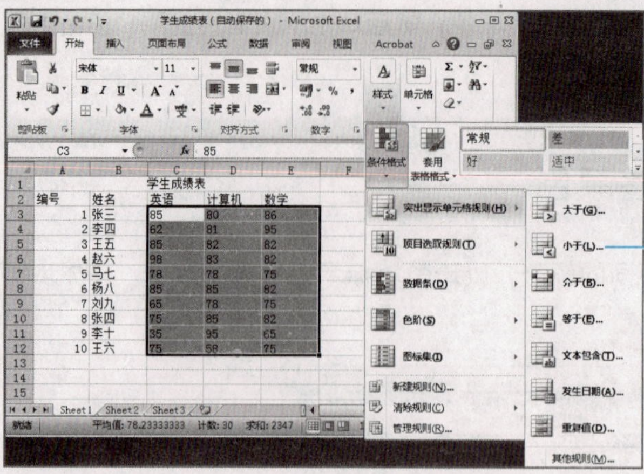

1 选择成绩所在域，选择“开始”→“突出显示单元格规则”中的“小于”命令。

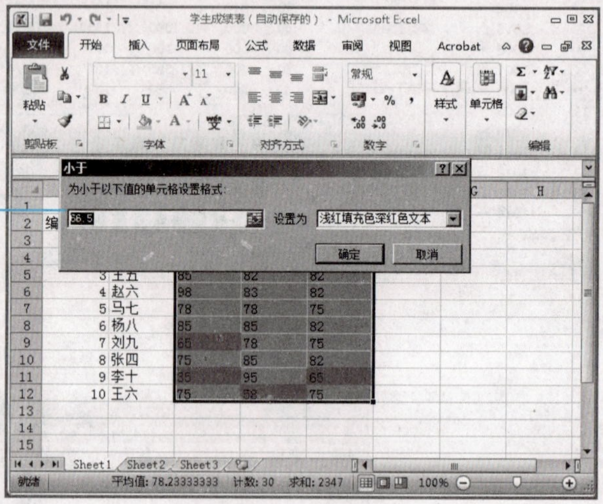

2 弹出“小于”对话框，在对话框中输入“66.5”，设置为“浅红填充至红色文本”。

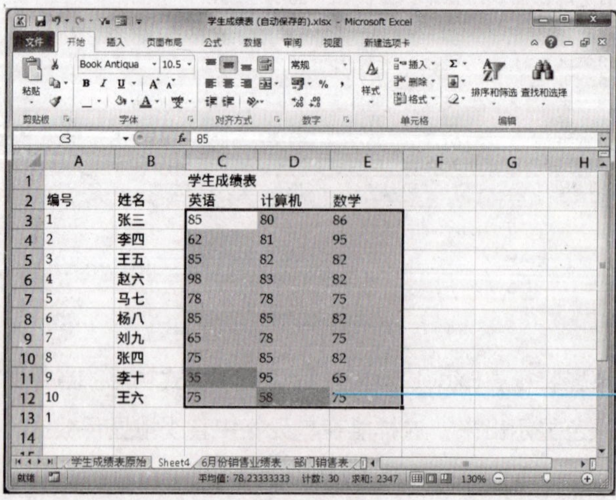

3 所有没有及格的文本显示出特殊标记。

视野拓展

对工作表中已设置的条件格式，用户还可以重新编辑、修改及清除条件规则。选择已设置条件格式的单元格区域，然后单击“开始”功能选项，再单击“样式”功能组中的“条件格式”工具按钮，并在列表中打开“管理规则”对话框进行设置。

Excel 2010的条件格式功能还能实现以下很多功能。

1. 项目选取规则

选取某一项目中的一定规则的数据，具体步骤如下。

操作步骤

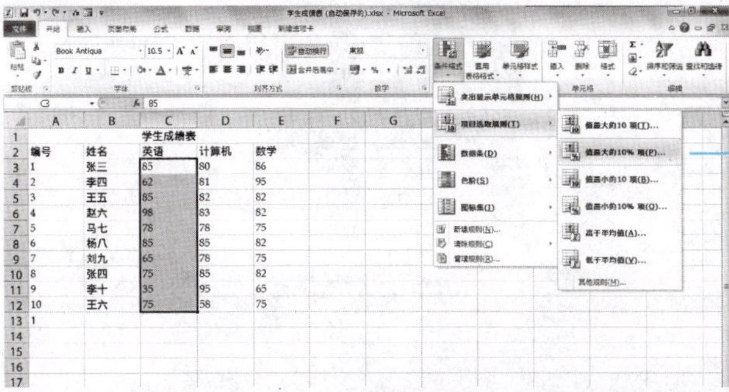

1 选择英语所在域，然后单击“开始”→“项目选取规则”→“值最大的10%项”按钮。

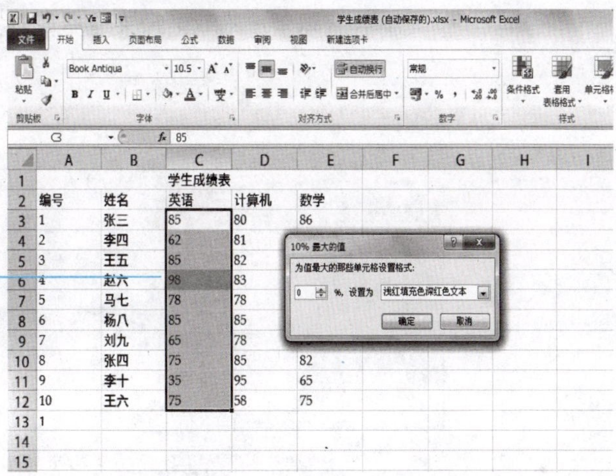

2 单击“确定”按钮，“C6”被标注出来。

2. 数据条

包括渐变填充和实色填充，按照数据值的大小填充单元格颜色，具体步骤如下。

操作步骤

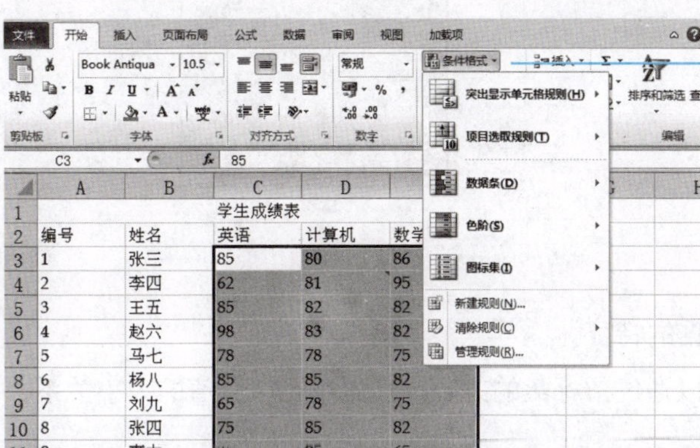

1 选中需要操作的数据区域，在“开始”选项卡的“样式”功能区中单击“条件格式”。

视野拓展

数据条的长度代表单元格中的值，数据条越长，表示值越高，数据条越短，表示值越低。在分析大量数据中的较高值和较低值时，数据条很有用。

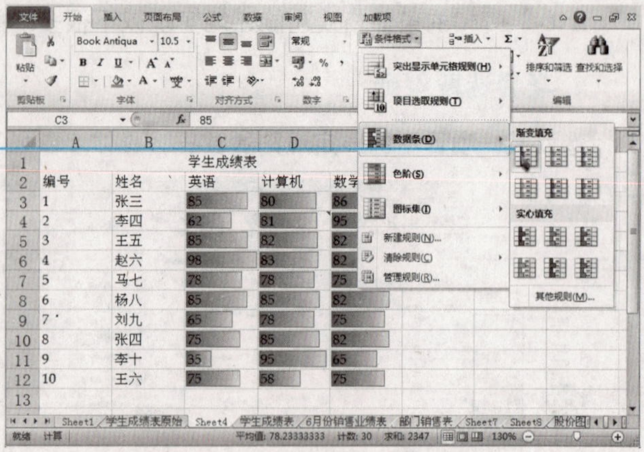

2 选中“渐变填充”中的样式。渐变条的长短与数据的大小成比例。

3. 色阶

按照数据值大小的不同显示不同色阶来填充单元格，具体步骤如下。

操作步骤

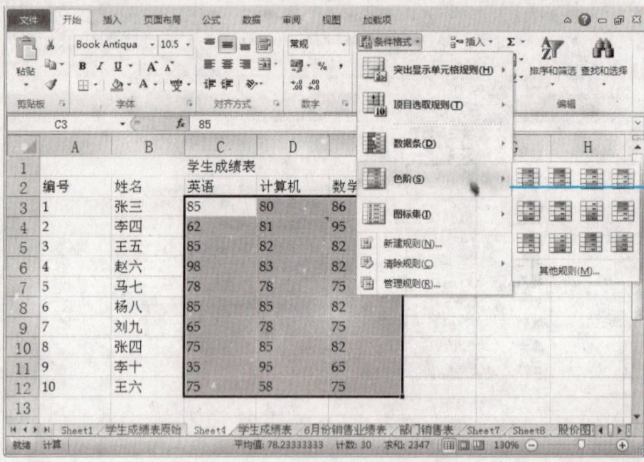

1 选中需要操作的数据区域，在“开始”选项卡的“样式”功能区中单击“条件格式”，鼠标移到“色阶”。

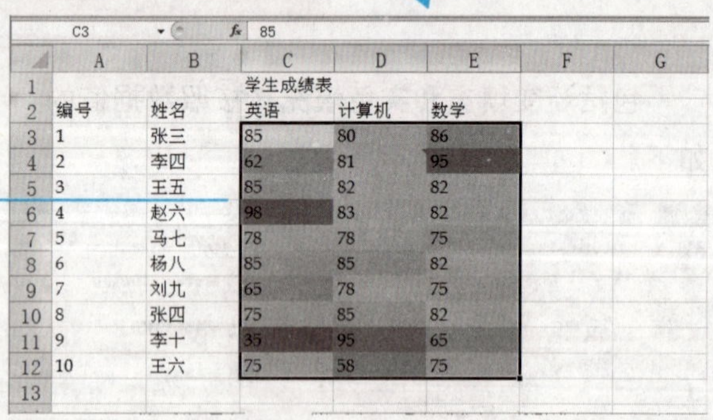

2 鼠标单击“红-白-蓝色阶”后的效果图。

4. 图标集

用不同的图标来标注数据的特征。

在Excel 2010中，还可以通过图标集的方式来标识单元格数值的大小关系，具体操作步骤如下。

视野拓展

色阶分为双色色阶和三色色阶，是通过颜色深浅程度来比较某个区域的单元格，颜色越深，代表值越高，反之越低。

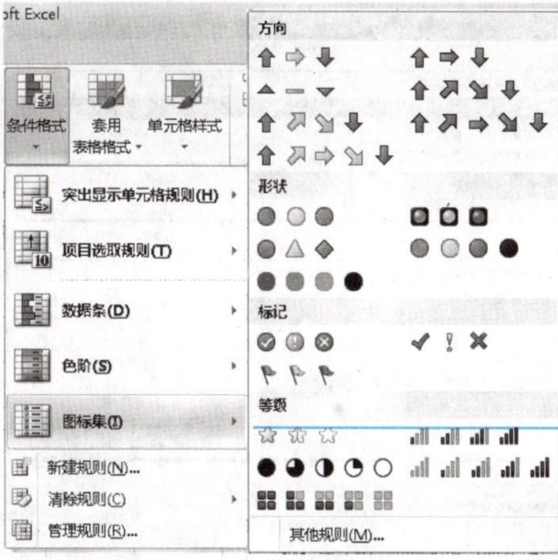

1 选择数据区之后，选择“开始”→“条件格式”→“图标集”命令。

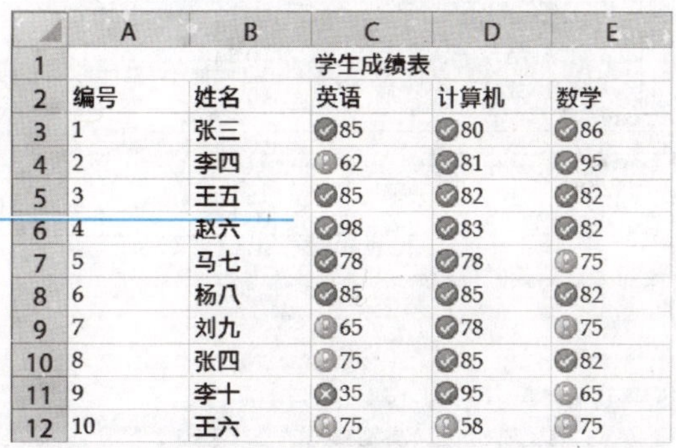

	A	B	C	D	E
1			学生成绩表		
2	编号	姓名	英语	计算机	数学
3	1	张三	85	80	86
4	2	李四	62	81	95
5	3	王五	85	82	82
6	4	赵六	98	83	82
7	5	马七	78	78	75
8	6	杨八	85	85	82
9	7	刘九	65	78	75
10	8	张四	75	85	82
11	9	李十	35	95	65
12	10	王六	75	58	75

2 数据前自动添加图标后的效果。

5. 新建规则

自定义规则类型。除了可以通过前面所讲述的方法来标识单元格外，用户还可以根据实际需要新建条件规则，具体步骤如下。

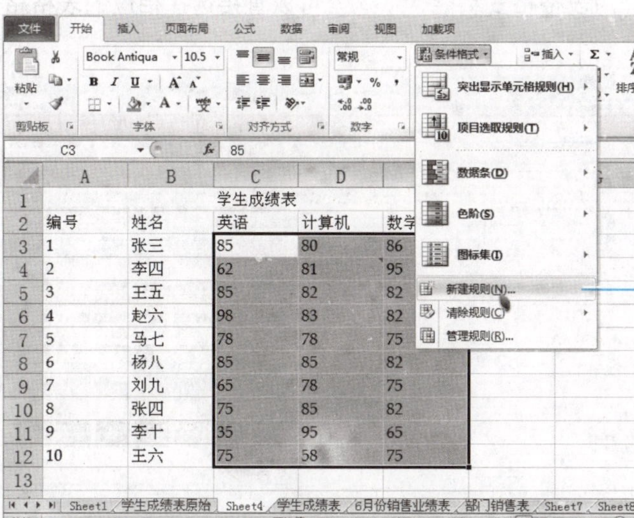

1 选择数据区之后，单击“开始”选项卡中的“样式”功能组中的“条件格式”按钮，在下拉列表中选择“新建规则”命令。

视野拓展

要清除规则，首先需要选中目标区域，单击“开始”选项卡的“样式”功能组中的“条件格式”下拉按钮，在打开的下拉列表中选择“清除所选单元格的规则”命令。

2 在弹出的“新建格式规则”对话框中选择“只为包含以下内容的单元格设置格式”，即可对选中的数据进行精确设置。

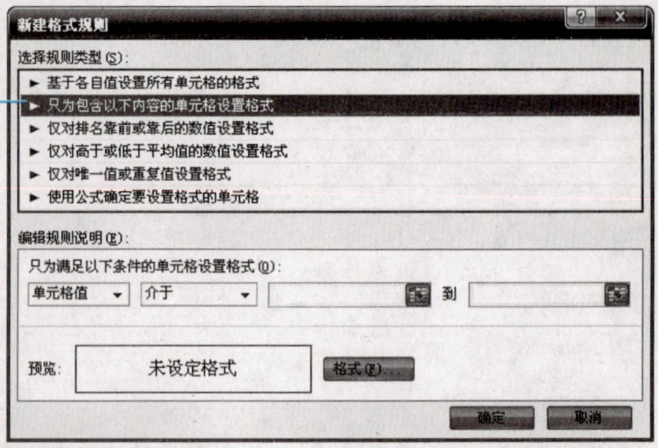

3 单击“预览”后的“格式”按钮，会弹出“设置单元格格式”对话框，可以设置“字体”、“边框”和“填充”等效果。

5.2.4 套用表格格式

操作步骤

Excel 2010提供了套用表格格式功能，从这里可以直接选择相应的表格格式，具体操作步骤如下。

1 单击“开始”→“套用表格格式”按钮。

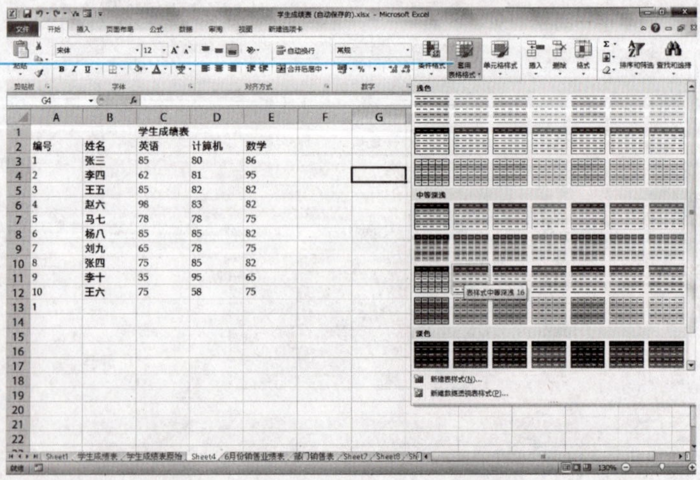

视野拓展

系统内置的单元格格式必定有限，用户可以根据需要自定义单元格格式。单击“开始”选项卡的“样式”组中的“单元格样式”下拉按钮，在打开的下拉列表中选择“新建单元格样式”命令。

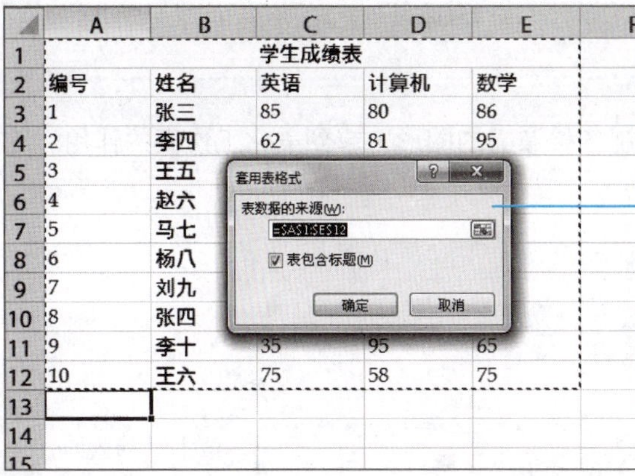

2 弹出“套用表格式”对话框。

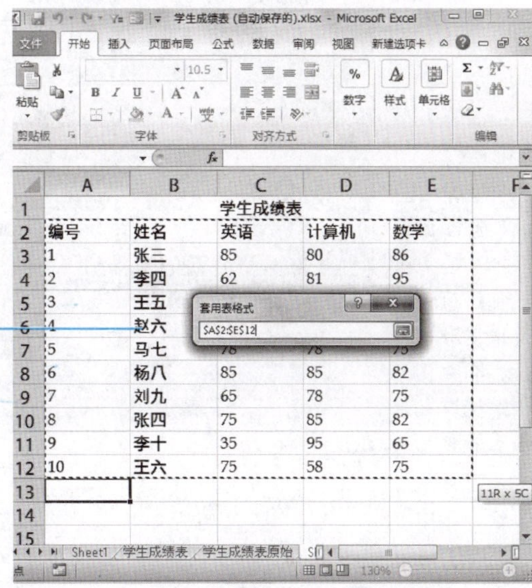

3 选择“套用表格式”区域。

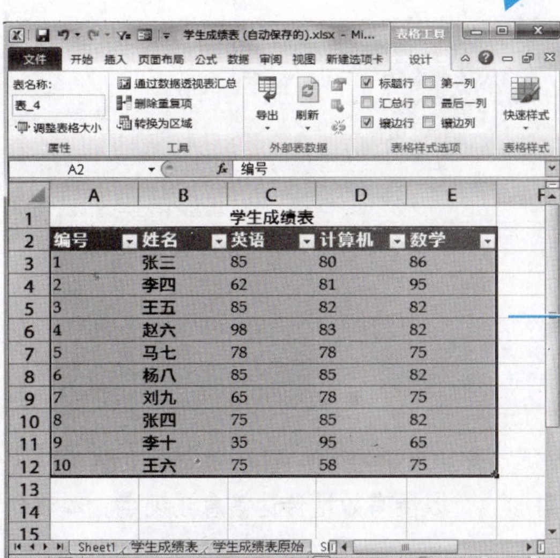

4 单击“确定”按钮后可以看出选择的样式自动套用到工作表中了。

视野拓展

打开“单元格样式”下拉列表，使用鼠标右击“自定义”栏中的相应样式，在弹出的快捷菜单中选择“删除”命令，可以删除自定义的单元格样式。

5.2.5 插入图形

操作步骤

Excel 2010能在工作表中绘制各种漂亮的图形，起到美化工作表的作用。绘制图形的操作步骤如下。

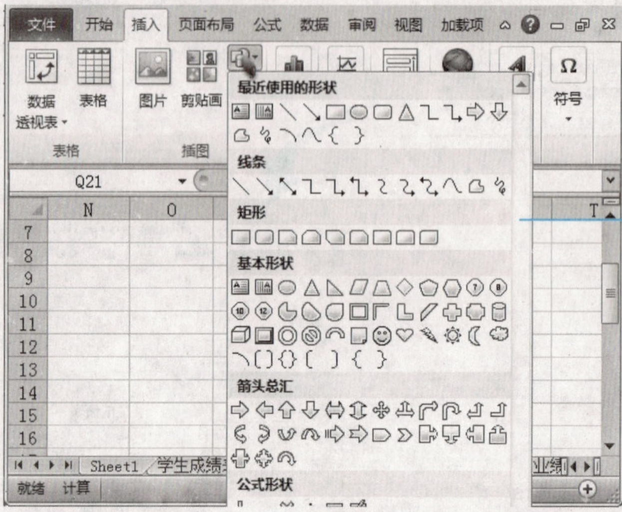

1 单击"插入"选项卡→"插图"工具按钮，选取图形。

2 按住鼠标左键在工作表内进行拖动。

提示： 在Excel 2010中，除了可以绘制自选图形外，还可以插入Excel自带的剪贴画，以及电脑硬盘中存放的各种图形文件、艺术字、文本框等各种图形对象。这些可以从"插入"选项卡中的"插图"功能组中进行设置。

5.3 使用SmartArt图形

SmartArt 图形是数据信息的可视化表示形式，用户可以从多种不同布局中进行选择，从而快速轻松地创建所需形式，以便有效地传达信息或观点。本节介绍如何创建SmartArt图形。

视野拓展

在"剪贴画"对话框中，若用户不知道插入的剪贴画的类别，可以不必在"搜索文字"文本框中输入文字，只需直接单击"搜索"按钮，Excel将搜索出所有剪贴画供用户选择。

5.3.1 创建SmartArt图形

操作步骤

创建 SmartArt 图形时，系统将提示用户选择一种SmartArt图形类型，如“流程”、“层次结构”、“循环”或“关系”。每种类型的SmartArt图形包含几个不同的布局。选择了一个布局之后，可以很容易地切换SmartArt图形的布局或类型。新布局中将自动保留大部分文字和其他内容以及颜色、样式、效果和文本格式。

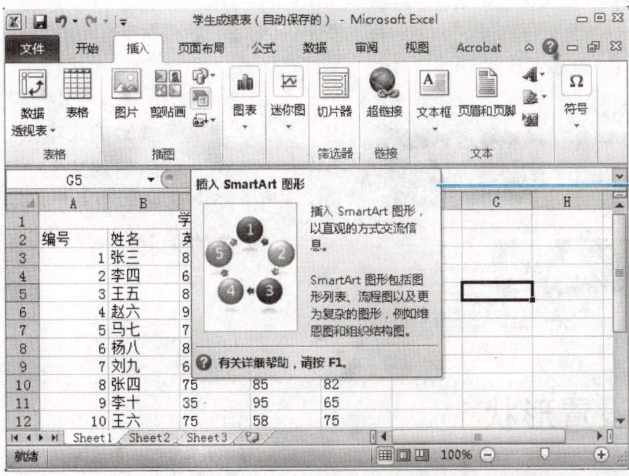

1 选择“插入”→“插入SmartArt图形”命令，打开“选择SmartArt图形”对话框。

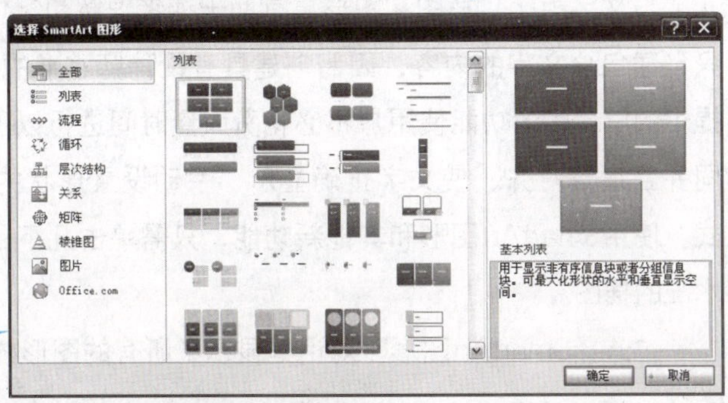

2 单击弹出的对话框最左侧的“流程”按钮，选择“基本流程”命令。

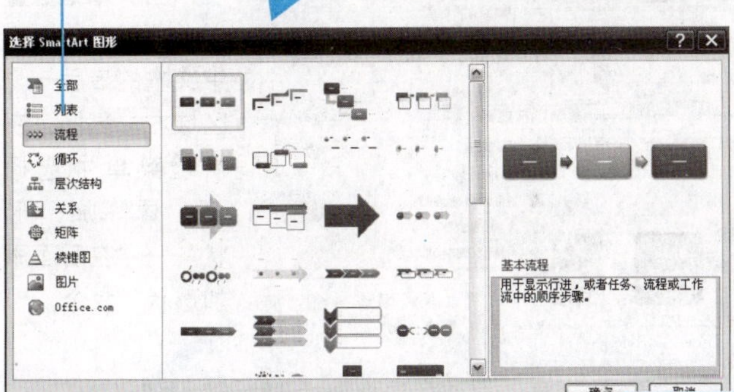

3 单击“确定”按钮，在表格中生成流程图。

视野拓展

SmartArt图形是为了让每个人（不仅是专业设计师）转换点子为某个图形变得更快更容易而设计的。

4 单击SmartArt图形左边的小三角按钮。

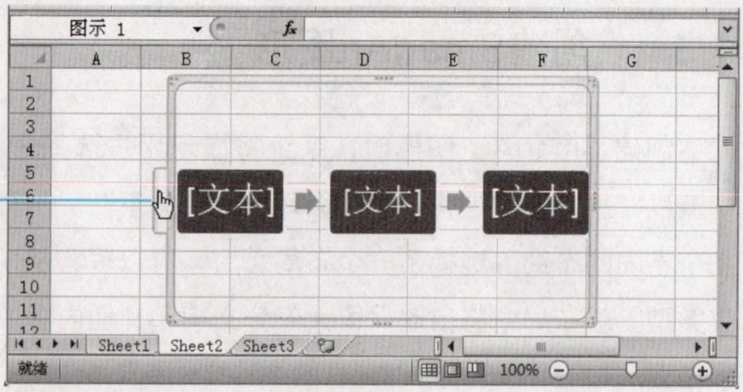

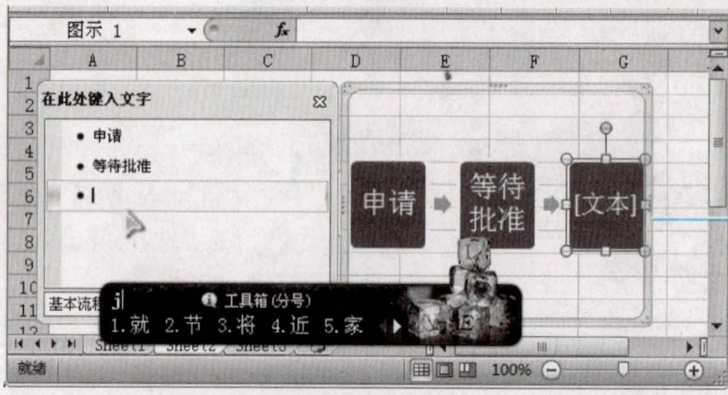

5 在弹出的文本区域内输入文字，即可在图形区显示对应的文字。

5.3.2 插入插图并设置形状

与文字相比，插图和图形更有助于读者理解和记住信息，但是大多数人还是只创建包含文字的内容，因为创建具有设计师水准的插图很困难。Office 2010提供的SmartArt功能使用户不必花费大量时间进行以下操作：使各个形状大小相同并且适当对齐、使文字正确显示、手动设置形状的格式以符合文档的总体样式。使用SmartArt图形和其他新功能，只需单击几下鼠标，即可创建具有设计师水准的插图。

操作步骤

“选择SmartArt图形”对话框显示了所有的图形样式可供用户选择。

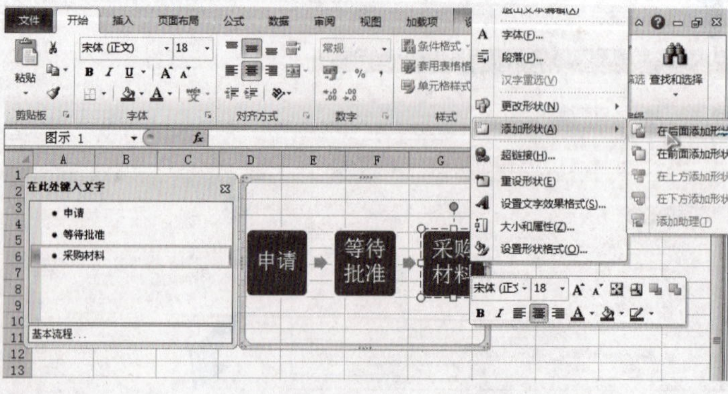

1 当文本框数量不够时可以选中文本的最后一个区域右击鼠标，在快捷菜单中选择“添加形状”→“在后面添加形状”命令。

视野拓展

选中SmartArt图形，然后单击“SmartArt工具/格式”选项卡的“形状”组中的“增大”或“缩小”按钮可以更改形状的大小。

2 生成下一个流程图，可以继续编辑流程图。

3 当要美化流程图时可以单击“设计”选项卡，在“SmartArt样式”中选择边框样式及颜色。

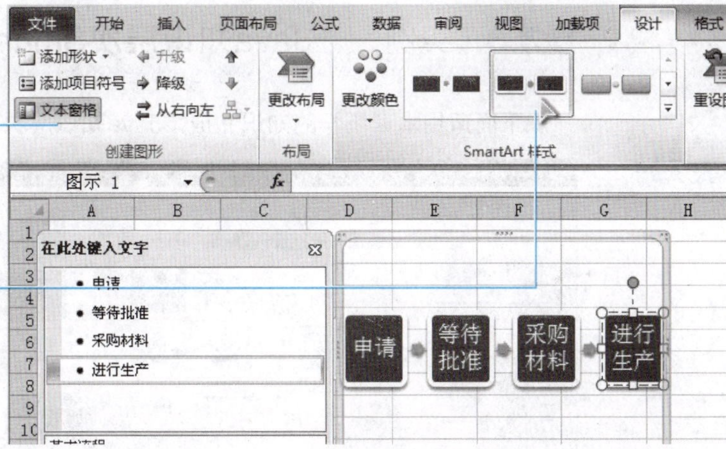

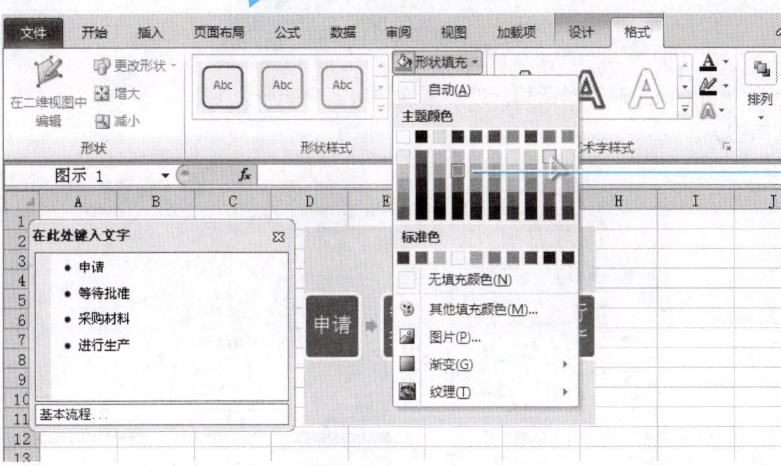

4 当需要修改背景颜色时，单击“格式”选项卡，选择“形状填充”中的颜色即可。

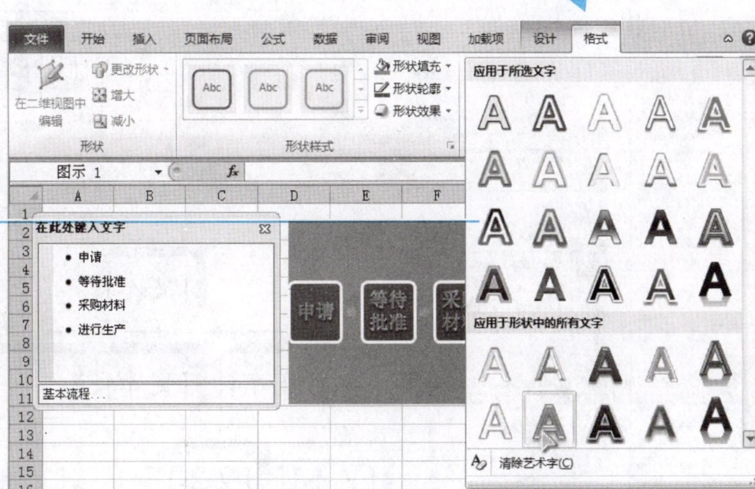

5 对于文本框中的文字，在“格式”选项卡中进行设置即可。

视野拓展

若需要调整SmartArt图形的形状和排列，则单击“格式”选项卡的“排列”组中的“排列”按钮，可以设置图形的排列位置和环绕方式。

5.3.3 实例——Java知识层次SmartArt图

操作步骤

下面运用本章所学的知识完成“Java知识层次”结构图。

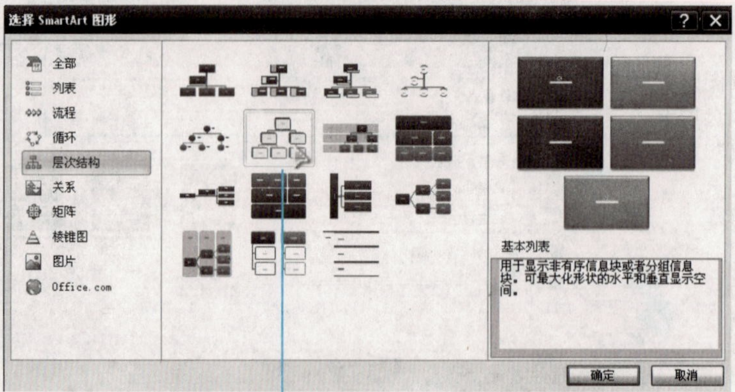

1 打开“选择SmartArt图形”对话框，在“层次结构”中选中如图所示的层次结构。

2 在二级文本框中按Enter键，则会增加二级文本。

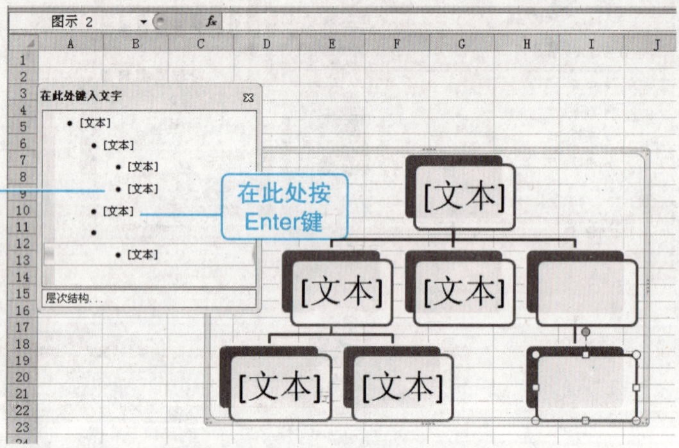

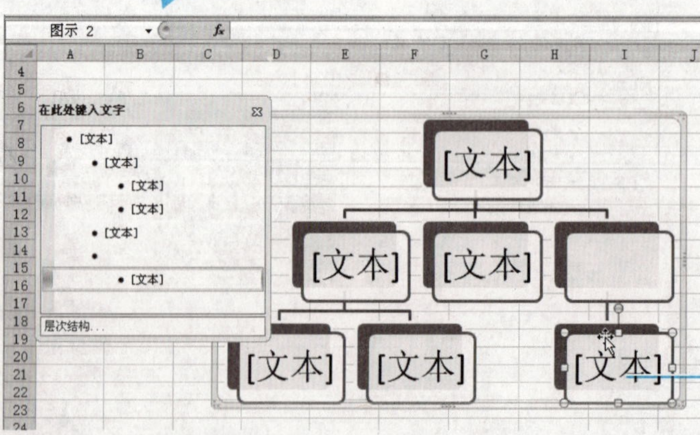

3 为了删除最右侧的三级文本，选中此文本框，按Delete键。

视野拓展

也可以选中SmartArt图形，然后通过“文本填充”、“文本效果”和“文本轮廓”命令自定义设置文字效果。

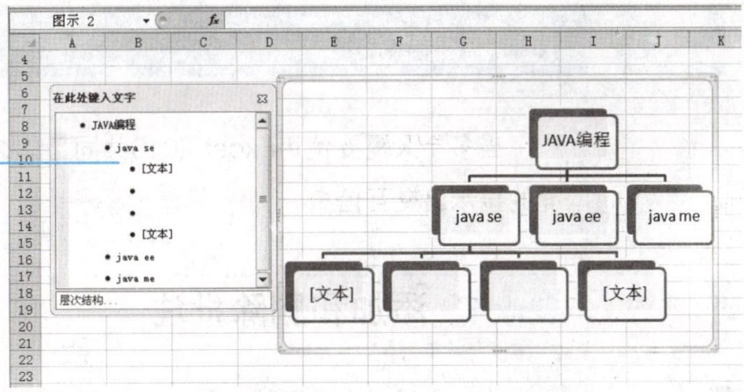

4 为了添加最左侧的三级文本，可在此处按Enter键。

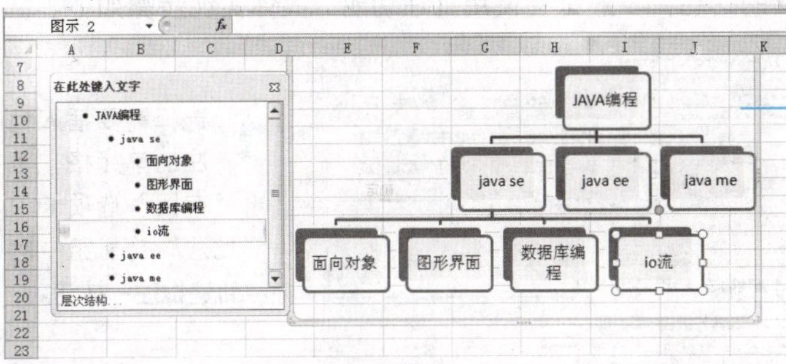

5 输入所需内容后的效果。

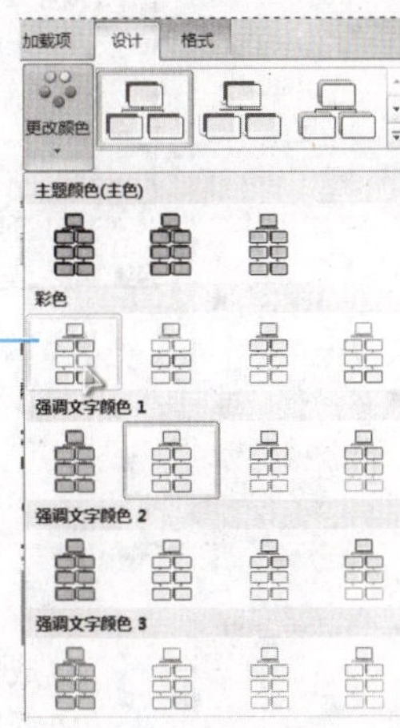

6 如果需要美化图形，可以单击“设计”→“更改颜色”按钮，选择如图所示的颜色。

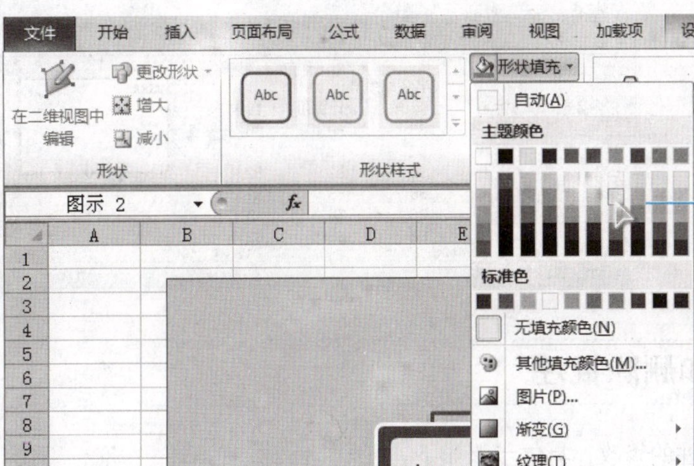

7 如果需要美化文字，可以单击“格式”→“形状填充”按钮，可以选择一种填充颜色。

视野拓展

批注是十分有用的提醒方式，用户可以在编辑工作表时为一些较复杂或易出错的单元格内容添加批注信息，这样就能及时提供信息反馈的参考。

5.4 使用批注

当多个人需要使用Excel 2010共同工作，这时批注功能使工作表更加美观漂亮的显示出交互信息。

5.4.1 添加和删除批注

为了实现多人交互的功能，一般都会使用批注功能，具体实现步骤如下。

操作步骤

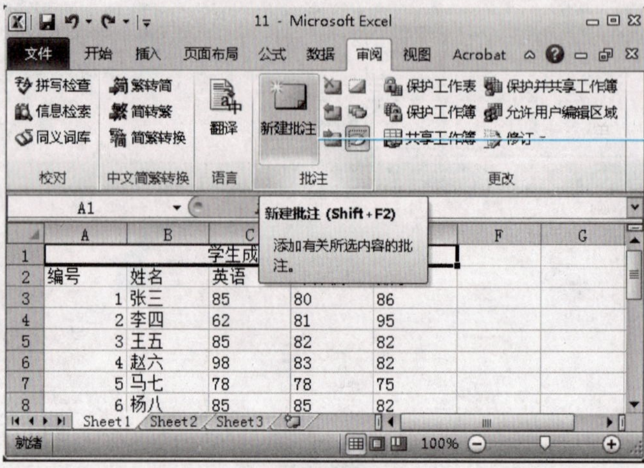

1 选择需要插入批注的单元格，单击“审阅”选项卡中“批注”功能组中的“新建批注”按钮。

2 生成的批注样式如图所示，其最开始的文字是本台计算机的名称。

5.4.2 编辑和删除批注

可以实现对批注的修改，具体步骤如下。

视野拓展

显示批注信息后，在“批注”功能组中再次单击“显示/隐藏批注”工具按钮，将会隐藏所显示出的批注信息。

操作步骤

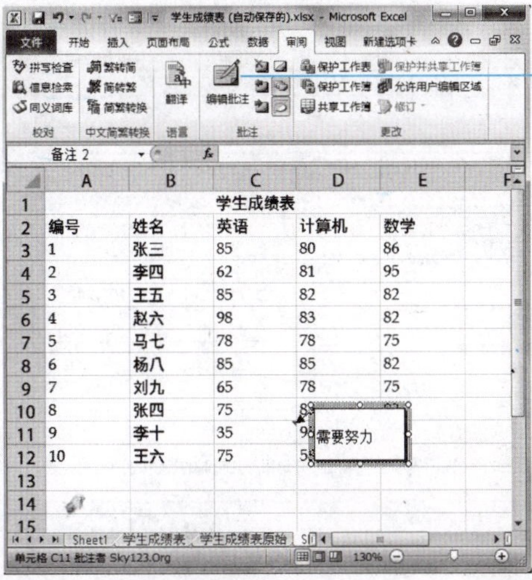

1 单击“审阅”选项卡中的“编辑批注”按钮，即可对批注内容进行修改。

2 需要删除批注时，单击“审阅”选项卡中的“删除”按钮，即可删除批注内容。

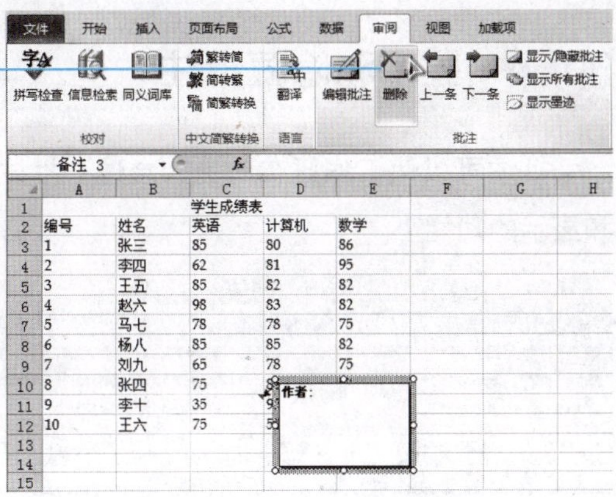

5.4.3 设置批注格式

为了使批注内容更加美化，Excel提供了编辑批注内容功能。

操作步骤

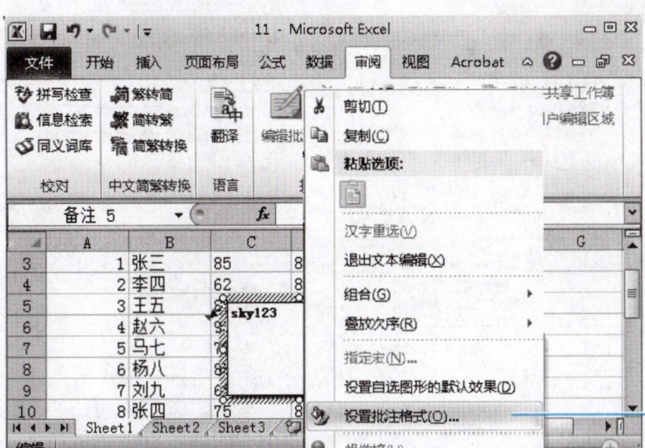

1 单击“设置批注格式”命令。

视野拓展

显示出一条批注信息后，单击“批注”功能组中的“上一条 ”或“下一条 ”按钮即可快速显示其他单元格中的批注。

2 在弹出的“设置批注格式”对话框中设置批注格式。

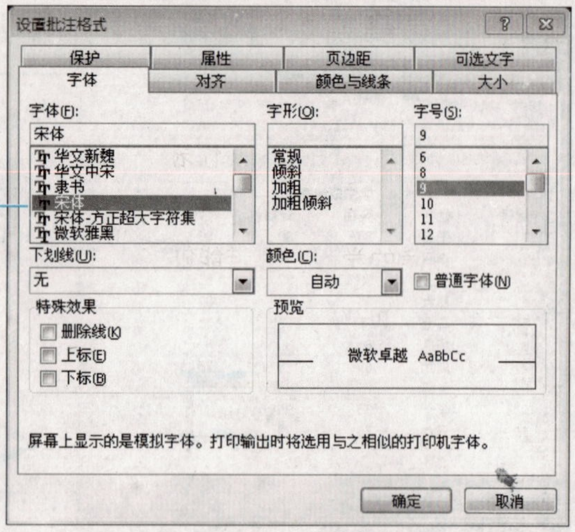

5.4.4 显示和隐藏批注

操作步骤

批注可以使工作簿布局更加合理，批注内容可以随情况的不同而实现隐藏和显示的功能。

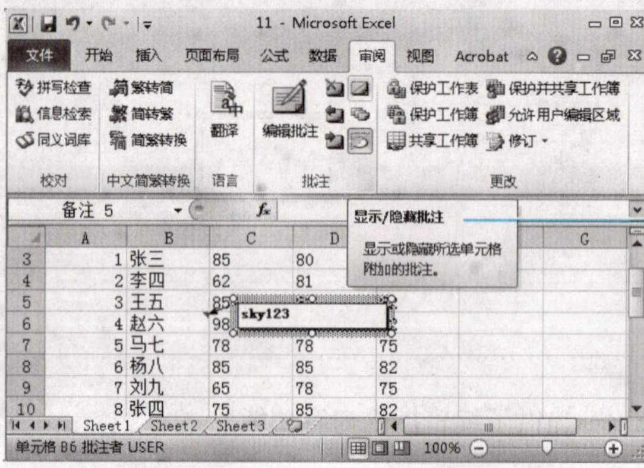

1 选择“审阅”→“显示或隐藏批注”命令。

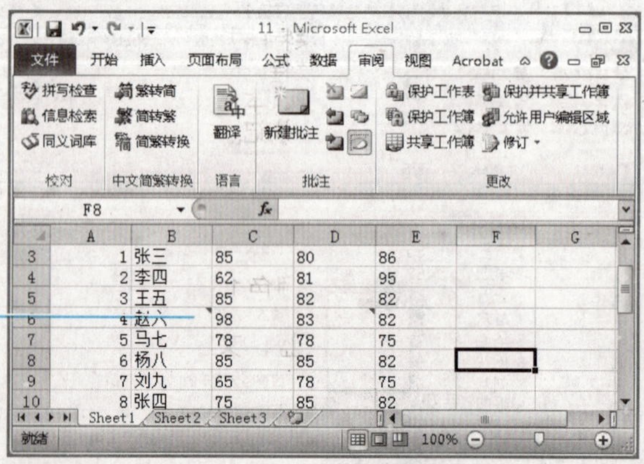

2 隐藏批注后的单元格右上方显示红色的脚注标志。

视野拓展

若要打印工作表中的批注且需打印位置与批注在工作表中的位置一致时，那么必须先显示要打印的批注信息，然后再进行打印设置。

5.5 本章小结

本章主要介绍了美化工作表的相关知识，主要是表格对齐方式、颜色填充、边框设置、工作表的背景、条件格式套用表格格式以及SmartArt图形的绘制知识点，通过本章的学习，读者能够使创建的表格更美观。

5.6 趁热打铁

5.6.1 实践题

（1）打开光盘“素材”中的“5.6超市价目表”工作表。设置第一行行高为24，将A1到E1合并居中，单元格颜色为“蓝色，强调文字颜色1”，字体为黑体，字号为16，白色，效果如图所示。

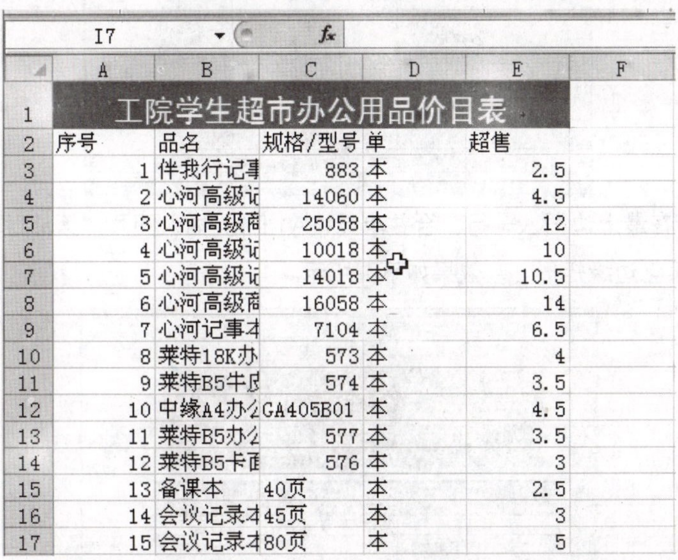

I7

	A	B	C	D	E	F
1	工院学生超市办公用品价目表					
2	序号	品名	规格/型号	单	超售	
3	1	伴我行记事	883	本	2.5	
4	2	心河高级记	14060	本	4.5	
5	3	心河高级商	25058	本	12	
6	4	心河高级记	10018	本	10	
7	5	心河高级记	14018	本	10.5	
8	6	心河高级商	16058	本	14	
9	7	心河记事本	7104	本	6.5	
10	8	莱特18K办	573	本	4	
11	9	莱特B5牛皮	574	本	3.5	
12	10	中缘A4办公	GA405B01	本	4.5	
13	11	莱特B5办公	577	本	3.5	
14	12	莱特B5卡面	576	本	3	
15	13	备课本	40页	本	2.5	
16	14	会议记录本	45页	本	3	
17	15	会议记录本	80页	本	5	

（2）将A1列设置为居中对齐，B2列列宽设置为10，自动换行。工作表标签设置为“蓝色，强调文字颜色1”。选中A1:E20，设置边框格式为内部，上下边框均为粗线，颜色为“深蓝，文字2”。选中A2:E20，自动套用格式为“表样式浅色2”。效果如下图所示。

视野拓展

在SmartArt中，按Tab键可以选择SmartArt图形中的下一元素，按Shift+Tab键可以选择SmartArt图形中的上一元素。

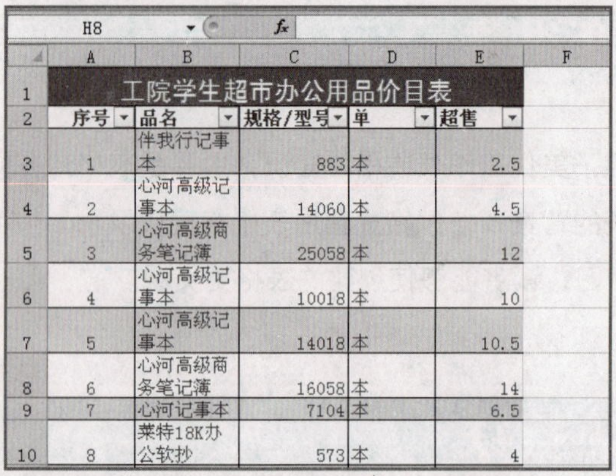

H8

	A	B	C	D	E	F
1	工院学生超市办公用品价目表					
2	序号	品名	规格/型号	单	超售	
3	1	伴我行记事本	883	本	2.5	
4	2	心河高级记事本	14060	本	4.5	
5	3	心河高级商务笔记薄	25058	本	12	
6	4	心河高级记事本	10018	本	10	
7	5	心河高级记事本	14018	本	10.5	
8	6	心河高级商务笔记薄	16058	本	14	
9	7	心河记事本	7104	本	6.5	
10	8	莱特18K办公软抄	573	本	4	

（3）选中E列，添加格式为“蓝色数据条”，效果如下图所示。

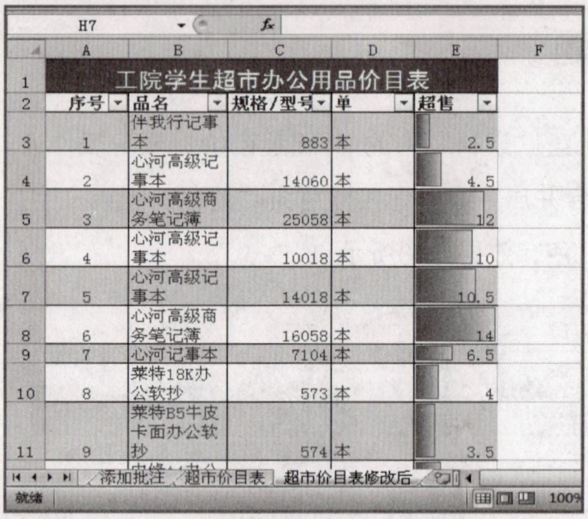

H7

	A	B	C	D	E	F
1	工院学生超市办公用品价目表					
2	序号	品名	规格/型号	单	超售	
3	1	伴我行记事本	883	本	2.5	
4	2	心河高级记事本	14060	本	4.5	
5	3	心河高级商务笔记薄	25058	本	12	
6	4	心河高级记事本	10018	本	10	
7	5	心河高级记事本	14018	本	10.5	
8	6	心河高级商务笔记薄	16058	本	14	
9	7	心河记事本	7104	本	6.5	
10	8	莱特18K办公软抄	573	本	4	
11	9	莱特B5牛皮卡面办公软抄	574	本	3.5	

添加批注 / 超市价目表 / 超市价目表修改后

就绪 100%

（4）在最上边插入一行，合并单元格A1:E1。插入图片“第5章图片”，其效果为“柔化边缘矩形”，效果如下图所示。

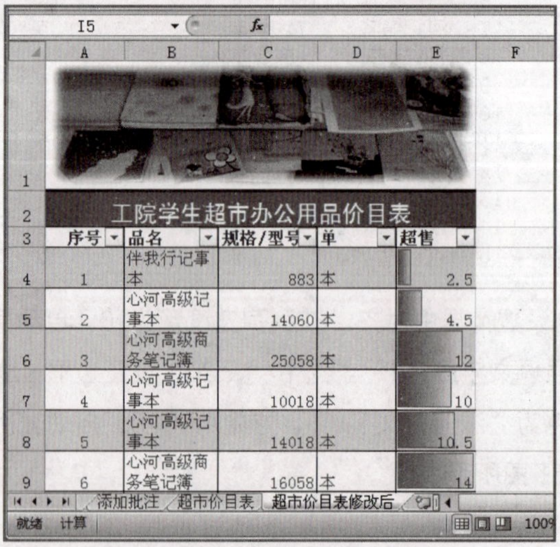

I5

	A	B	C	D	E	F
1						
2	工院学生超市办公用品价目表					
3	序号	品名	规格/型号	单	超售	
4	1	伴我行记事本	883	本	2.5	
5	2	心河高级记事本	14060	本	4.5	
6	3	心河高级商务笔记薄	25058	本	12	
7	4	心河高级记事本	10018	本	10	
8	5	心河高级记事本	14018	本	10.5	
9	6	心河高级商务笔记薄	16058	本	14	

添加批注 / 超市价目表 / 超市价目表修改后

就绪 计算 100%

视野拓展

在SmartArt中，按Shift+向右键水平放大所选的形状；按Shift+向左键水平缩小所选的形状；按Shift+向上键垂直放大所选的形状；按Shift+向下键垂直缩小所选的形状。

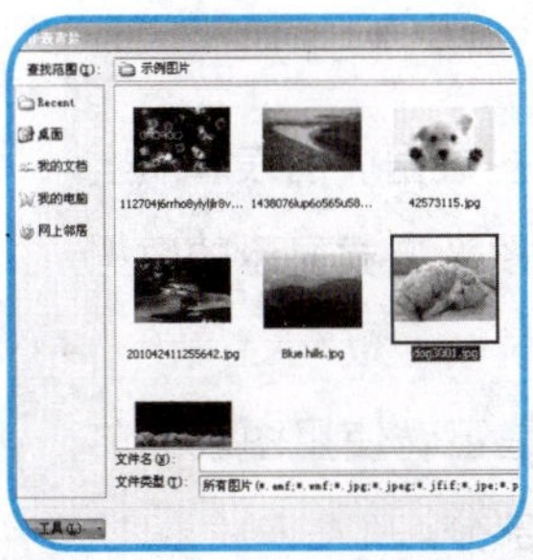

第6章 Excel 2010图表基本操作

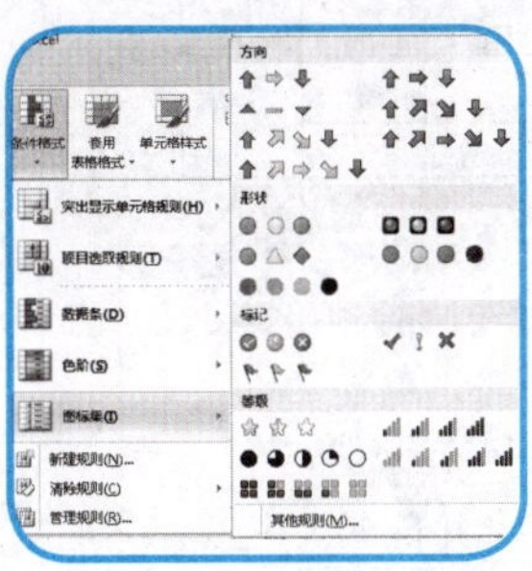

本章导读

本章将要介绍的是图表的基础知识，包括图表的创建与编辑、图表类型的修改、图表数据源的修改、图表格式的设置等操作。

本章学习目标

- 认识图表及图表类型。
- 创建和编辑图表。
- 组合图表。
- 设置图表标题。

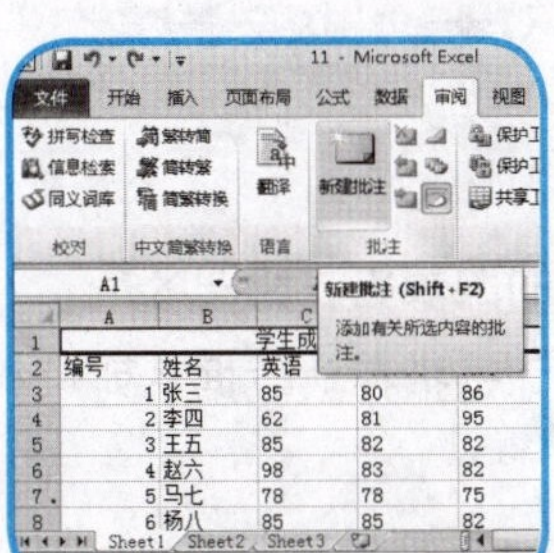

本章学习重点

- 掌握创建图表的多种方法。
- 掌握图表元素的设置方法。

6.1 认识图表

图表是数据的图形化显示，是显示复杂数据的理想方式。Excel 2010提供了许多高级的制图功能，使得编辑的图表能更准确清晰地显示数据内容。

6.1.1 图表的组成

图表将数据形象的表示出来，在创建图表前，必须有一些数据。图表本质上是按照工作表中的数据而创建的对象，是由一个或者多个由图形方式显示的数据系列组成。

认识图表，了解图表的有关术语和图表的组成部分，是正确使用图表的前提。图表包括图表标题区、绘图区、图表图例区和坐标轴等部分。

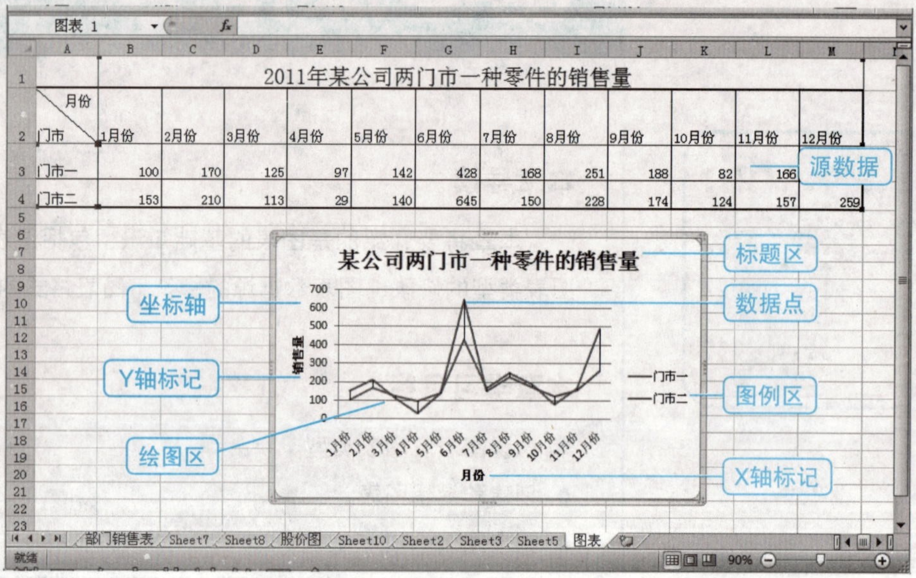

1. 绘图区

不同的图表形状，其绘图区也不同。在柱形图等有坐标的图表中，绘图区是以两条坐标轴为界的矩形区域；在饼图和圆环图中，绘图区则是指存放数据系列图形的区域。

2. 图表标题区

标题用于表明图表或分类的内容。一般来说，标题位于图表的顶部。

如上图中的“2011年某公司两门市一种零件的销售量”就是该图表的标

视野拓展

对于大多数二维图表，可以更改整个图表的图表类型以赋予其不同的外观，也可以为任何单个数据系列选择另一种图表类型，使图转换为组合图表。

题。标题一般位于每条轴线的旁边，如上图中Y轴旁边的“销售量”，X轴旁边的“月份”。

3. 图表图例区

图例用于说明每个数据系列中的数据点所采用的图形标识，它可能是方框、菱形、小三角形或其他小图块。

在上图中，蓝色线段表示门市一，红色线段表示门市二，因此，数据系列1中的数据点即表示门市一每月的零件销售数量，数据系列2则表示门市二每月的零件销售数量。

4. 坐标轴

坐标轴作为绘图区域一侧边界的直线，是为图表数据进行度量或比较提供参考的框架。对于多数数据图表而言，数据值均沿数值轴绘制，类别则沿分类轴绘制（X轴通常为横向，Y轴通常为纵向）。

5. 数据点

在Excel中，图表与源数据表是不可分割的，没有源数据表就没有图表。图表其实是工作表中数据的图形化，数据点又称为数据记录，一个数据点在本质上就是源工作表中一个单元格的数据值的图形表示。

上图所示的图表中共有24个数据点，每一个点对应了一个单元格中的数据，表示零件的销售数量。数据点在不同的图表类型中可能表现为不同的形状，例如，条形图中的一个柱形、折线图中的一个点、面积图中的一块扇型区域等。

6.1.2 图表的类型

Excel 2010中提供了11种图表类型，每种图表类型又包含若干子图表类型，并且用户还可以自定义图表类型。不同的图表类型具有各自表现数据的特点，下面给出了图表的类型以及典型用途。

1. 柱形图

柱形图用于显示一段时间内的数据变化或说明各项之间的比较情况。

在柱形图中，通常水平轴表示类别数据，即X轴；而垂直轴显示数值，即Y轴。

柱形图包括簇状柱形图、堆积柱形图、百分比堆积柱形图、三维柱形图等多种图形。

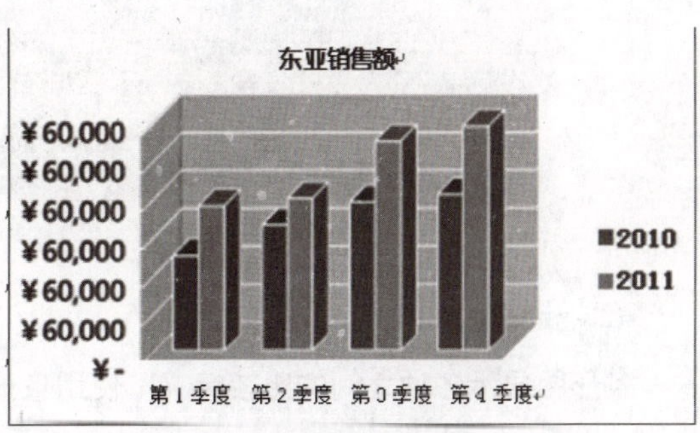

视野拓展

图表是重要的分析工具之一，它能将工作表中的数据用图形更清楚地表示出来。将工作表中的数据由单一的表格形式转化为图表形式。

2. 折线图

折线图可以表示随时间而变化的连续数据，因此非常适用于显示在相等时间间隔下数据的趋势。

在折线图中，类别数据沿水平轴均匀分布，所有的值数据沿垂直轴均匀分布。

折线图的类型有折线图和带数据标记的折线图、百分比堆积折线图和带数据标记的百分比堆积折线图、三维折线图等。

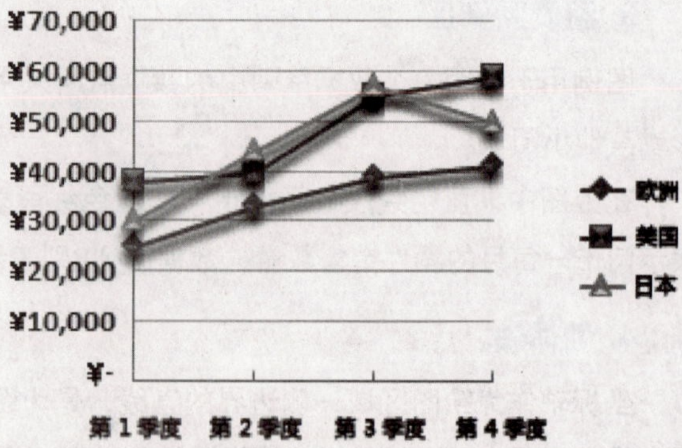

3. 饼图

饼图表示一个数据系列中各项的大小与各项总和成比例。颜色相同的数据标记组成一个数据区域，饼图中只有一个数据系列。图中的数据点显示为占整体的百分比。

使用饼图的情况如下。

- 仅有一个要绘制的数据系列。
- 要绘制的数值没有负值。
- 要绘制的数值几乎没有零值。
- 不超过七个类别。
- 各类别分别代表整个饼图的一部分。

饼图的类型包括饼图、三维饼图、复合饼图、复合条饼图、分离型饼图和三维分离型饼图等。

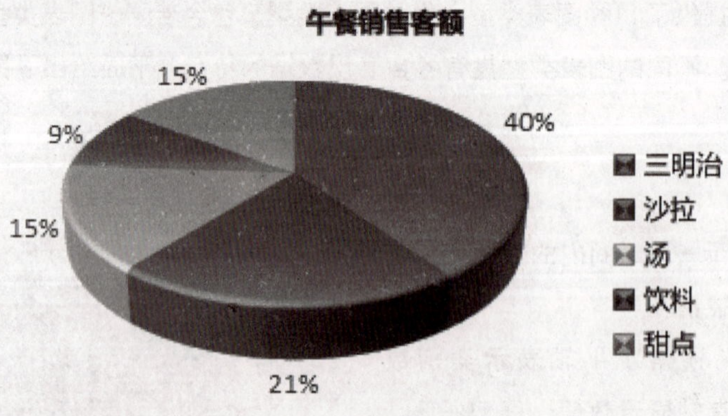

4. 条形图

条形图显示各项之间的比较情况。使用条形图的情况如下。

视野拓展

在创建图表时，选择哪种图表类型取决于用户的需求。所选的图形应该能够直观地表达数据的特征。

- 轴标签过长。
- 显示的数值是持续型的。条形图具有下列图表子类。

簇状条形图、百分比堆积条形图、水平圆柱图、圆锥图、棱锥图以及三维条形图。

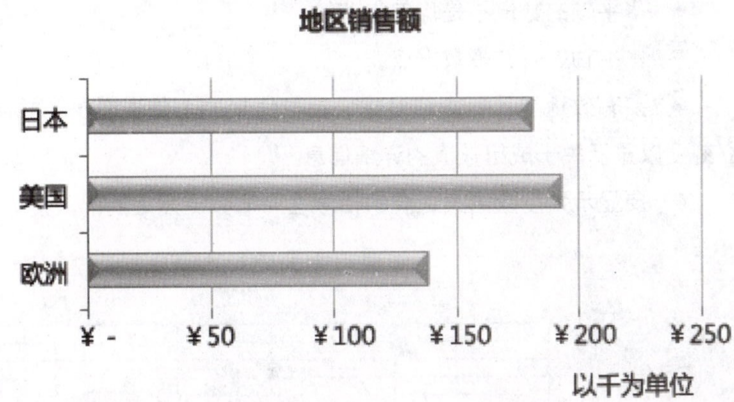

5. 面积图

面积图强调数量随时间而变化的程度，也可用于引起人们对总值趋势的注意。例如，表示随时间而变化的利润的数据可以绘制到面积图中以强调总利润。面积图的特点是可以显示部分与整体的关系。

面积图具有下列子类：二维面积图、堆积面积图、百分比堆积面积图以及三维面积图。

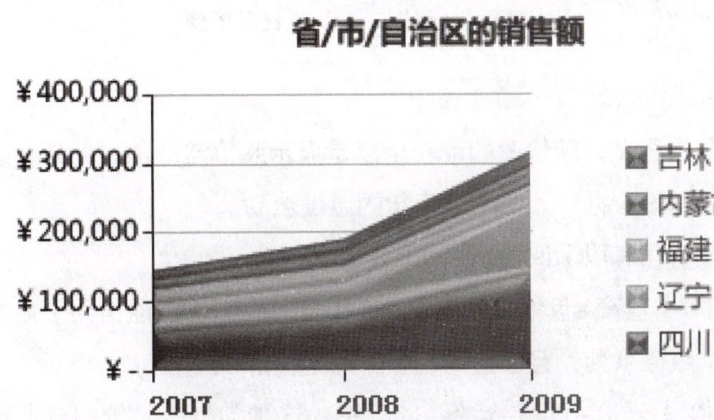

6. XY散点图

散点图显示若干数据系列中各数值之间的关系，或者将两组数字绘制为XY 坐标的一个系列。散点图有两个数值轴，沿横坐标轴（X轴）方向显示一组数值数据，沿纵坐标轴（Y轴）方向显示另一组数值数据。散点图将这些数值合并到单一数据点并按不均匀的间隔或簇来显示它们。散点图通常用于显示和比较数值，例如，科学数据、统计数据和工程数据。

视野拓展

各种图表形状不同，图表组成要素不完全相同，例如，饼图和圆环图就没有坐标轴。

提示：若要在工作表上排列使用散点图的数据，应将X值放在一行或一列，然后在相邻的行或列中输入对应的Y值。

使用散点图的情况如下。

- 要更改水平轴的刻度。
- 要将轴的刻度转换为对数刻度。
- 水平轴的数值不是均匀分布的。
- 水平轴上有许多数据点。
- 要有效地显示包含成对或成组数值集的工作表数据，并调整散点图的独立刻度以显示关于成组数值的详细信息。
- 要显示大型数据集之间的相似性而非数据点之间的区别。

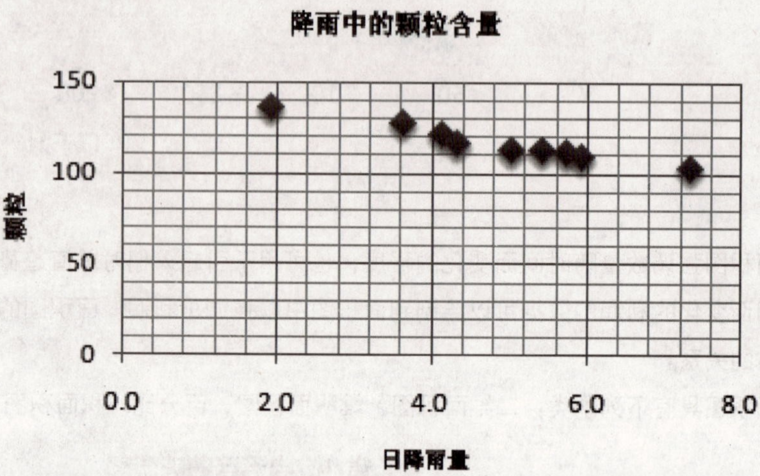

7. 股价图

顾名思义，股价图的最初用途是显示股价波动的。此外，这种图表还可以用来显示科学数据，如每天或每年的温度波动。

股价图有以下四种图表子类型。

（1）盘高–盘低–收盘图：这种类型的股价图通常用于显示股票价格。它要求三个数值系列，且按盘高–盘低–收盘的顺序排列。

（2）开盘–盘高–盘低–收盘图：这种类型的股价图要求有四个数值系列，且按开盘–盘高–盘低–收盘的顺序排列。

（3）成交量–盘高–盘低–收盘图：这种类型的股价图要求四个数值系列，且按成交量–盘高–盘低–收盘的顺序排列。它在计算成交量时使用了两个数值轴，一个用于计算成交量的列，另一个用于股票价格的列。

（4）成交量–开盘–盘高–盘低–收盘图：这种类型的股价图要求有五个数值系列，且按成交量–开盘–盘高–盘低–收盘的顺序排列。

视野拓展

股价图在组织方式上非常严格，必须按照正确的顺序组织数据才能创建股价图。

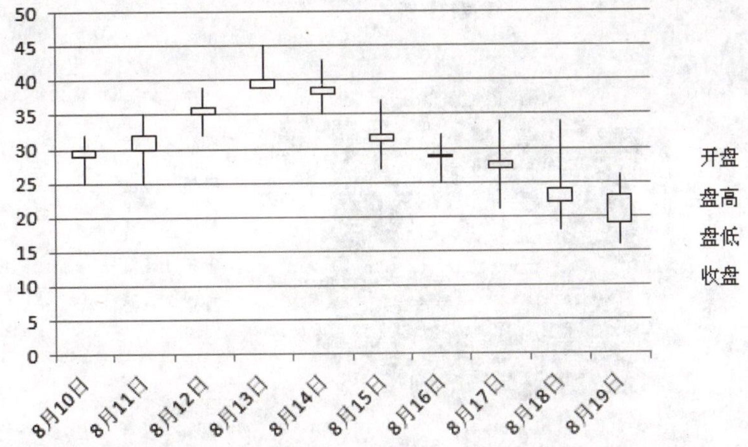

8. 曲面图

要找到两组数据之间的最佳组合，可以使用曲面图。就像在地形图中一样，颜色和图案表示处于相同数值范围内的区域。

曲面图包括三维曲面图、三维曲面图（框架图）、曲面图、曲面图（俯视框架图）。

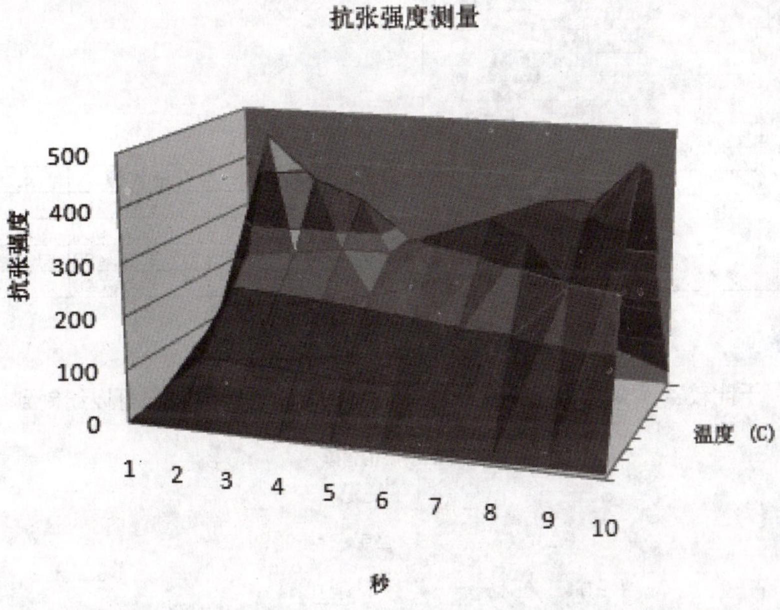

9. 环形图

仅排列在工作表中的列或行中的数据可以绘制到圆环图中。像饼图一样，圆环图显示各个部分与整体之间的关系，但是它可以包含多个数据系列。其包括圆环图、分离型圆环图两种图表子类。

视野拓展

若想要找出两组数据之间的最佳组合，可以通过曲面图来实现。要创建曲面图，类别和数据系列中都应包含数值。

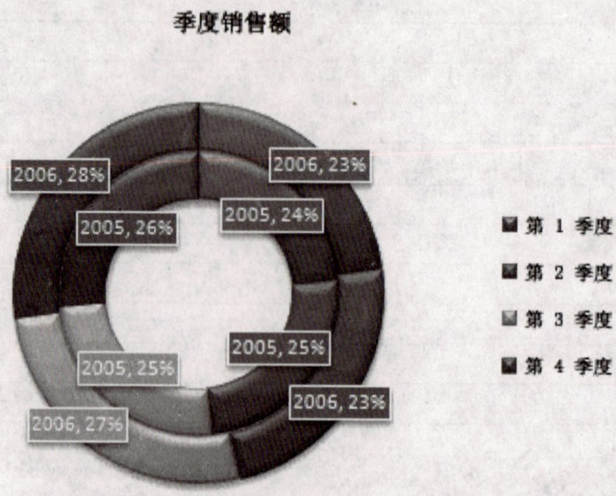

10. 气泡图

气泡图可以将第一列中的值作为X值，将第二列的值作为相应的Y值，将第三列作为气泡大小的值。

气泡图与XY散点图类似，只是气泡图是对组成的三个数值进行比较，而不是两个数值。

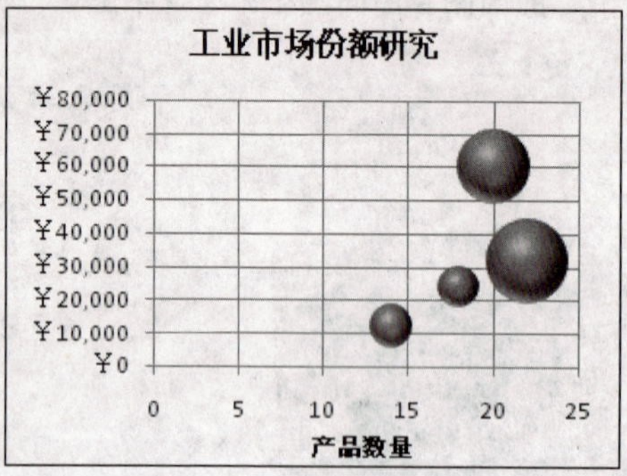

产品数量	销售额	市场份额%
14	¥12,200	12%
20	¥60,000	33%
18	¥24,400	10%
22	¥32,000	42%

11. 雷达图

雷达图用于比较若干聚合系列的聚合值。排列在工作表中的数据可以绘制到雷达图表中。

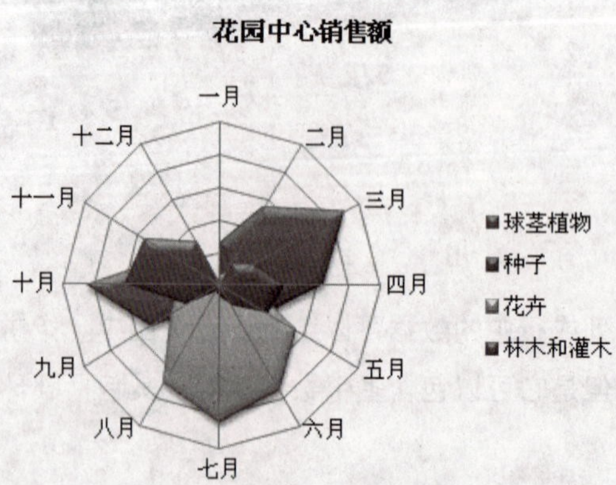

视野拓展

对于气泡图和所有三维图表，只能更改整个图表的图表类型。

6.2 创建图表

下面介绍使用Excel 2010创建图表的三种方法。

6.2.1 图表的元素

使用一次性按键创建图表的方法是，在一个单独的工作表中创建系统默认的图表类型，步骤如下。

操作步骤

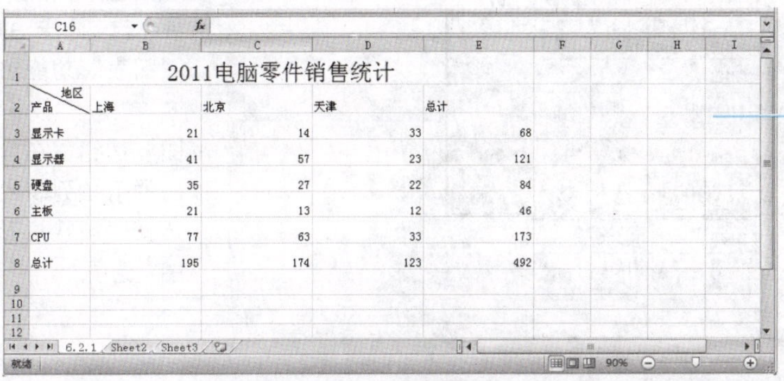

1 创建一个新的工作簿，并输入相关数据。

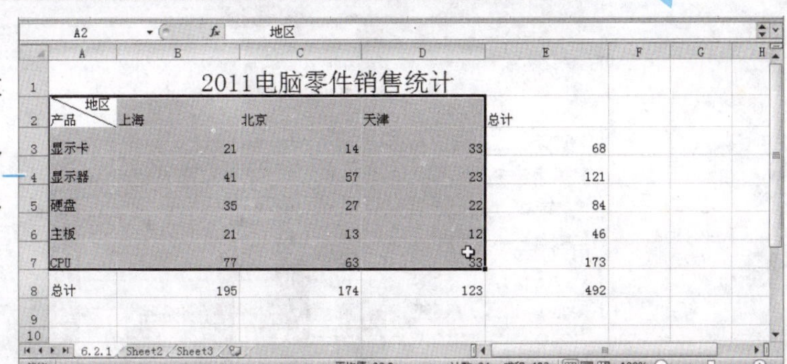

2 选择输入数据的区域，这里输入A2:D7单元格区域，包括行列和标题。

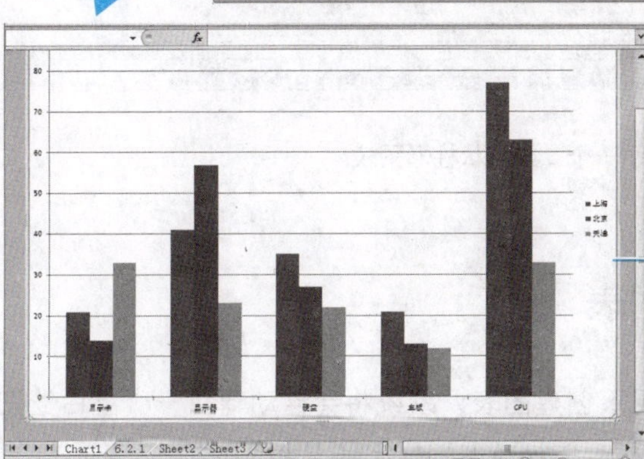

3 按F11键，Excel会根据选择的数据插入一个新的图表工作表。

视野拓展

在添加数据系列时，如果要添加数据系列的名称和数值，那么最好使用同一单元格引用，以防在数据修改之后图表不能自动更新。

6.2.2 使用“图表”命令创建图表

操作步骤

使用“图表”命令可以创建一些简单的图表，例如，在原工作表中创建图表，具体步骤如下。

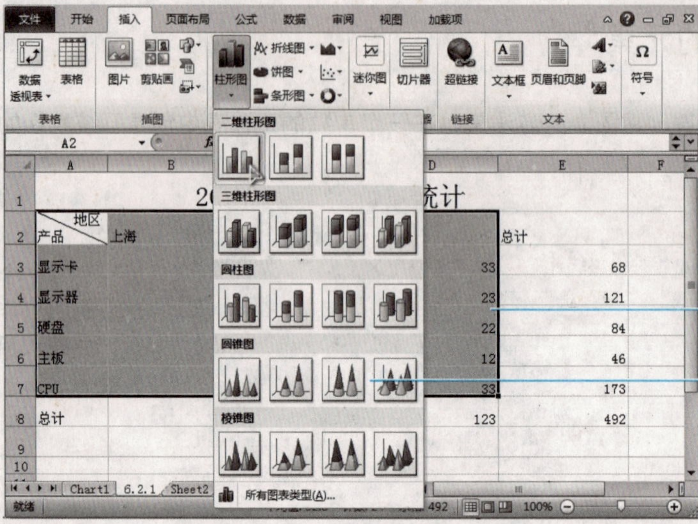

1 在工作簿中选择目标数据单元格。

2 在“插入”选项卡的“图表”功能组中单击“柱形图”按钮，在弹出的下拉列表中选择“簇状柱形图”选项。

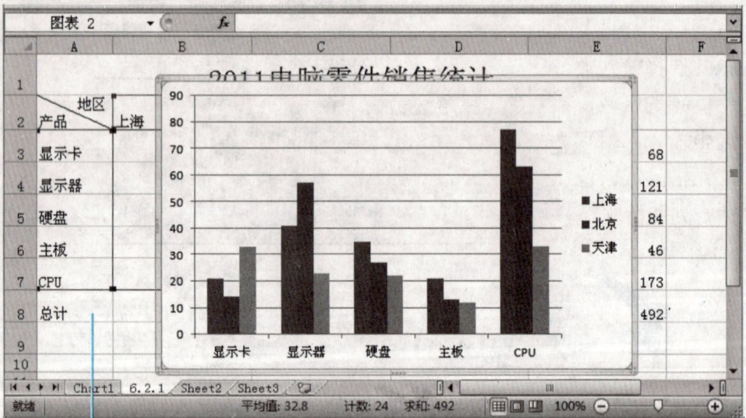

3 这样，就创建了一个二维簇状柱形图表。

6.2.3 使用向导创建图表

在没有事先选择数据的情况下创建图表，系统将会自动建立一个空白绘图区，此时可以使用图表向导向图表中添加数据，具体操作步骤如下。

视野拓展

在创建散点图表时，图表的数据点只是基于两个横纵坐标来绘制的，并不能表达数值的关系。

操作步骤

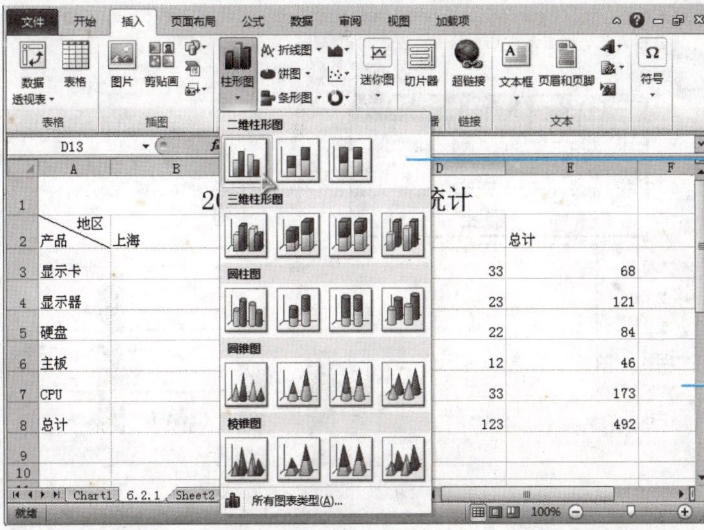

1 在“插入”选项卡的“图表”功能组中单击“柱形图”按钮，在弹出的下拉列表中选择“簇状柱形图”选项。

2 在工作表中插入绘图区和工作表工具。

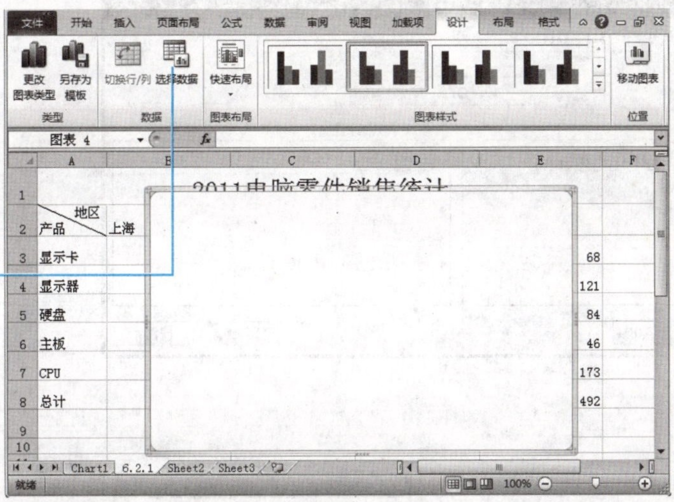

3 在“设计”选项卡下的“数据”组中单击“选择数据”按钮。

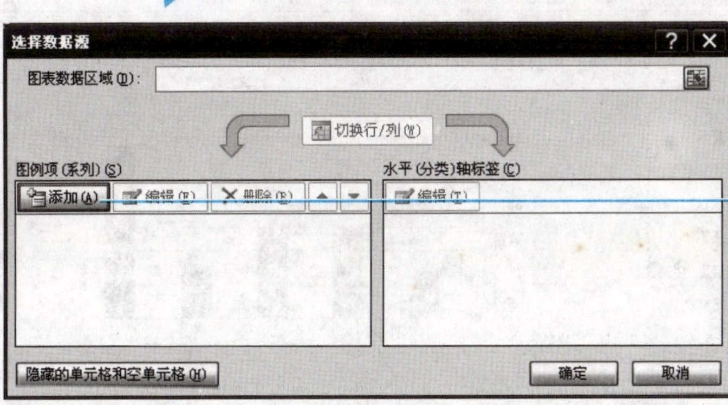

4 在弹出的“选择数据源”对话框中单击“图例项（系列）”列表框中的“添加”按钮。

视野拓展

对图表进行大小缩放时，绘图区和图例也将随着图表的缩放比例进行相应的放大和缩小。

5 在弹出的“编辑数据系列”对话框中单击“系列名称”后的▣按钮，选择系列名所在的B2单元格。

6 再次单击“系列值”后的▣按钮，选择系列值所在的B3:B7单元格，并单击“确定”按钮。

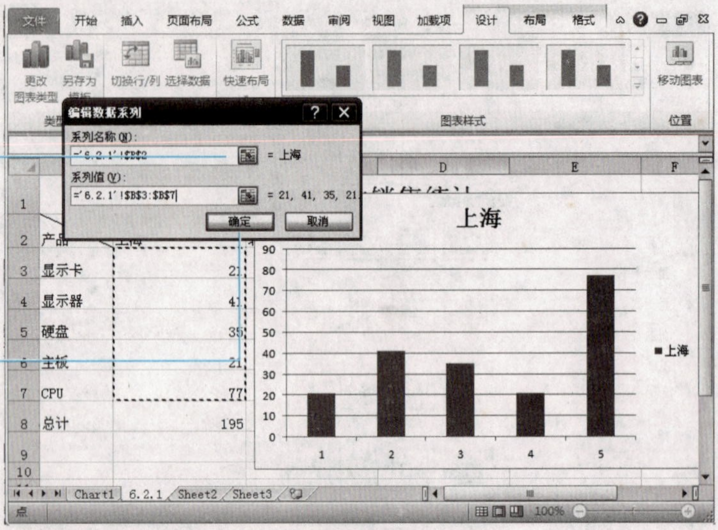

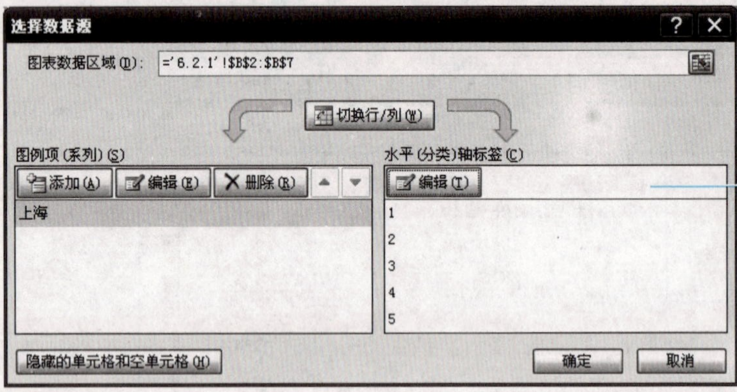

7 在“选择数据源”对话框中单击“编辑”按钮。

8 在弹出的“轴标签”对话框中单击▣按钮，选择轴标签区域A3:A7。

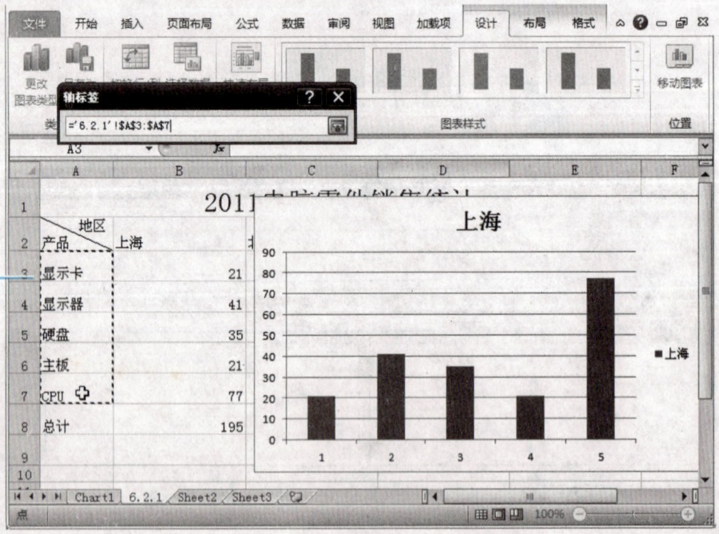

视野拓展

在“插入”功能选项界面下的“图表”功能组中有多个图表工具按钮，创建图表时，用户应首先确认需要创建何种类型的图表，以便在“图表”功能组中单击选择相应的工具按钮。

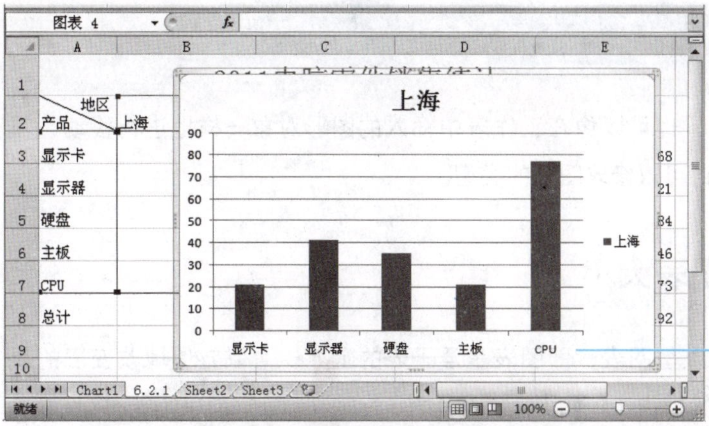

9 在单击"确定"按钮后，原来的分类轴的数字变成产品名称。

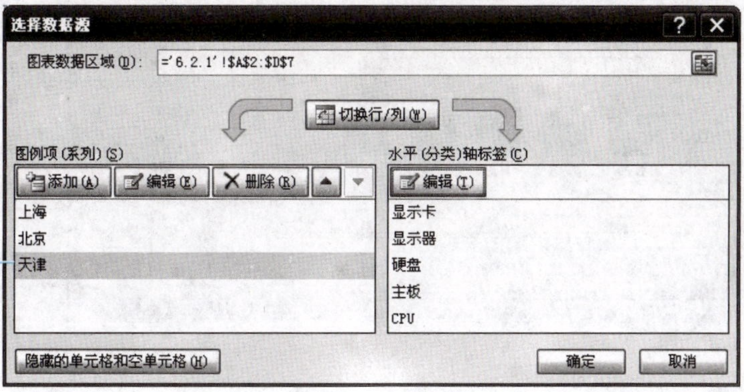

10 依照前面的方法，依次添加"北京"和"天津"选项。

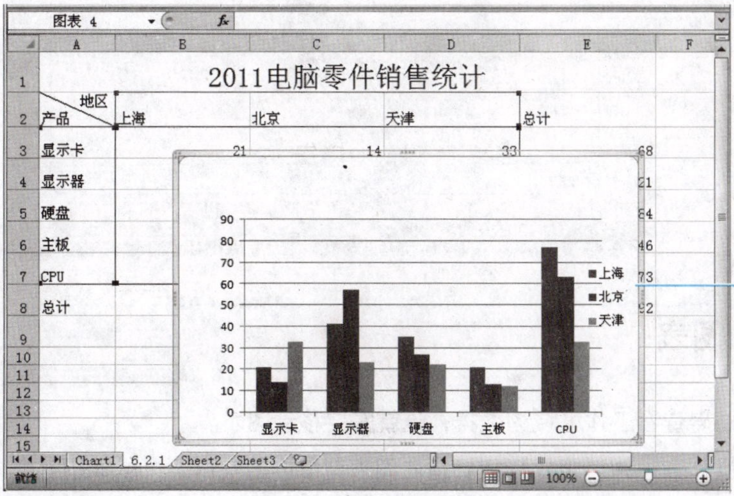

11 这样用图表向导创建的图表就制作完成了。

如果已经制作好数据表，则用一次按键创建柱形图比较简单。

视野拓展

插入图表后，在图表范围内单击选中图表时，功能选项栏中会自动增加针对图表操作的"设计"、"布局"及"格式"三个功能选项。

6.3 图表编辑

对创建的图表，也可以像在工作表中插入的图形对象一样地进行移动、复制、删除等操作，还可以修改图表的类型。

6.3.1 修改图表大小

操作步骤

如果图表是嵌入型图表，即图表是浮于表的上方，可以方便地改变表的尺寸。调整图表大小的操作步骤如下。

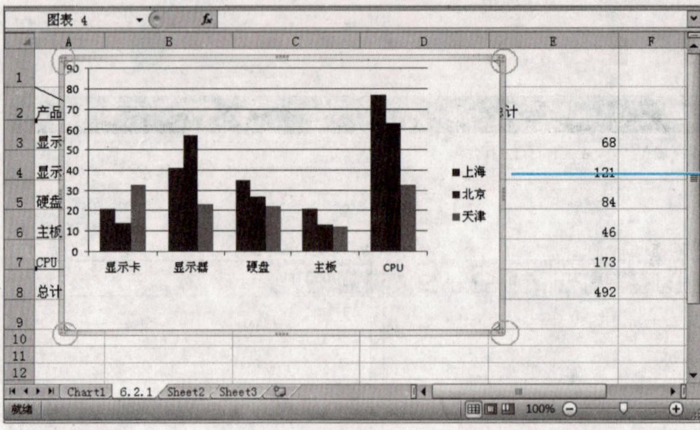

1 单击选中图表，图表四角出现控点，将鼠标指针指向这些控点时，鼠标指针会变成双向箭头。

2 此时按住鼠标左键进行拖动，至合适的位置后松开鼠标左键，图表的大小随即被改变。

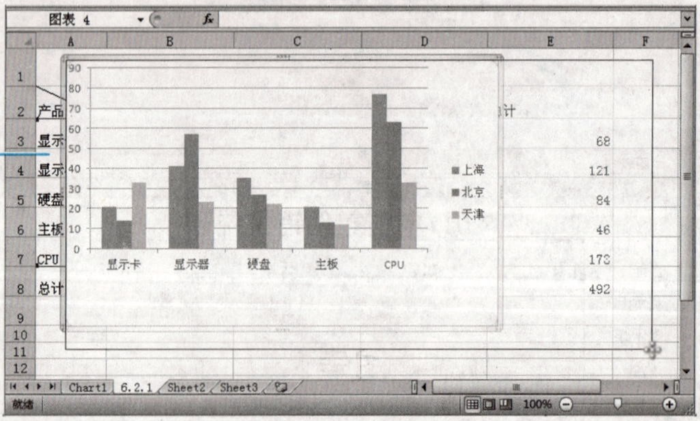

6.3.2 移动图表

有时图表会妨碍查看工作区域的数据，这就需要移动图表。

移动图表的操作方法为：将鼠标指针指向图表范围内的空白处，鼠标指针变

视野拓展

在图表范围内双击鼠标左键，即可选中图表，并切换到“设计”功能选项工具界面。

成 ✥ 形状，此时按住鼠标左键拖动，至合适的位置后松开鼠标左键，图表即被移动位置。此时在图表内部的各对象保持相对位置不变。

如果想要移动图表上的某个对象，例如，将图例移动到图表的底端，操作步骤如下。

操作步骤

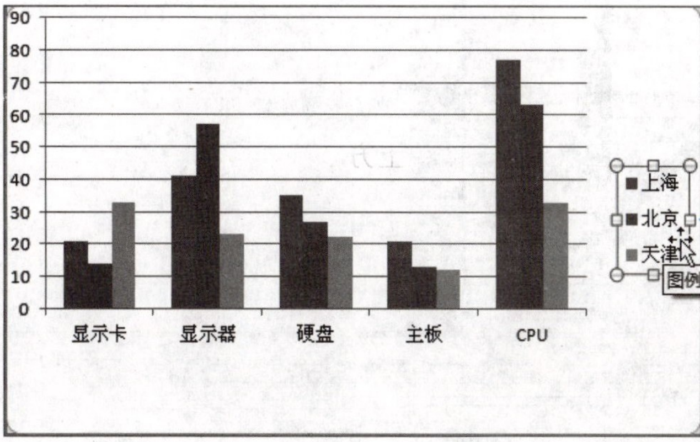

1 在图表的图例上单击鼠标左键，图例被选中，此时鼠标形状变为十字形。

2 按住鼠标不放，拖到图表的底部。

3 使用鼠标调整图例框的大小，图例会随框的宽度增加而横向显示。

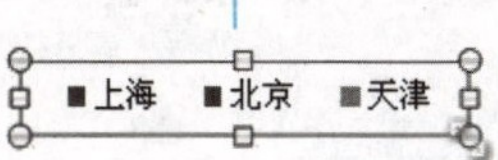

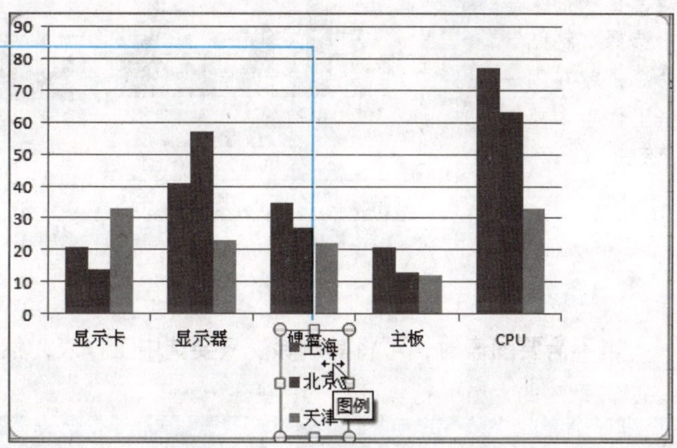

6.3.3 复制和删除图表

在Excel 2010中，可以将现有的图表复制到同一张工作表的另一个位置、另一个工作表或另一个工作簿上，也可以将其删除。

1. 复制图表

若要在同一工作表中复制图表，可以使用鼠标拖动图表，具体步骤如下。

视野拓展

对图表进行移动、复制时，也可以使用快捷键。

操作步骤

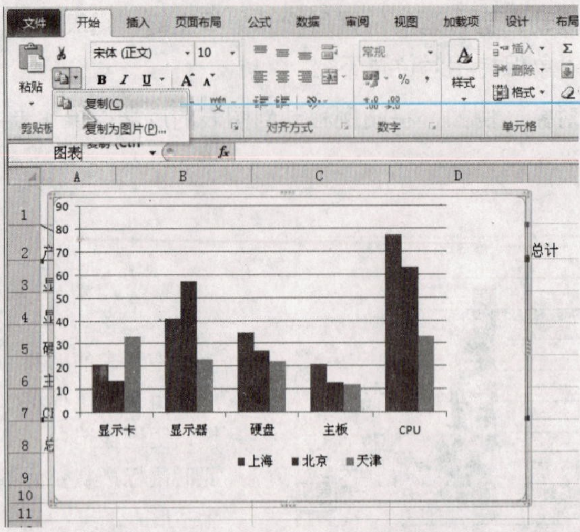

1 选中将要复制的图表，在“开始”选项卡中单击“复制”按钮。

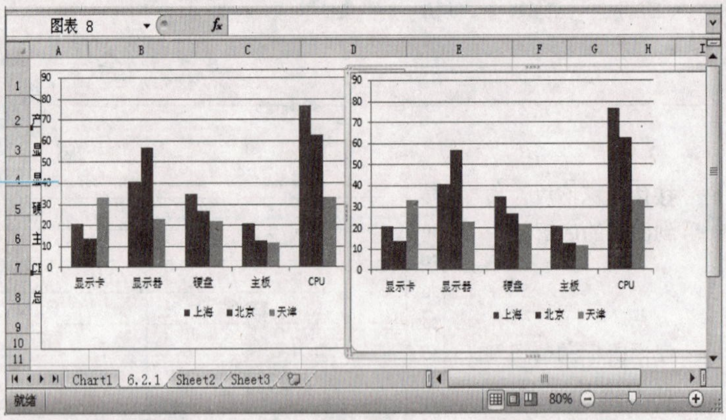

2 在目标位置单击鼠标右键，在快捷菜单中选择“粘贴”命令，就在同一张工作表中复制了图表。

还可以用鼠标右键单击需要复制的图表，在快捷菜单中选择“复制”命令来复制图表。

提示：在不同工作表上复制图表的第一步骤与此相同，第二步骤更改目标位置即可。对图表进行移动、复制时，也可以使用组合键Ctrl+X、Ctrl+C及Ctrl+V。

2. 删除图表

当不需要图表时，可将其删除。只要选中工作表，然后按Delete键即可。

6.4 设置图表元素

图表中包含着很多种元素，主要有数据、标题、坐标轴、图例区、网格线、数据标签以及图表区等。下面介绍如何对图表元素进行设置。

6.4.1 修改图表数据

图表与生成它的工作表数据是链接的，当需要更改图表中的内容时，只需更改其对应的数据源即可。

视野拓展

单击图表区时，在图表四周将显示出四个控制柄，并且与图表中相关的数据将突出显示。

操作步骤

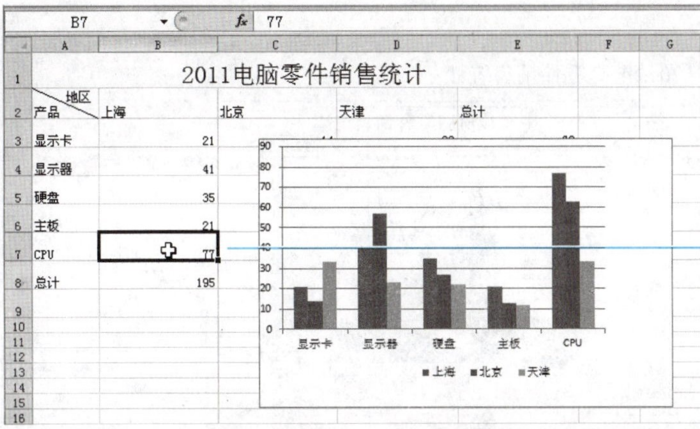

1 在图表的数据源中修改B7的数据。

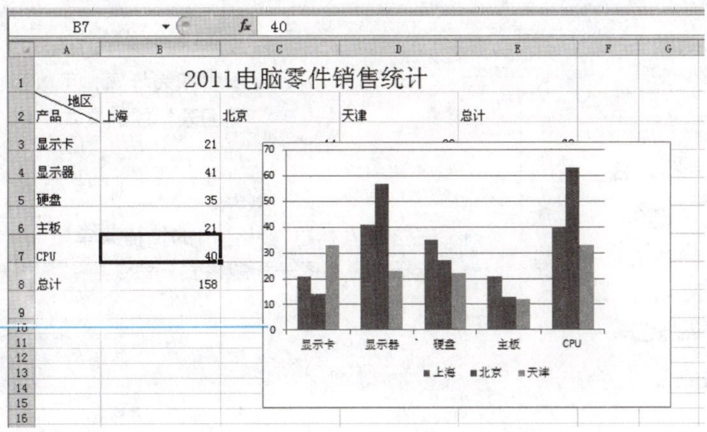

2 数据改变后柱形图的图形自动改变。

6.4.2 设置图表标题

添加图表标题的步骤如下。

操作步骤

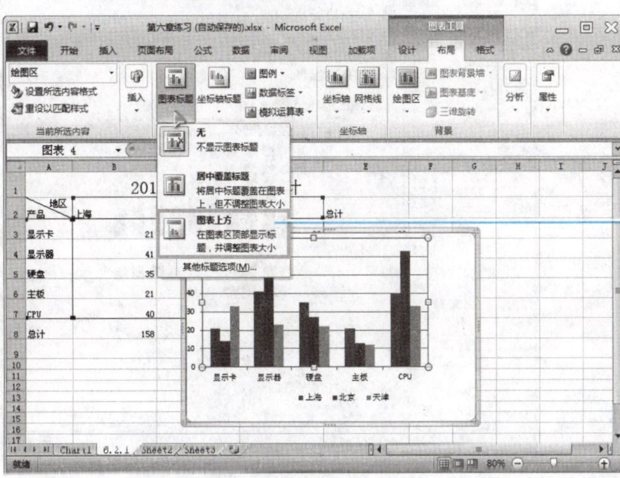

1 选中图表，切换到"布局"选项卡，在"标签"组中单击"图表标题"按钮，从下拉列表中选择"图表上方"选项。

视野拓展

移动标题区、绘图区和图例区时，都不能超过图表区的范围。移动图标区时，标题区、绘图区和图例区将一起移动。

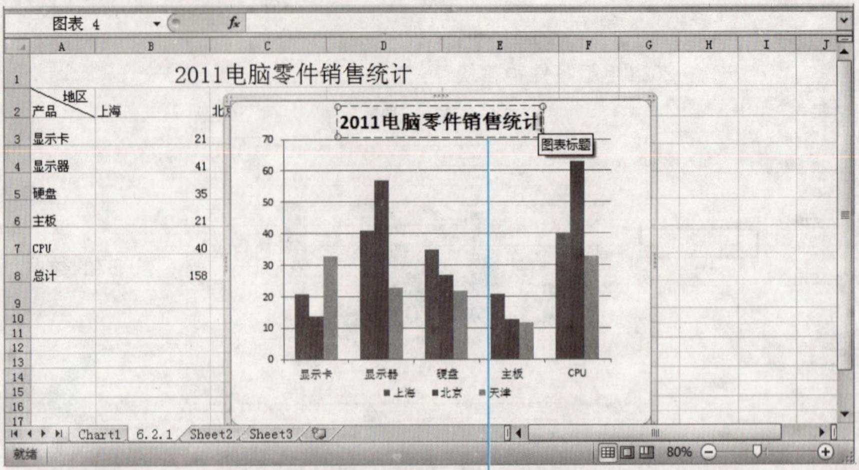

2 单击图表标题，可以设置图表标题的文本。

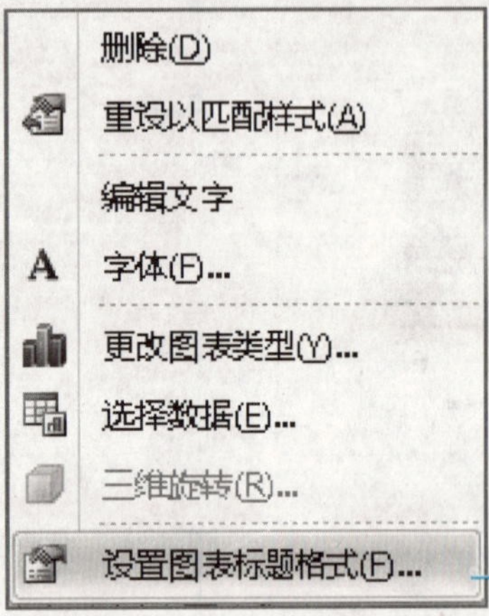

3 右击图表标题，从弹出的快捷菜单中选择“设置图表标题格式”命令。

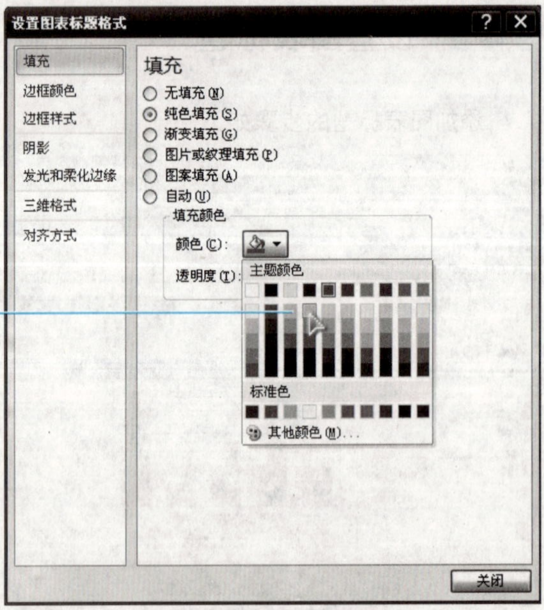

4 切换到“填充”选项卡，单击“纯色填充”单选按钮。单击“颜色”列表中的“深蓝，文字2，淡色80%”选项。

视野拓展

虽然图表与表格是动态联系的，但有些图表却不能通过修改相应的图形达到修改表格的目的，例如，饼图和面积图。

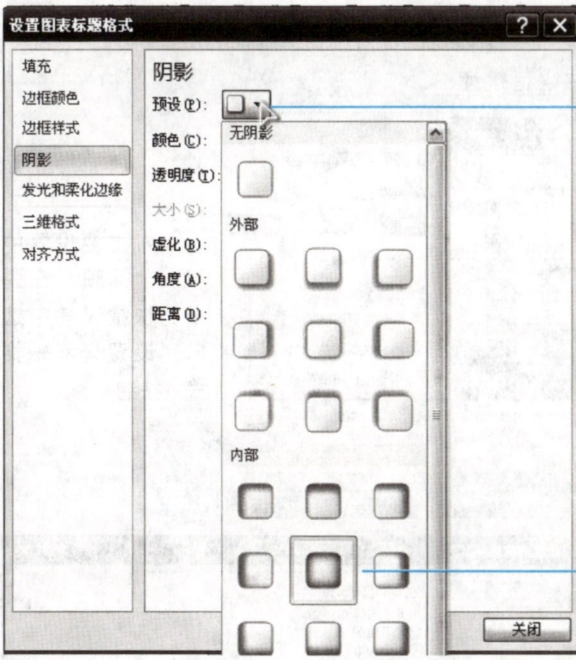

5 在“阴影”选项卡中选中“预设”。

6 在弹出的列表中选择“内部居中”，并修改其他参数。

7 此时图表的标题已经发生了变化。

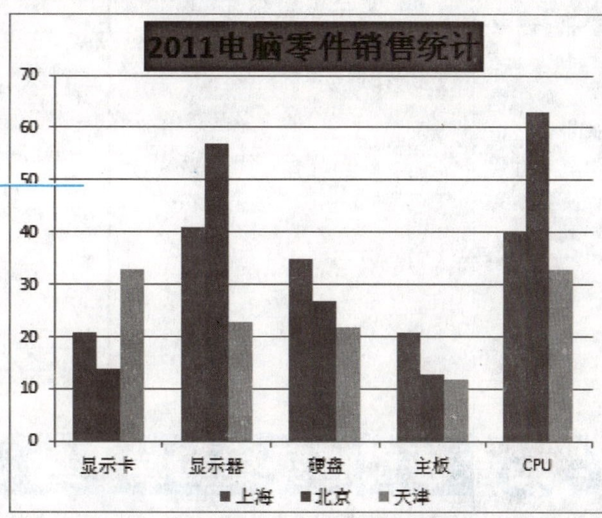

6.4.3 设置坐标轴

图表的坐标分为水平（分类轴）和垂直（数值）轴。不过，有些图表类型（如雷达图）有坐标轴，但不能显示坐标轴标题。当然没有坐标轴的图表类型（如饼图和圆环图）也不能显示坐标轴标题。下面介绍如何在图表中设置坐标轴，操作步骤如下。

视野拓展

若在创建图表时设置了图表的标题和坐标轴的名称，图表标题和坐标轴名称也可以按照移动图表的方法进行移动操作。

操作步骤

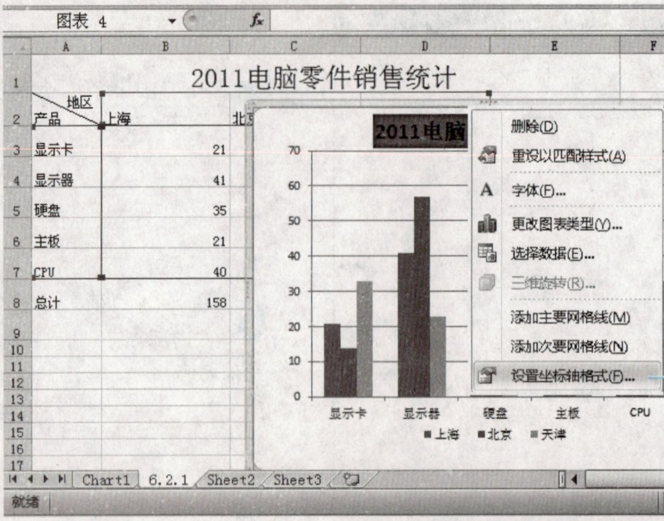

1 右击要设置的坐标轴，在弹出的快捷菜单中选择“设置坐标轴格式”按钮。

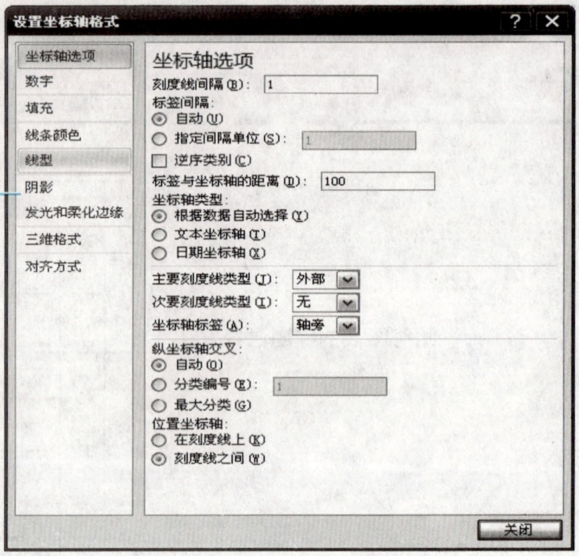

2 在弹出的对话框中设置坐标轴的间隔、阴影等功能。

对于设置图例和绘图区的格式，操作步骤相似，都为右键单击所选区域，在弹出的快捷菜单中选中设置按钮，在弹出的对话框中进行设置。

6.5 使用趋势线和误差线

创建图表后，还可以在图表上添加趋势线和误差线分析图表数据。

6.5.1 添加趋势线

给图表中的数据系列添加趋势线可以直观地分析与预测系列中数据变化的趋势。添加趋势线的操作步骤如下。

视野拓展

选择图表中的某个区域后，可以根据编辑栏中的单元格所显示的名称判断是否选择了正确的区域。

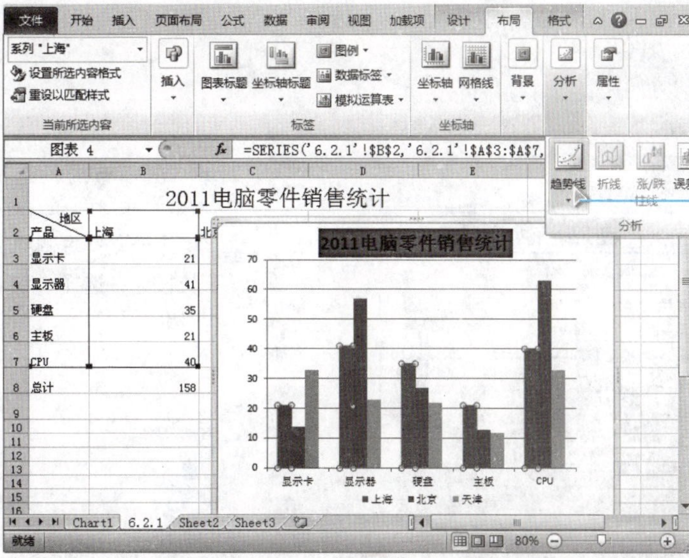

1 在绘图区单击需要画趋势线的一个系列，然后单击“布局”选项卡，选择“分析”功能组，选择“趋势线”。

2 趋势线效果图。

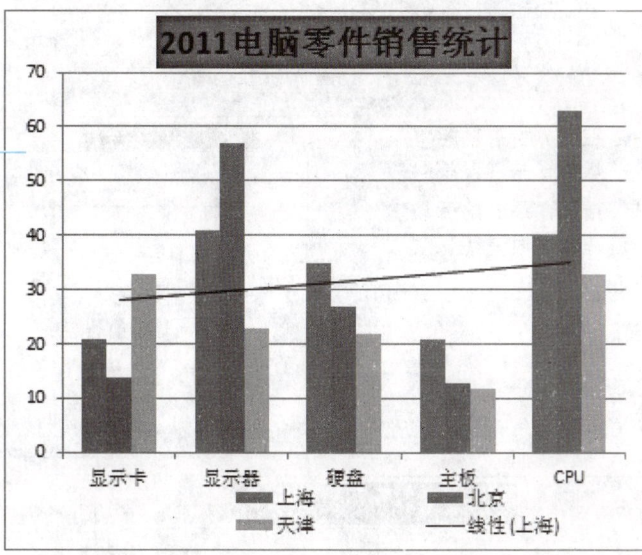

提示： 也可以在开始不选择要添加趋势线的系列，在选择趋势线类型之后会弹出对话框窗口，提示选择系列值。

技巧： 如果觉得趋势线太细或颜色不搭配时，可以修改趋势线格式。步骤为：右击趋势线，在弹出的快捷菜单中选择“设置趋势线格式”命令，在弹出的“设置趋势线格式”对话框中进行修改。

趋势线可分为4种：线性趋势线、指数趋势线、线性预测趋势线、双周期移动平均。

6.5.2 设置误差线

误差线通常用在统计或科学计算的数据中，误差线显示相对数据系列中的每个数据标志的潜在误差或不确定度。下面以“2011电脑零件销售统计”图表中“北京”系列为例，介绍添加误差线的操作步骤。

视野拓展

将鼠标光标移动到工作表的图表区域中双击，可直接打开“设置图表格式”对话框。

操作步骤

提示：需要删除趋势线和误差线时，只需选中线段，然后按Delete键删除即可。

技巧：可以对误差线进行修改。步骤为：右击误差线，在打开的快捷菜单中选择“设置误差线格式”命令，在弹出的“设置误差线格式”对话框中进行修改。

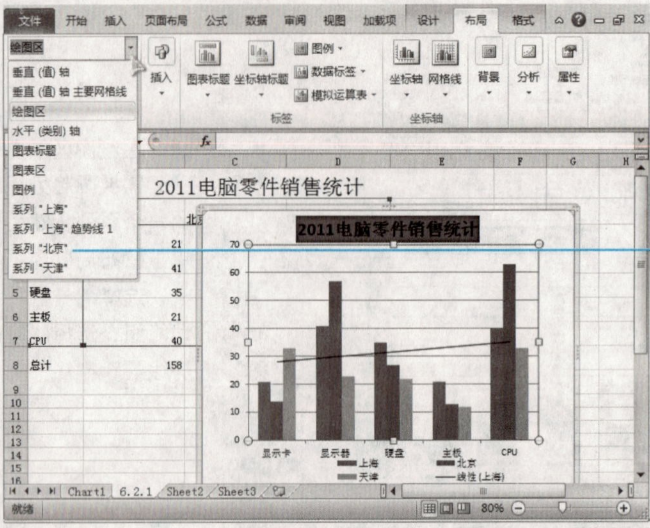

1 在“布局”选项卡中单击“图表元素”右侧的下拉按钮，选择“系列‘北京’”。

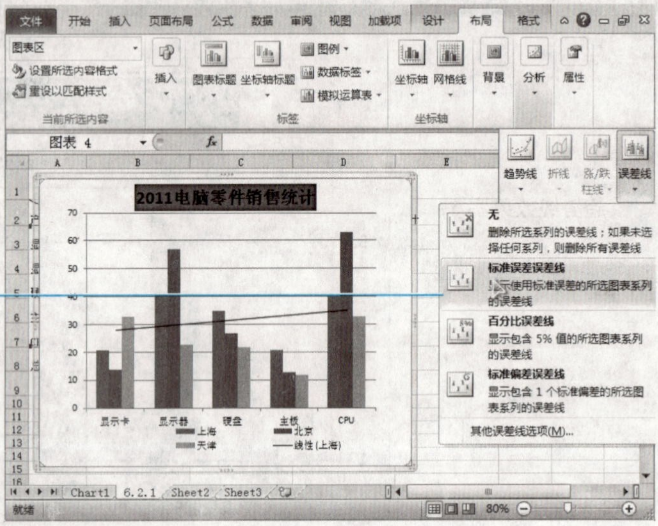

2 在“分析”功能组中单击“误差线”按钮，然后单击“标准误差误差线”按钮。

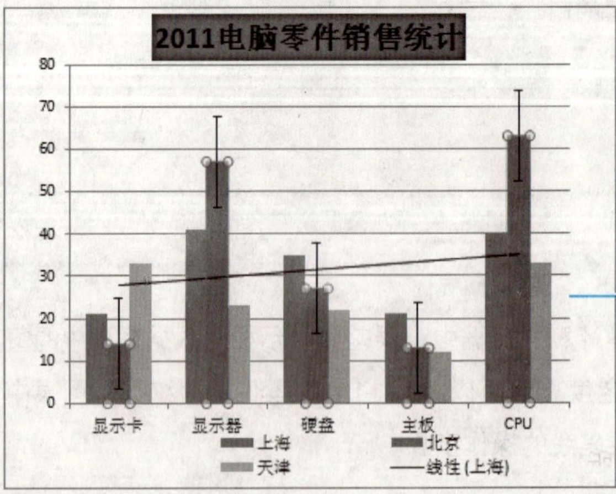

3 误差线的效果图。

视野拓展

在“图表格式”对话框中设置字体格式后，图表中的所有文本都将应用该格式。在“图表”选项卡中的“边框”组中勾选“阴影”复选框，可以为图表添加阴影。

6.6 本章总结

本章主要介绍了图表的基础知识，包括图表的类型、图表的组成和创建图表、编辑图表、设置图表元素的方法，以及趋势线和误差线的添加、修改和删除方法。

6.7 趁热打铁

现在用本章学到的知识解决下面的问题。

6.7.1 选择题

（1）Excel 2010的图表类型一共有（　　）种。

A. 10　　B. 9　　C. 11　　D. 12

（2）对于已生成的图表，下列说法错误的是（　　）。

A. 图表的位置可以随心所欲的变化

B. 图表中图例的位置可以改变

C. 不可以改变图表的类型

D. 图表中的坐标轴可以改变

（3）下图的图表类型是（　　）。

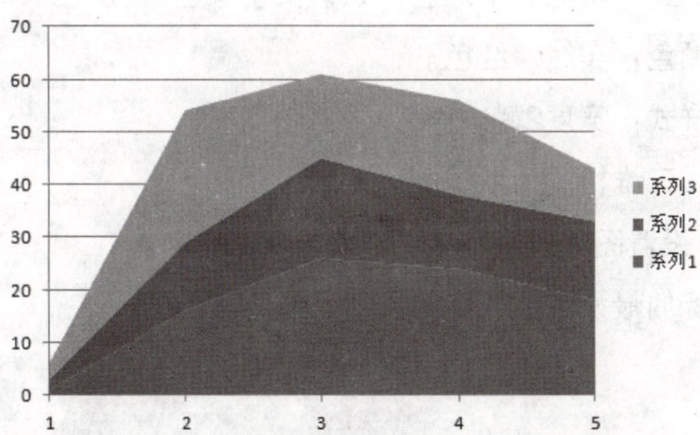

A. 折线图　　B. 条形图　　C. 雷达图　　D. 面积图

6.7.2 实践题

新建一个工作簿，输入下图所示的数据。

视野拓展

要想快速删除图表网格线，可以先选中网格线，然后按Delete键，或者右击网格线，从弹出的快捷菜单中选择“删除”命令。

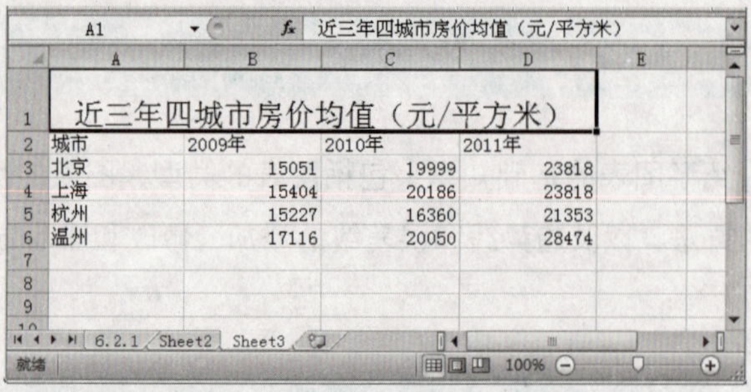

A1 近三年四城市房价均值（元/平方米）

	A	B	C	D	E
1	近三年四城市房价均值（元/平方米）				
2	城市	2009年	2010年	2011年	
3	北京	15051	19999	23818	
4	上海	15404	20186	23818	
5	杭州	15227	16360	21353	
6	温州	17116	20050	28474	

6.2.1 Sheet2 Sheet3

就绪 100%

提示：选择“图表”功能组中的“柱形图”，单击三维柱形图中的“三维簇状柱形图”。

（1）根据工作表中的数据绘制生产线产量图如下图所示。

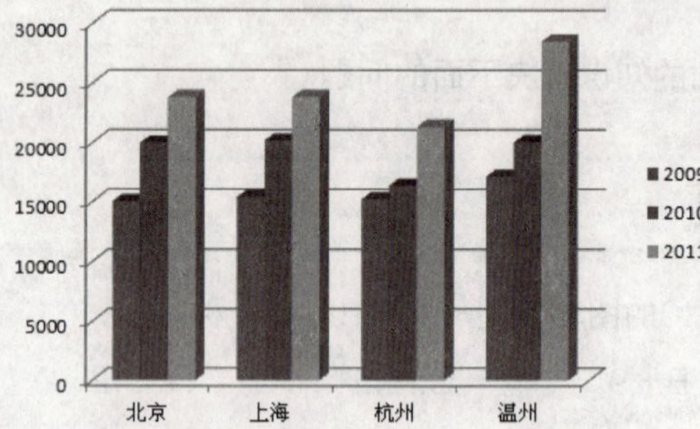

（2）按照以下参数设置图表格式。

◆图表区

填充：纯色填充、橄榄色、强调文字颜色3、淡色40%。

边框颜色、边框样式、阴影、三维格式为默认。

◆绘图区

填充：纯色填充、水绿色、强调文字颜色5、淡色40%。

边框颜色：实线、红色。

边框样式：宽度2磅。

阴影、三维格式为默认。

（3）设置图表的坐标轴格式和网络线。

纵坐标的最大值为40000，显示垂直网格线。

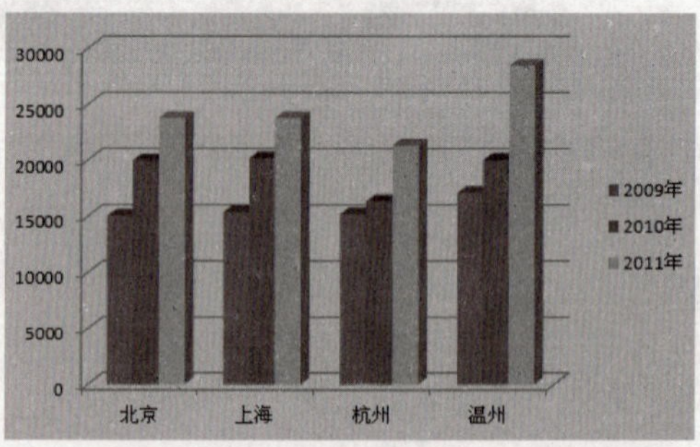

视野拓展

在“网格线”对话框的“刻度”选项卡中，在“显示单位”下拉列表中可以选择网格线的单位，包括千、万等。

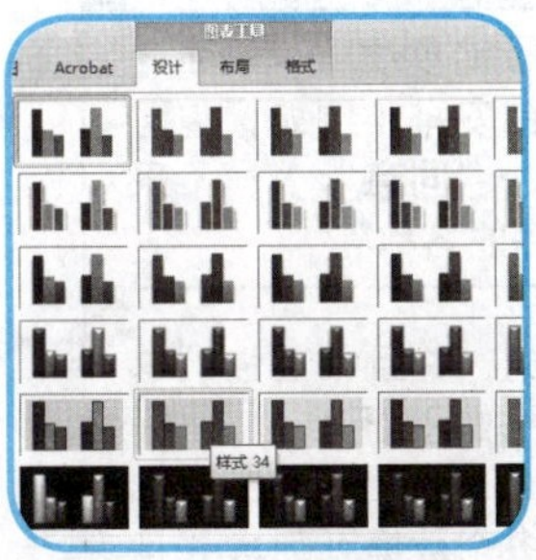

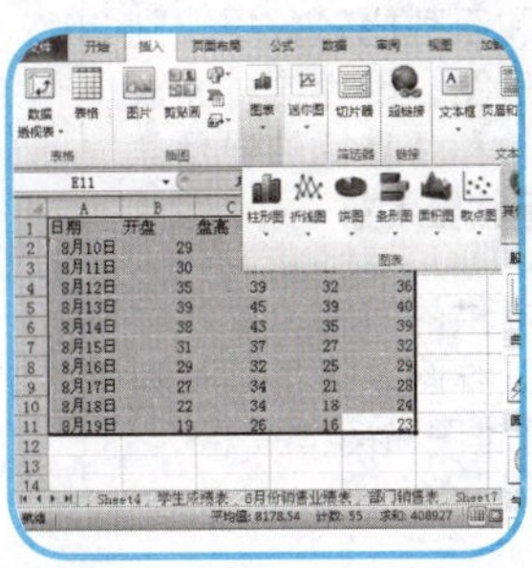

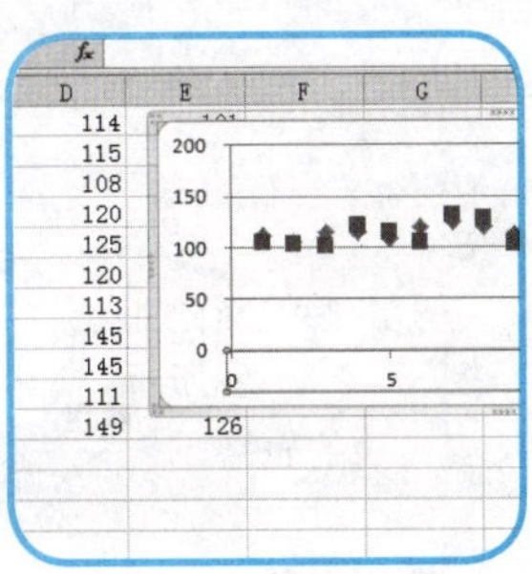

第7章

Excel 2010图表的应用

本章导读

本章详细地介绍了图表的多种子图类型以及迷你图的创建和设置方法。熟练掌握本章内容对于Excel的学习至关重要。

本章学习目标

- 创建各种类型的图表。
- 设置图表元素的格式。

本章学习重点

- 重点学习用图形表示数据的方法，选择用合适的图形来展示数据。
- 能够熟练应用迷你图。
- 掌握设置各种图表元素格式的方法。

7.1 柱形图表的应用

在Excel 2010中，柱形图是最常用的图形之一，共有五种子图类型，下面详细介绍每种子图的应用范围。

子图类型	作用描述	应用范围
簇状柱形图和三维簇状柱形图	比较多个类别的值	描述数值范围（例如，项目计数）；特定范围安排（例如，包含“完全同意”、“同意”）；不采用任何特定顺序的名称等
堆积柱形图和三维堆积柱形图	单个项目与总体的关系，并跨类比较每个值占总体的百分比	有多个数据系列，并且希望强调总值，则可以使用堆积柱形图
百分比堆积柱形图和三维百分比堆积柱形图	跨类比较每个值占总体的百分比	若具有两个或多个数据系列，并且要强调每个值占整体的百分比，尤其是当各类别的总数相同时，可使用百分比堆积柱形图
三维柱形图	三个可以修改的坐标轴（横坐标轴、纵坐标轴和竖坐标轴），并沿横坐标轴和竖坐标轴比较数据点	若同时跨类别和系列比较数据，则可使用三维柱形图，因为这种图表类型沿横坐标轴和竖坐标轴显示类别，而沿纵坐标轴显示数值
圆柱图、圆锥图和棱锥图	为矩形柱形图提供的簇状、堆积、百分比堆积和三维图表类型	为矩形柱形图提供的簇状、堆积、百分比堆积和三维图表类型，可以使用圆柱图、圆锥图和棱锥图

下面重点讲解如何使用柱形图。

7.1.1 创建柱形图

操作步骤

首先讲解如何创建柱形图，具体步骤如下。

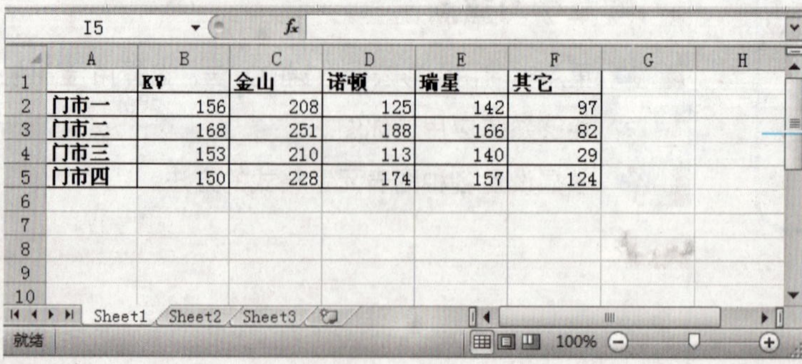

	KV	金山	诺顿	瑞星	其它
门市一	156	208	125	142	97
门市二	168	251	188	166	82
门市三	153	210	113	140	29
门市四	150	228	174	157	124

1 新建如图所示的表格。

视野拓展

三维图形比较美观，在柱形图中，如果想要使用三维格式显示数据，并且希望能够修改坐标轴，则需要使用三维柱形图子类型。

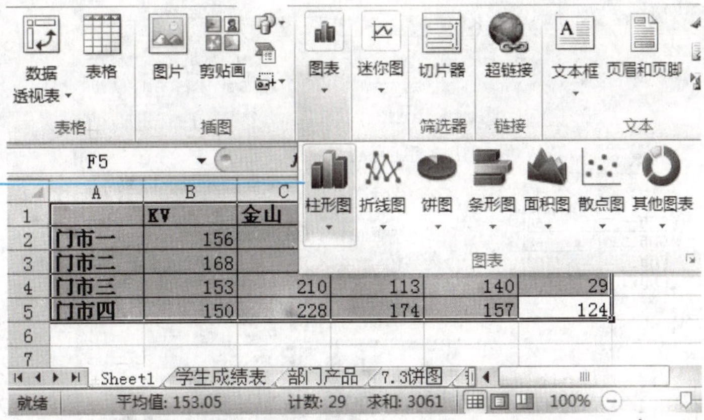

2 选择数据区后单击“插入”选项卡中的“图表”组中“柱形图”→“簇状柱形图”。

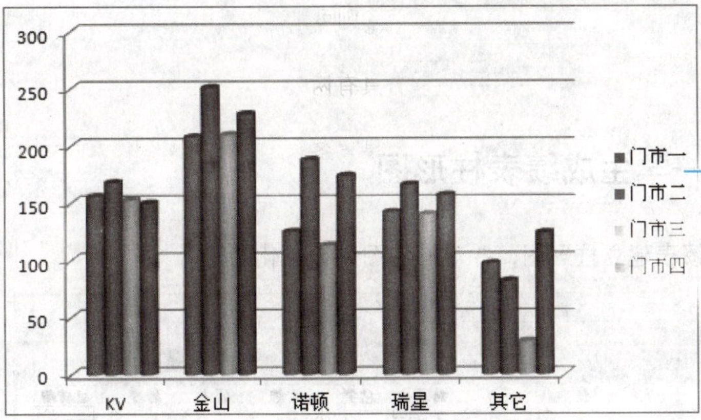

3 生成效果图。

7.1.2 设置图表格式——快速样式和标题

生成二维柱形图后还需要对柱形图的样式进行设计，具体步骤如下。

操作步骤

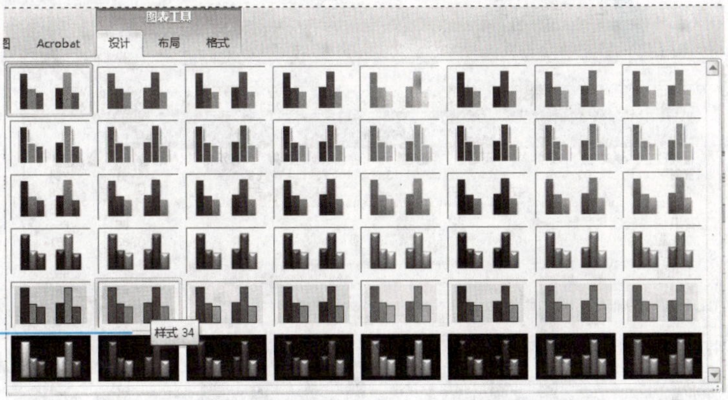

1 激活表格之后，单击“设计”选项卡，从“图表样式”中选择“样式34”。

视野拓展

当柱形图表中有负值时，在“数据系列格式”对话框的“图案”选项卡中勾选“以互补色代表负值”复选框，可以自动用当前颜色的互补色填充该数据系列的负值。

对于坐标轴、绘图区的填充、边框、阴影以及三维格式等的设置可以参照第6章中的相关内容。

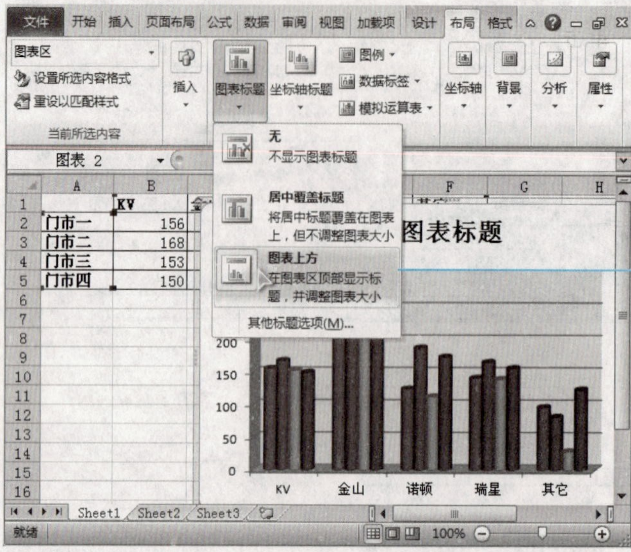

2 然后为图表添加标题，在"布局"选项卡中选择"图表标题"列表中的"图表上方"选项。

7.1.3 实例——学生成绩表柱形图

操作步骤

本节选用学生成绩表建立柱形图，并对柱形图进行美化处理。

1 选择C3到C10及L3到L10单元格。

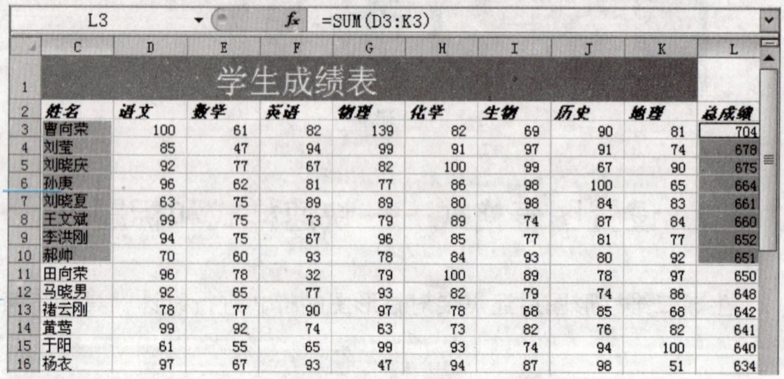

L3 =SUM(D3:K3)

学生成绩表

	姓名	语文	数学	英语	物理	化学	生物	历史	地理	总成绩
3	曹向荣	100	61	82	139	82	69	90	81	704
4	刘莹	85	47	94	99	91	97	91	74	678
5	刘晓庆	92	77	67	82	100	99	67	90	675
6	孙庚	96	62	81	77	86	98	100	65	664
7	刘晓夏	63	75	89	89	80	98	84	83	661
8	王文斌	99	75	73	79	89	74	87	84	660
9	李洪刚	94	75	67	96	85	77	81	77	652
10	郝帅	70	60	93	78	84	93	80	92	651
11	田向荣	96	78	32	79	100	89	78	97	650
12	马晓男	92	65	77	93	82	79	74	86	648
13	褚云刚	78	77	90	97	78	68	85	68	642
14	黄莺	99	92	74	63	73	82	76	82	641
15	于阳	61	55	65	99	93	74	94	100	640
16	杨衣	97	67	93	47	94	87	98	51	634

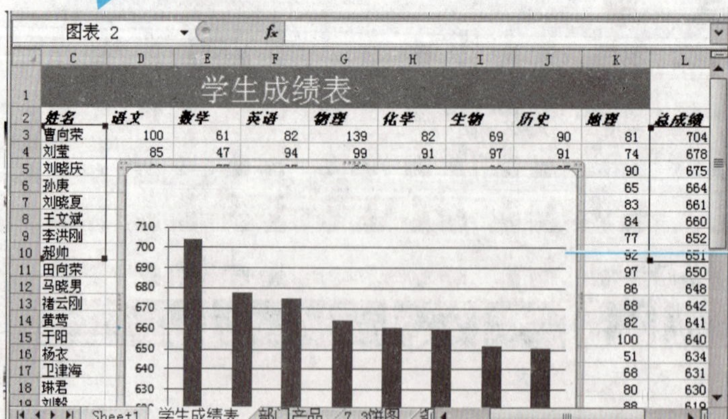

2 选择"插入"→"柱形图"，产生柱形图效果。

视野拓展

在柱形图中，可以任意增大或减少柱形图数据标记或柱形图之间的距离。

3 单击“布局”选项卡，单击图表标题，在下拉列表中选择“图表上方”；选中图表的绘图区域，单击鼠标右键，在快捷菜单中选择“设置绘图区域格式”命令，在弹出的对话框中选择“填充”选项卡，按图中格式配置。

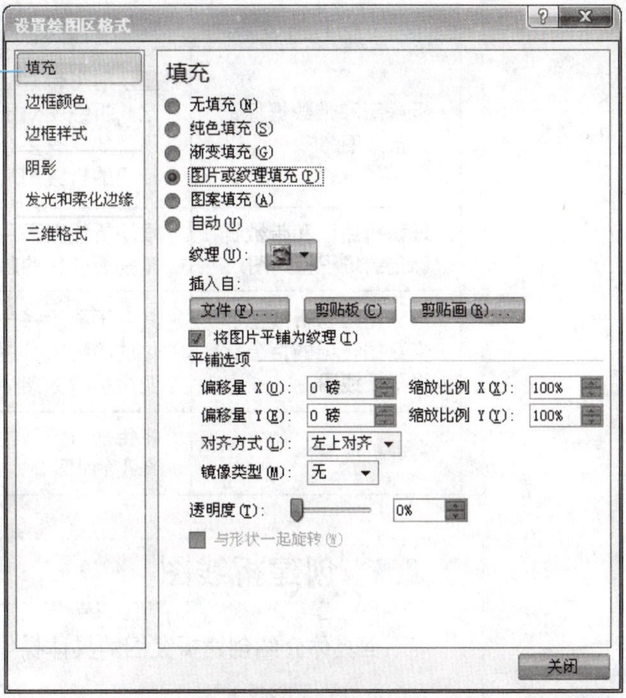

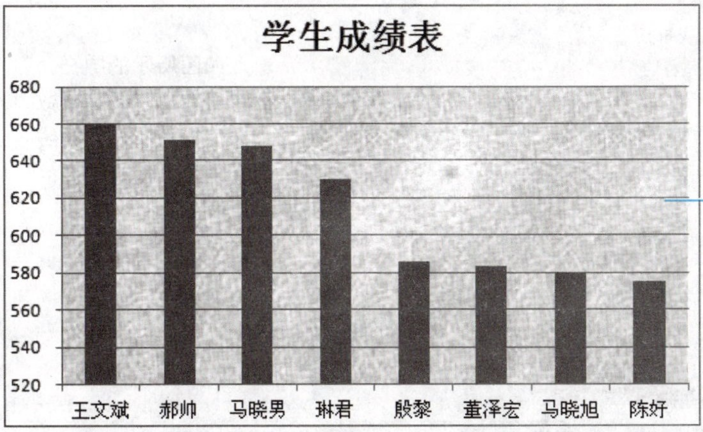

4 再单击“布局”选项卡中的“图例”下拉按钮，在下拉列表中选择“无”选项，即可得到如图所示的图表。

7.2 折线图表的应用

折线也是显示数据属性的一种常用的表示方式，常用于描述连续的数据。本节主要讲解折线的运用方法。

折线一共有四种子类型，下表列出了各种子类型的作用。

视野拓展

在柱形图中，更改二维数据图表中各个柱形的重叠时，“系列重叠”文本框中的百分比值越高，类别中的重叠部分就越大。

子图类型	应用范围
折线图和带数据标记的折线图	显示时可带有标记以指示单个数据值，也可以不带数据标记。折线图对于显示随时间或排序的类别的变化趋势很有用，如果有多个类别或者值是近似的，则请使用不带数据标记的折线图
堆积折线图和带数据标记的堆积折线图	堆积折线图可用于显示每个值所占的百分比随时间或排序类别而变化的趋势
百分比堆积折线图和带数据标记的百分比堆积折线图	其对于显示每一数值所占百分比随时间或排序的类别而变化的趋势很有用。如果有多个类别或者值是近似的，则请使用不带数据标记的百分比堆积折线图
三维折线图	将每一行或列的数据显示为三维标记。三维折线图具有可修改的水平轴、垂直轴和深度轴

7.2.1 创建折线图

下面具体介绍创建折线图的具体操作步骤。

操作步骤

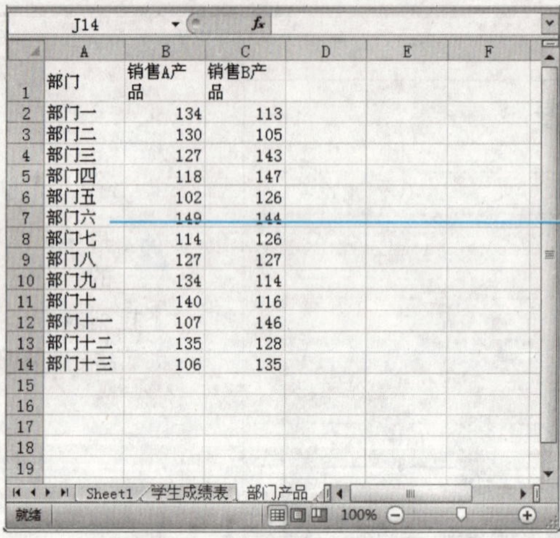

	A	B	C
1	部门	销售A产品	销售B产品
2	部门一	134	113
3	部门二	130	105
4	部门三	127	143
5	部门四	118	147
6	部门五	102	126
7	部门六	149	144
8	部门七	114	126
9	部门八	127	127
10	部门九	134	114
11	部门十	140	116
12	部门十一	107	146
13	部门十二	135	128
14	部门十三	106	135

1 输入如图所示的数据，选择A1到C14区域数据，选择“插入”→“折线图”命令，从中选择需要的图表布局样式。

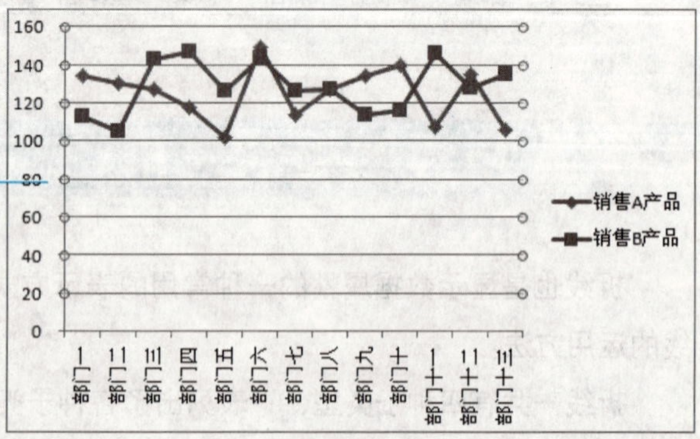

2 生成折线图。

视野拓展

在数据系列较多的折线图中添加网格线会使图表显得复杂，难以辨别。在这种情况下，不用网格线反而更清楚。

7.2.2 设置表格格式——图例位置和图表区格式

操作步骤

生成折线图后下面对折线图进行配置。

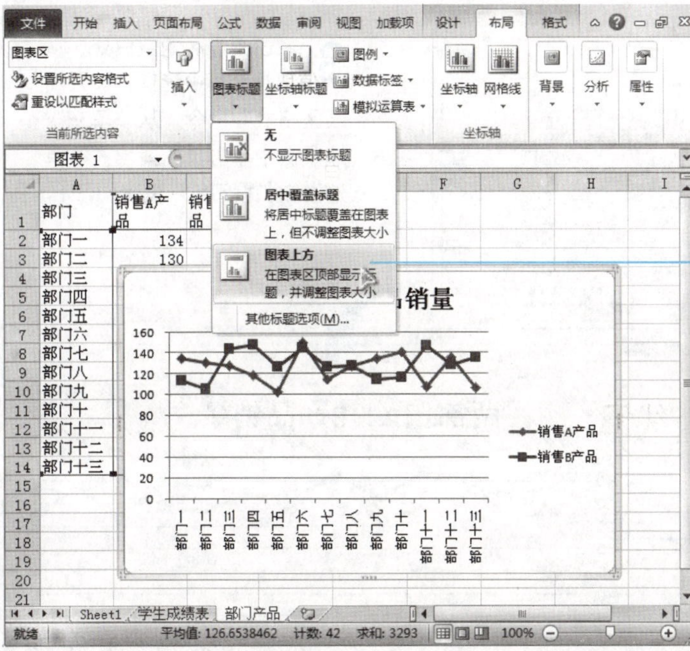

1 单击“布局”选项卡，然后单击“图表标题”，在下拉列表中选择“图表上方”选项，在标题上输入“两部门A、B产品销量”。

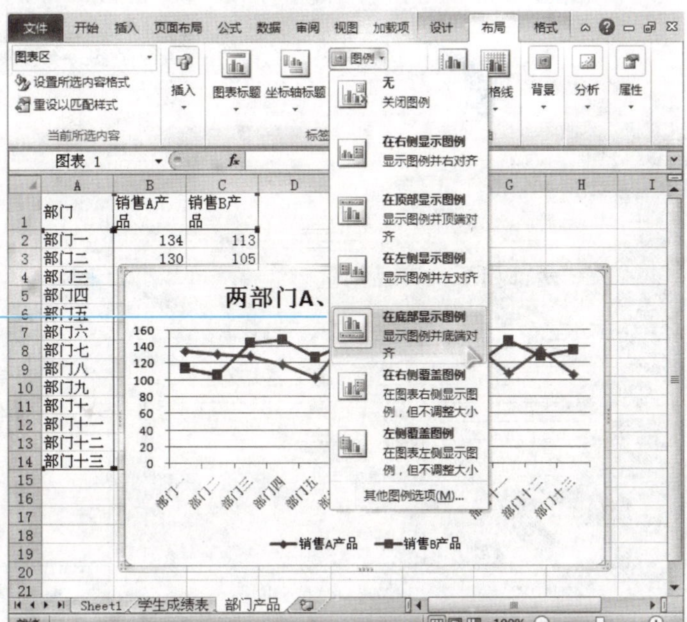

2 单击“布局”选项卡，然后单击“图例”，在下拉列表中选择“在底部显示图例”选项。

视野拓展

折线图与散点图看起来非常相似，尤其是当显示的散点图带有连线时。但是折线图和散点图沿着水平轴和垂直轴绘制数据的方式存在着很大的差别，可以以此区分。

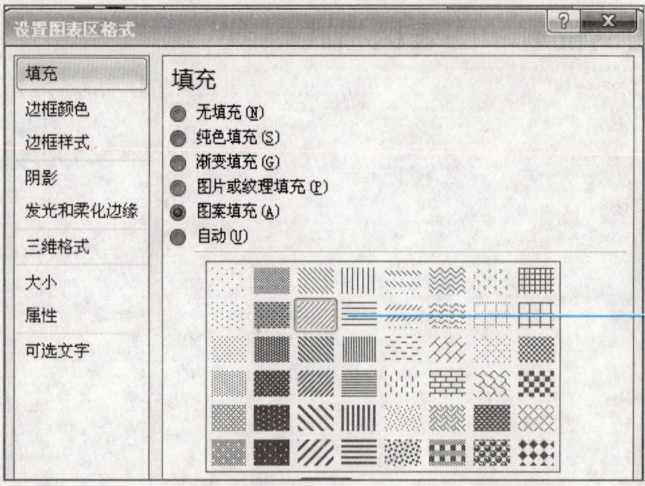

3 右击图表区的空白处，从快捷菜单中选择“设置图表区格式”命令，从“填充”选项卡中单击“图案填充”单选按钮，按图所示设置。

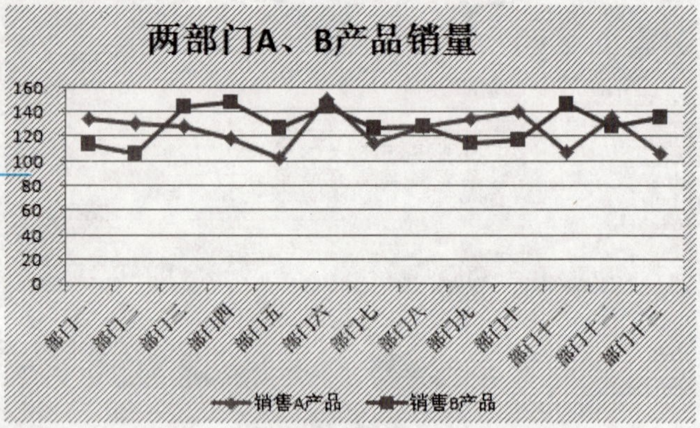

4 配置好的图表效果图。

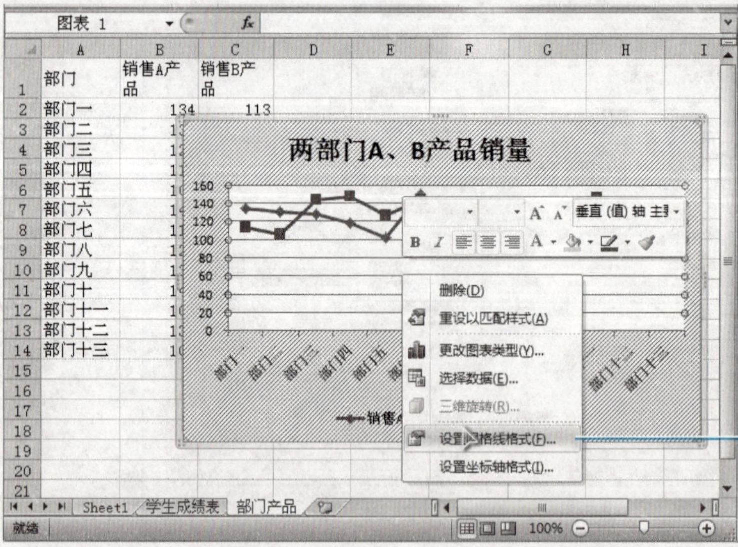

5 在绘图区右击鼠标，从弹出的快捷菜单中选择“设置网格线格式”命令。

视野拓展

折线图只有一个数值轴，水平轴只显示间隔相等的数据类别。而且当数据中没有提供类别时，水平轴将自动生成1、2、3等数据。

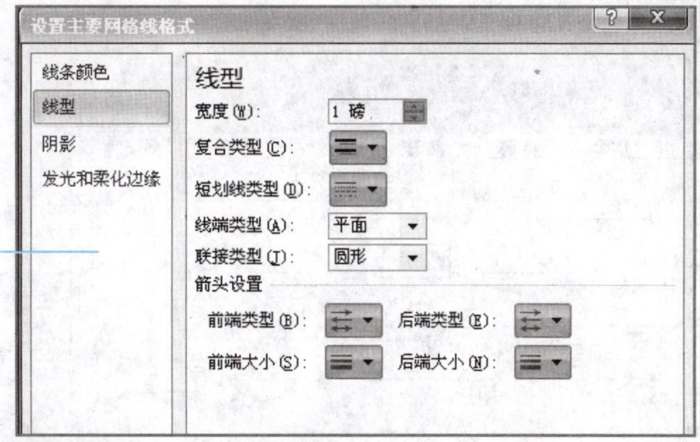

6 在弹出的对话框中设置“宽度”为1磅，线性为“短划线”，“发光和柔化边缘中”设置颜色二淡绿色。

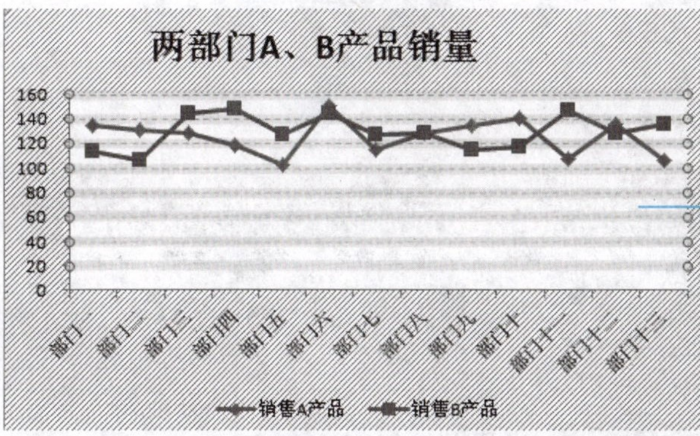

7 生成效果图。

7.2.3 实例——学生成绩表折线图

本节以学生成绩表为例，讲解设置学生成绩表的具体步骤。

操作步骤

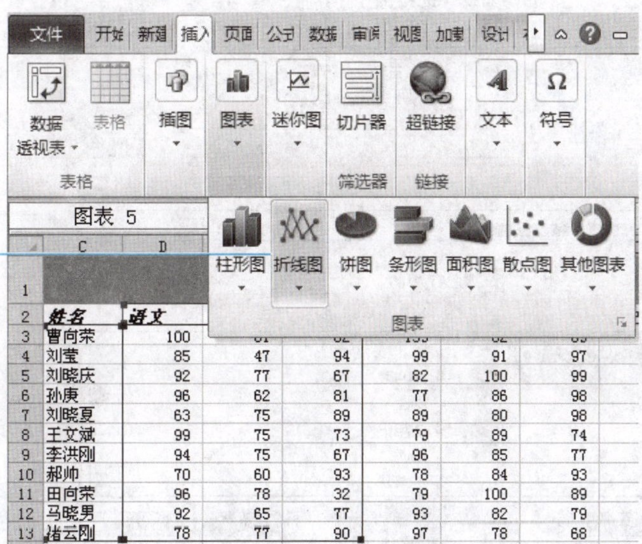

1 选择C3到F13区域数据，选择“插入”→“折线图”命令。

视野拓展

折线图可以显示一段时间内的连续数据，因此对于显示在相等时间间隔内随时间的变化趋势很理想。

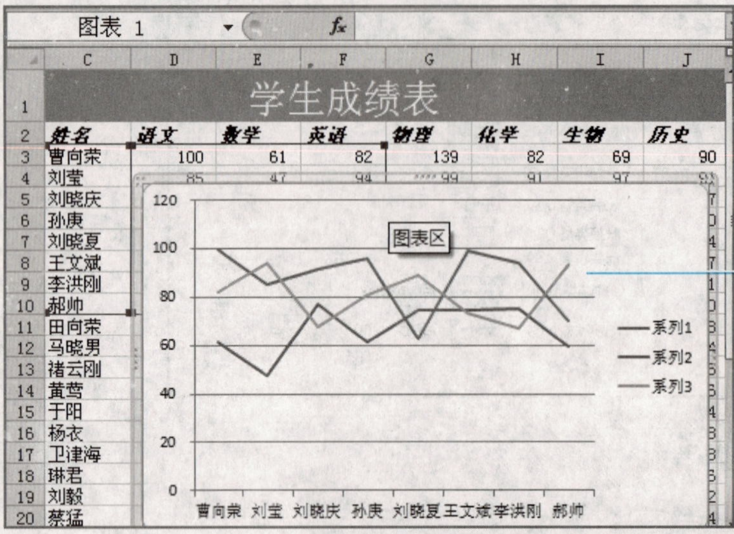

2 生成的折线线图。

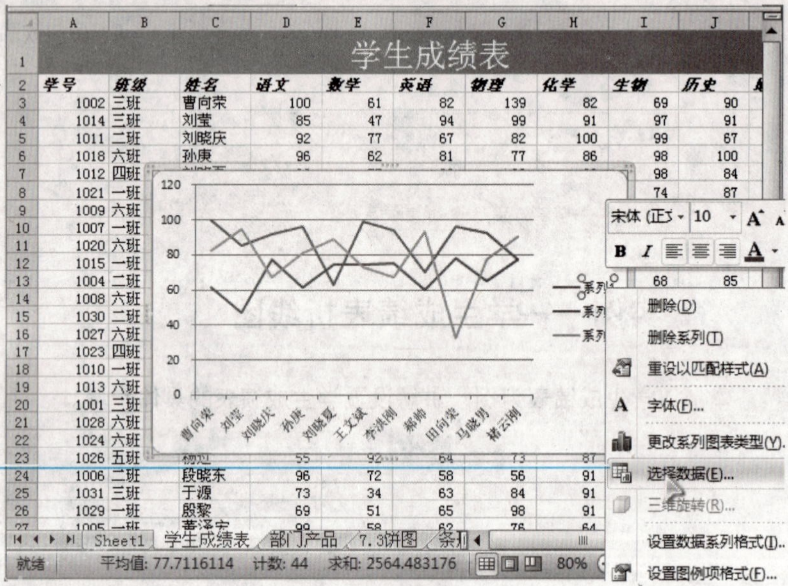

3 在图表的图例中单击“系列1”，右击鼠标，从弹出的快捷菜单中选择“选择数据”命令。

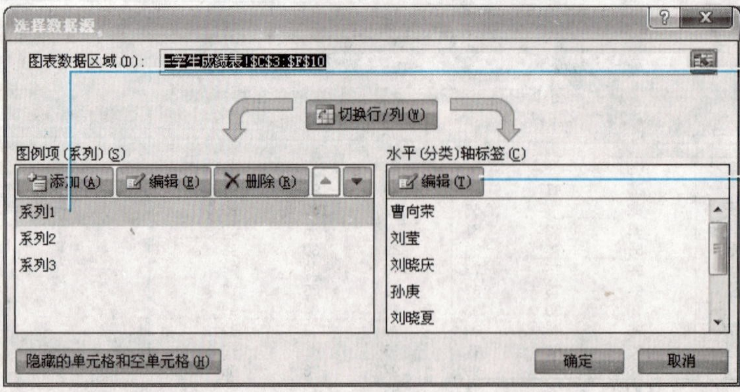

4 在弹出的对话框中单击“系列1”。

5 再单击“编辑”按钮。

视野拓展

日期坐标轴按时间排列，以特定的间隔或基本单位显示时间的数据，即使工作表中的数据不是按顺序排列的，图表中也会自动排序。

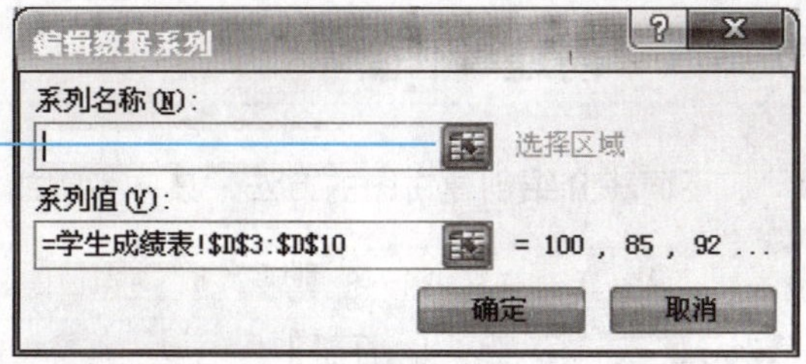

6 在弹出的对话框中单击列名后的按钮，在图标上选择系列名。

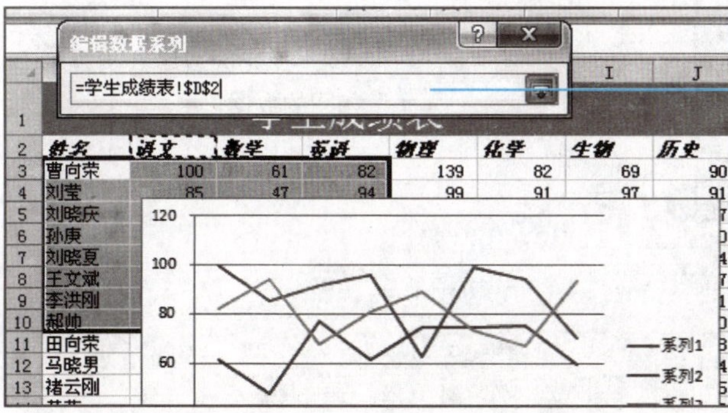

7 选择之后会在“编辑数据系列”对话框中显示所选单元格的绝对坐标。

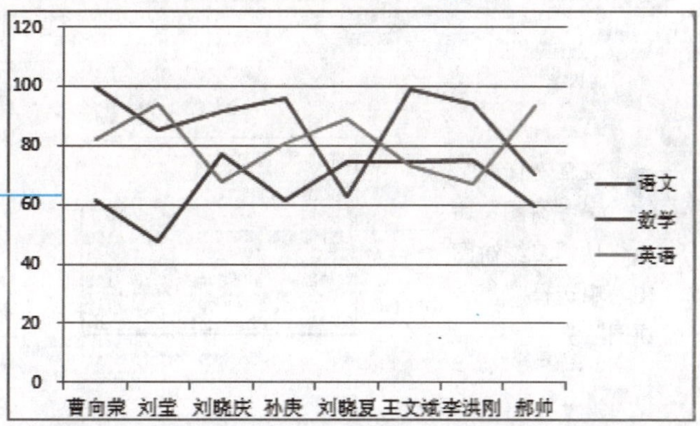

8 单击“确定”按钮之后，再按照前面的步骤将系列2、系列3也更改，效果如图所示。

7.3 饼图的应用

本节介绍用饼图表示数据构成的方式。

饼图的子类型有三种，下面分别介绍。

子图类型	作用描述
饼图和三维饼图	饼图采用二维或三维格式显示各个值相对于总数值的分布情况。用户可以手动拉出饼图的扇区，以强调特定扇区
复合饼图和复合条饼图	复合饼图或复合条饼图显示了从主饼图提取用户定义的数值并组合进次饼图或堆积条形图的饼图
分离型饼图和三维分离型饼图	分离型饼图显示每个值占总数的百分比，同时强调各个值。分离型饼图可以采用三维格式显示

注意：分离型的饼状图扇面不能单独移动。如果需要手动拉出扇区，请考虑改用饼图或三维饼图。

视野拓展

饼状图用于强调部分与整体的关系。

7.3.1 创建饼图

操作步骤

下面将介绍创建饼图的方法，具体步骤如下。

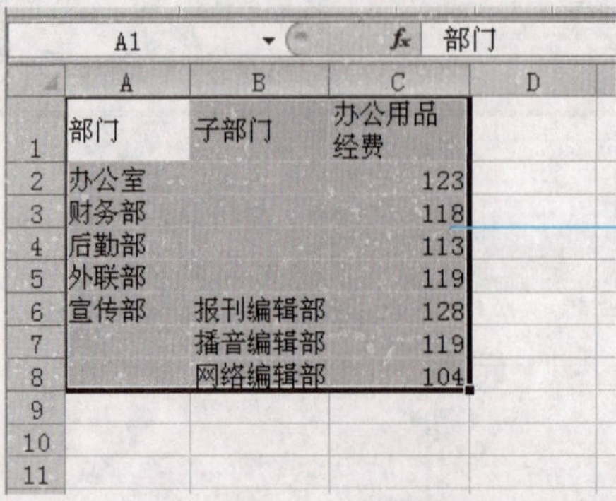

1 在A1到C8区域输入如图的数据。

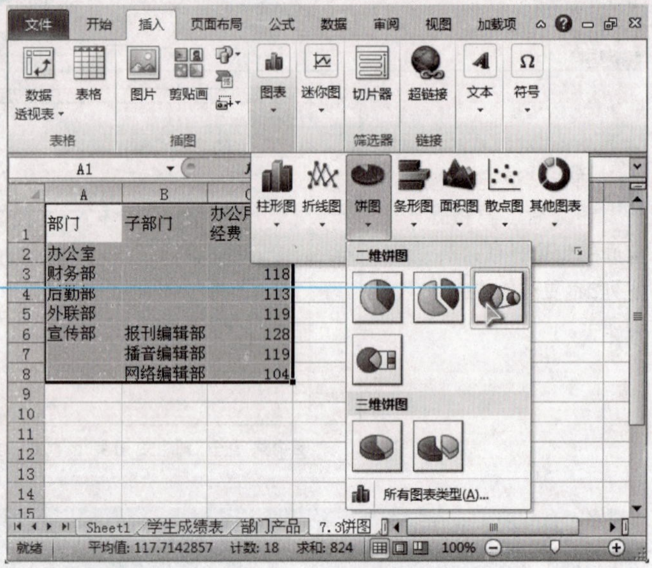

2 选择“插入”→“饼图”命令，从“二维饼图中”中选择“复合饼图”。

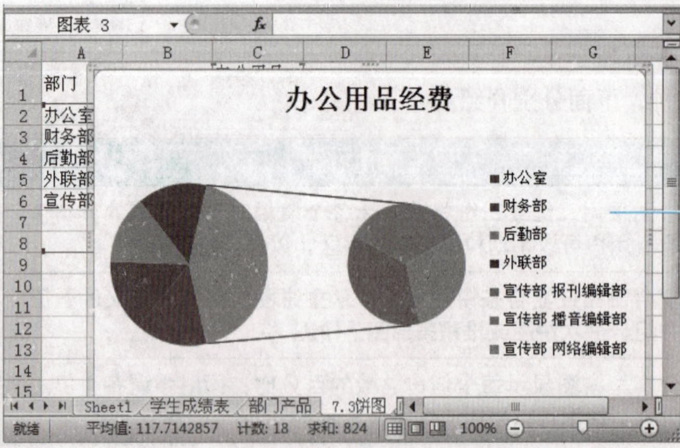

3 生成的饼状图效果如图所示。

复合饼图可以清楚地显示整体和部分的关系。

技巧： 创建饼图后可以旋转扇区，以便从不同的角度观察饼图。

视野拓展

在饼状图中用图例表示数据的方法，对于显示数据分类较多的图还是有不方便之处。可将其转化为数据标签形式，即在饼图里显示名称和百分比的形式。

7.3.2 设置饼图格式

下面介绍设置饼图格式的方法。

操作步骤

1. 设置快速样式

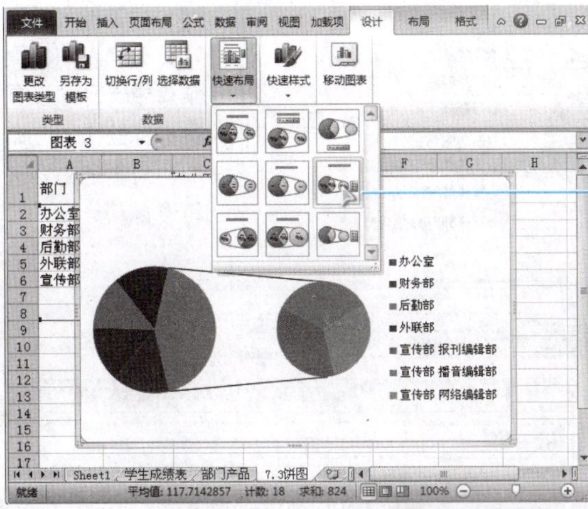

1 选中图表，单击“设计”选项卡中的“快速布局”→“布局6”选项，对图表内容进行设置。

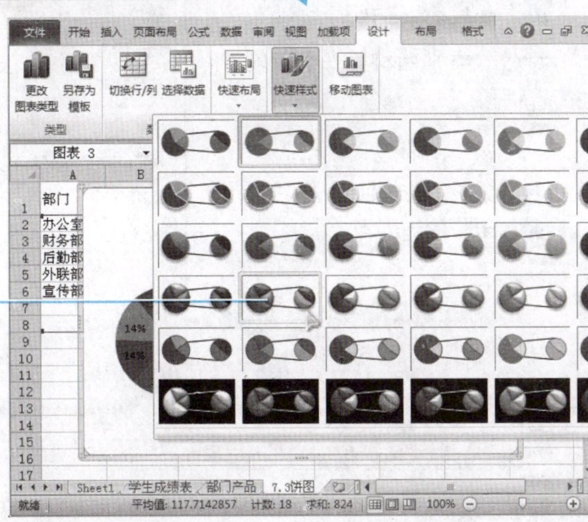

2 在“快速样式”中选择“样式26”。

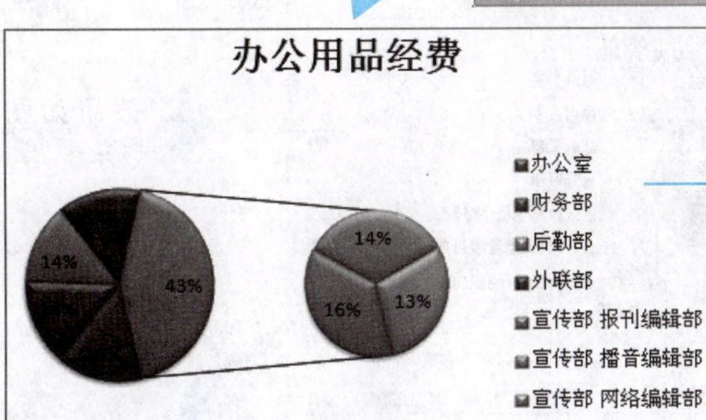

3 修改后的样式如图所示。

视野拓展

如果每个数据点的格式都一样，则可以直接选中并右击数据系列，从弹出的快捷菜单中选择“设置数据系列格式”命令，对整个数据系列进行设置。

2. 设置数据标签

为了清楚地显示数据的名称，可以使用数据标签功能，具体步骤如下。

操作步骤

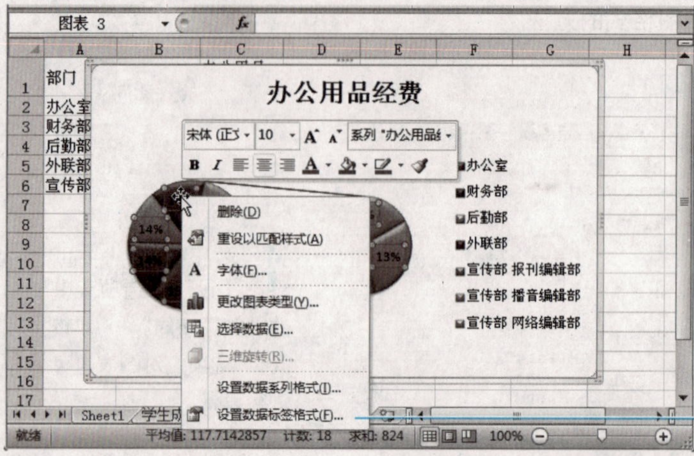

1 选中图表上百分数的元素右击，在弹出的快捷菜单中选择“设置数据标签格式”命令，对图表内容进行设置。

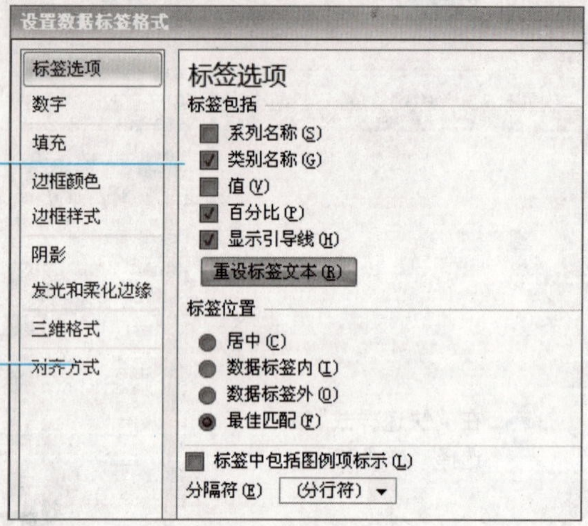

2 在弹出的对话框中的“标签选项”选项卡中勾选“类别名称（G）”复选框。

3 设置完成后单击“关闭”按钮即可。

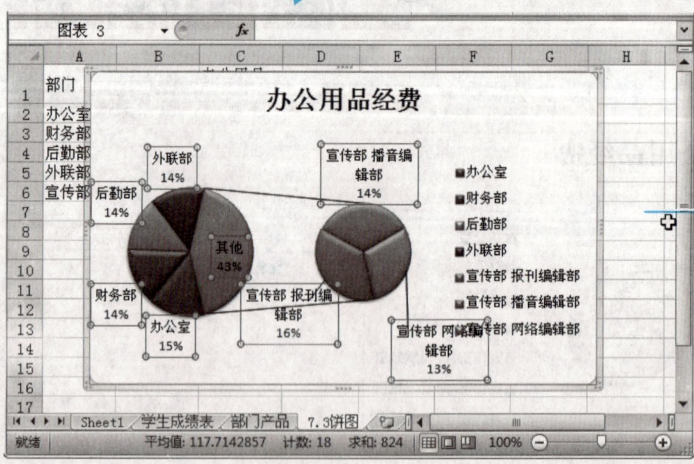

4 效果如图所示。

视野拓展

分离类型的饼形图不能单独移动，必须首先将其改为饼图或三维饼图后再手动拖出扇面。

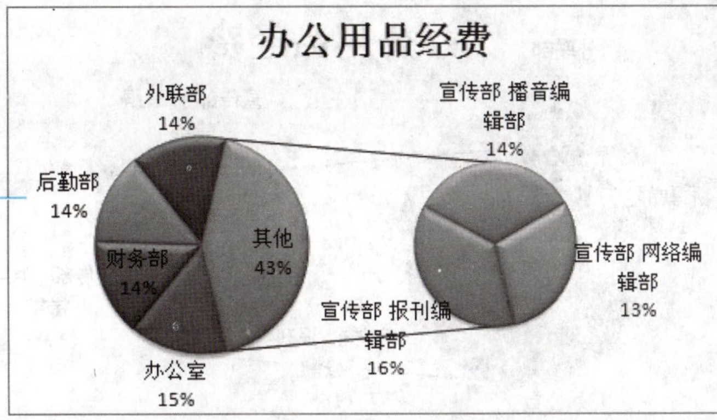

5 删除图例后饼状图的各部分成分和比例就更加清晰了。

3. 设置数据点格式

饼图中的数据块可以分离，下面介绍一下数据点格式的设置。

操作步骤

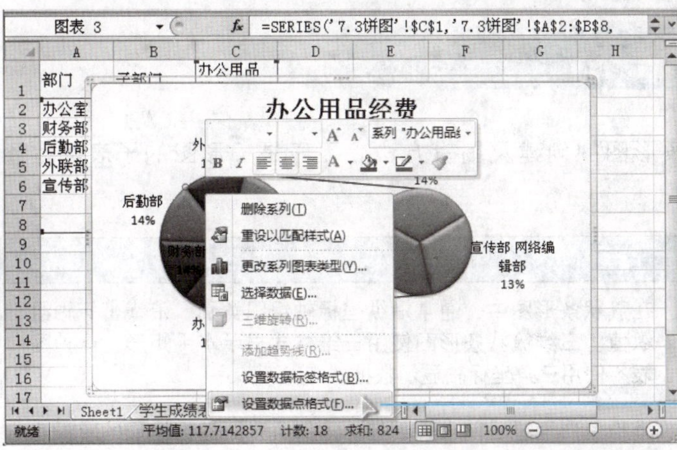

1 在饼图上选中“外联部”数据块右击，在快捷菜单中选择“设置数据点格式”命令。

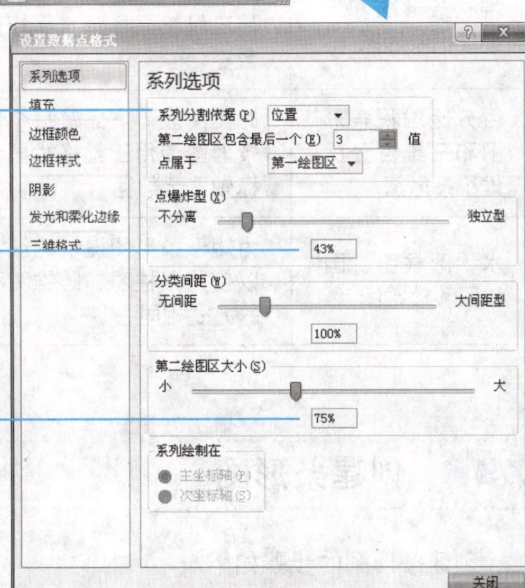

2 在弹出的“设置数据点格式”对话框中把“系列分割依据”改为“位置”。

3 把“点爆炸型”的“不分离”百分比改为“43%”。

4 把“第二绘图区大小”改为“75%”。

视野拓展

在“设置数据点格式”对话框中的“系列选项”选项卡中的“第二绘图区大小”能控制复合饼图第二个饼状图的大小。为了显示清晰一般将其设置为75%左右。

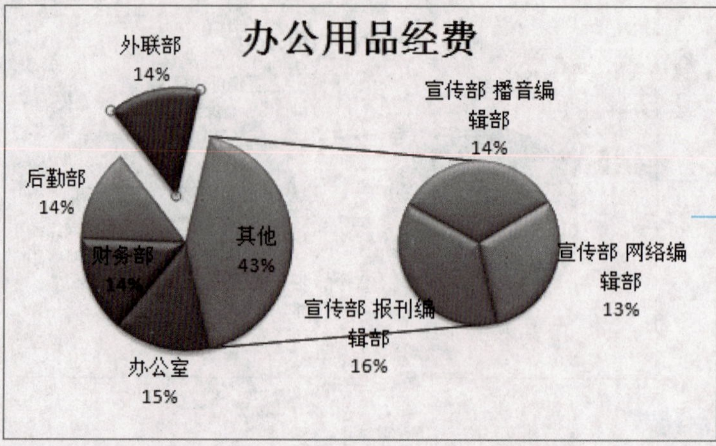

5 单击“关闭”按钮后，效果如图所示。

7.4 条形图表的应用

本节主要讲解条形图的创建及编辑方法。下表是条形图的子表类型和作用。

子图类型	作用描述
簇状条形图和三维簇状条形图	在簇状条形图中，通常沿纵坐标轴组织类别，沿横坐标轴组织值。三维簇状条形图使用三维格式显示水平矩形。这种图表不使用三条坐标轴显示数据
堆积条形图和三维堆积条形图	堆积条形图显示单个项目与总体的关系。三维堆积条形图使用三维格式显示水平矩形。这种图表不使用三条坐标轴显示数据
百分比堆积条形图和三维百分比堆积条形图	此类图表跨类比较每个值占总体的百分比。三维百分比堆积条形图使用三维格式显示水平矩形。这种图表不使用三条坐标轴显示数据
水平圆柱图、圆锥图和棱锥图	为矩形条形图提供的簇状、堆积和百分比堆积图表类型也可以使用圆柱图、圆锥图和棱锥图，而且它们显示和比较数据的方式相同

7.4.1 创建条形图

创建条形图的步骤如下。

视野拓展

可以增大或减小条形图之间的间距。在二维条形图中，各条形图甚至可以相互重叠。

操作步骤

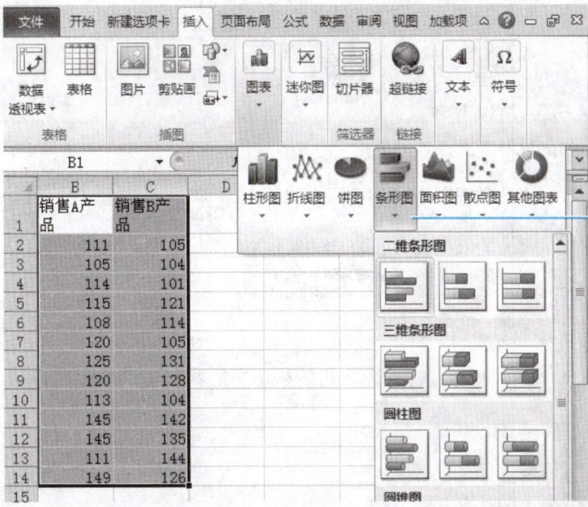

1 选择A1到C14区域数据，选择“插入”→“条形图”命令，从中选择需要的图表布局样式。

2 生成条形图后的样式。

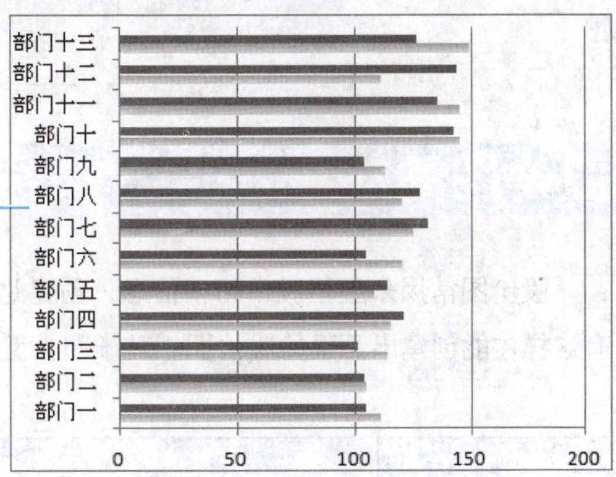

7.4.2 设置条形图格式

设置条形图格式的方法与其他图形方法类似，下面只做简单介绍。

操作步骤

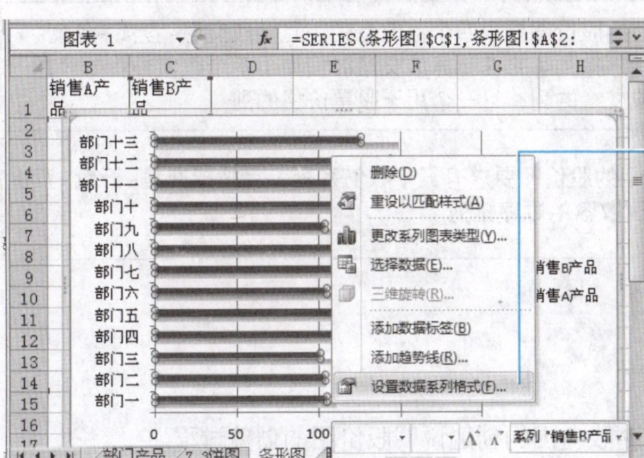

1 在图形上右击，从弹出的快捷菜单中选择“设置数据系列格式”命令。

视野拓展

在条形图中，如果想调节标题的尺寸，可右击该标题，然后在“大小”调节框中选择需要的大小。

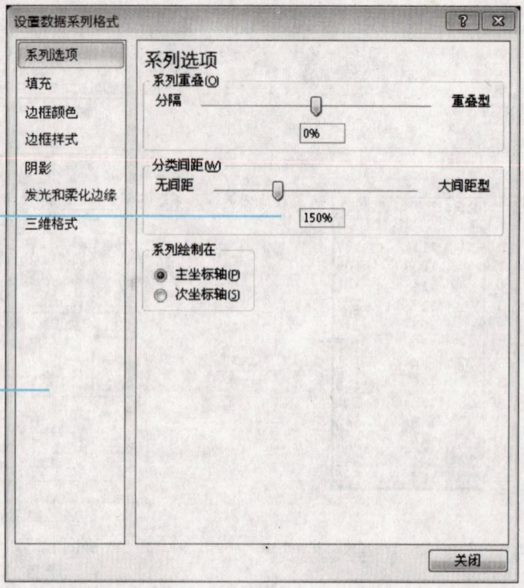

2 弹出“设置数据系列格式”对话框，从这里可以设置系列分隔百分比，间距百分比。

3 在“填充”选项卡中可以设置渐变、纹理以及图案等功能。

7.5 股价图的应用

股价图常用来显示股市行情信息，创建此图时必须注意数据的组织顺序，只有这样才能创建出正确的股价图。其子图类型以及应用描述如下。

子图类型	应用描述
盘高－盘低－收盘图	盘高－盘低－收盘股价图通常用于显示股票价格。它要求三个数值系列，且按盘高－盘低－收盘的顺序排列
开盘－盘高－盘低－收盘图	这种类型的股价图要求有四个数值系列，且按开盘－盘高－盘低－收盘的顺序排列
成交量－盘高－盘低－收盘图	这种类型的股价图要求四个数值系列，且按成交量－盘高－盘低－收盘的顺序排列。它在计算成交量时使用了两个数值轴：一个用于计算成交量的列；另一个用于股票价格的列
成交量－开盘－盘高－盘低－收盘图	这种类型的股价图要求有五个数值系列，且按成交量－开盘－盘高－盘低－收盘的顺序排列

7.5.1 创建股价图

下面以开盘－盘高－盘低－收盘图的创建说明股价图的创建过程。

视野拓展

三维条形图不是真正意义上的三维图，而是以三维格式显示水平矩形，并非以三维格式显示数据。

操作步骤

1 新建如图所示的工作表。注意各列的顺序不能改变，否则得到的股价图有误。

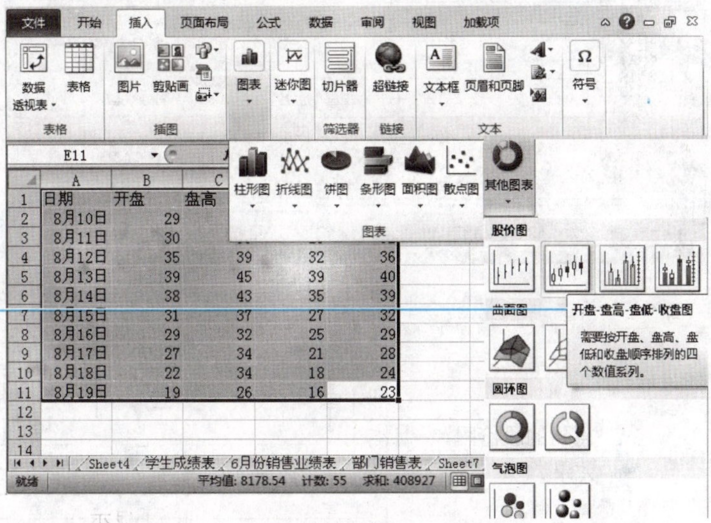

2 选中工作区中的所有文字和数据，单击“插入”选项卡中的“图表”功能组→“其他图表”→“股价图”→“开盘-盘高-盘低-收盘图”。

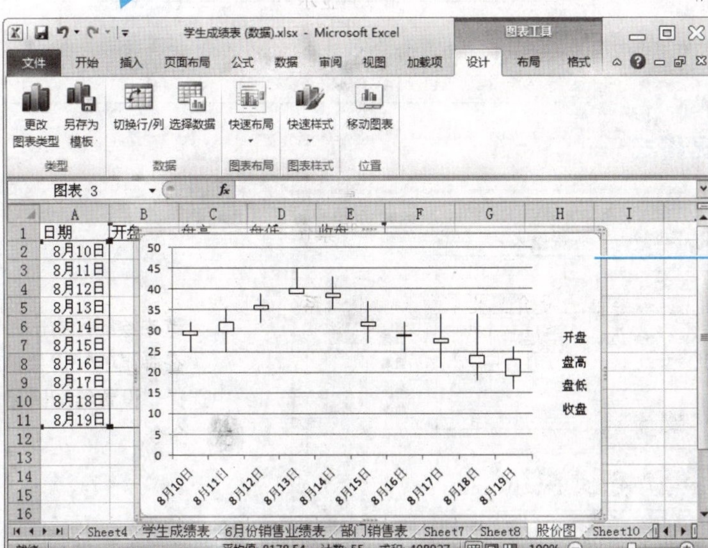

3 得到的股价效果图。

视野拓展

在股价图中计算成交量时，可以显示两个坐标轴。左边的纵坐标轴显示股票的成交量，右边的纵坐标轴显示股票的价格。

7.5.2 设置股价图

1. 添加误差线

操作步骤

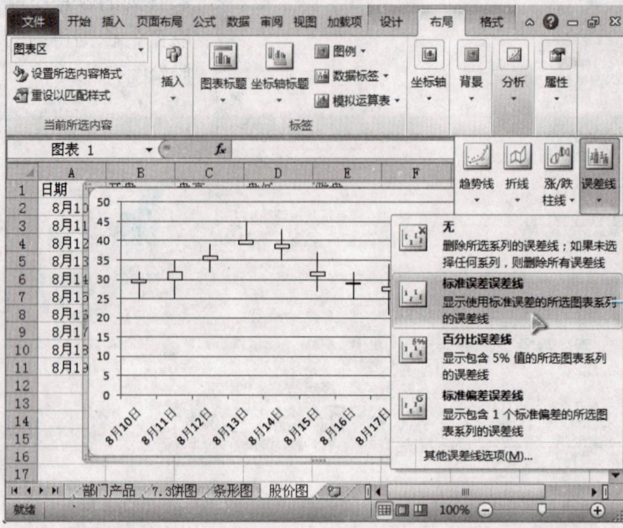

1 选中“布局”选项卡，选择“分析”功能组→“误差线”→“标准误差误差线”选项。

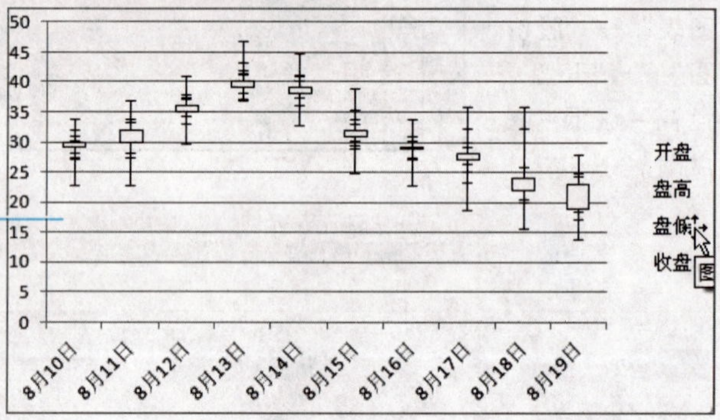

2 得到的股价图效果。

2. 设置绘图区格式

操作步骤

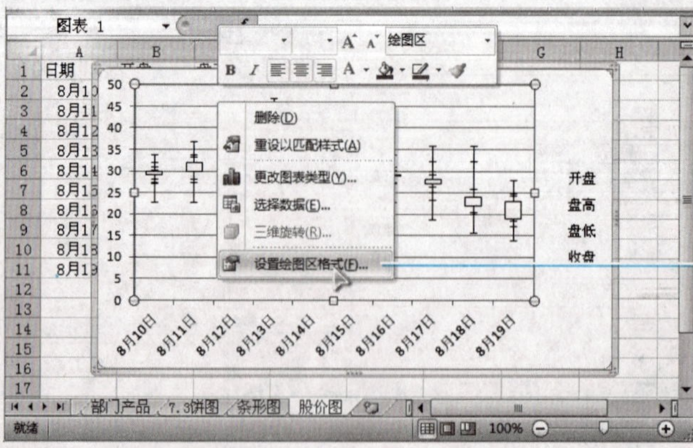

1 选中绘图区右击，在弹出的快捷菜单中选择“设置绘图区格式”命令。

视野拓展

误差线包括四种基本类型：无、标准误差线、百分比误差线和标准偏差误差线。其中百分比误差线显示包含5%值的所选图表系列的误差线。

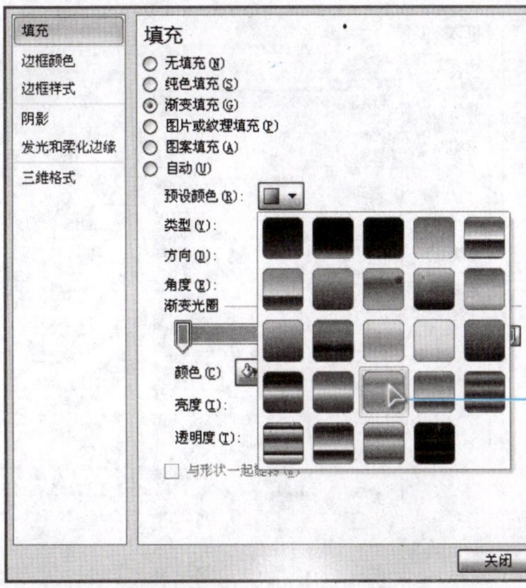

2 选中“填充”选项卡，单击“渐变填充”单选按钮，在颜色中选择如图所示的颜色。

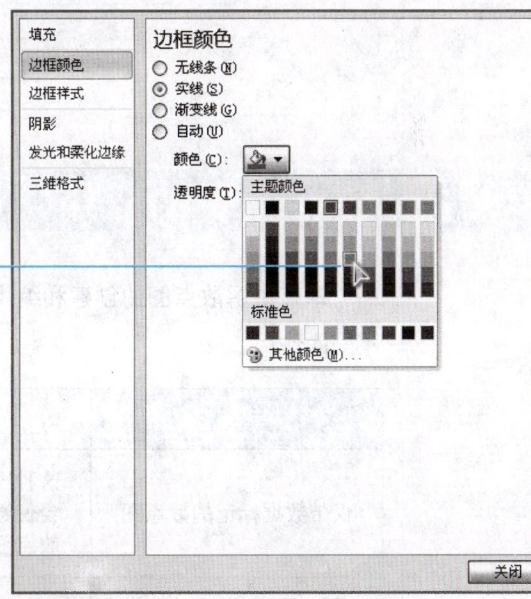

3 选中“边框颜色”选项卡，单击“实线”单选按钮，在颜色中选择如图所示的颜色。

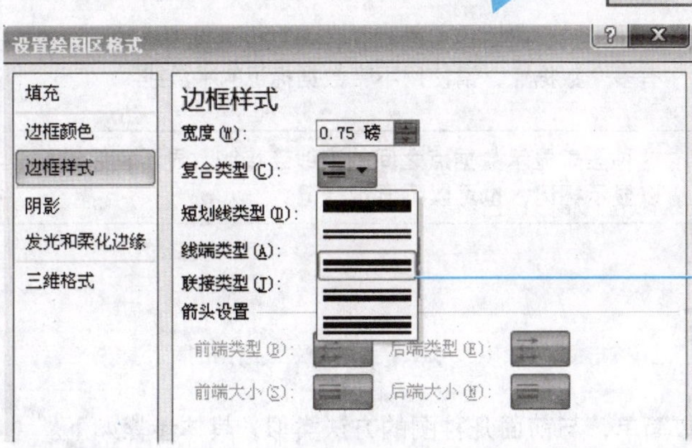

4 选中“边框样式”选项卡，更改复合型边框为如图所示的线型。

视野拓展

在误差线下拉列表中可以选择“其他误差线选项”，在弹出的对话框中可以选择“添加基于系列的误差线”。

5 选中“阴影”选项卡，更改预设为如图所示的阴影型。

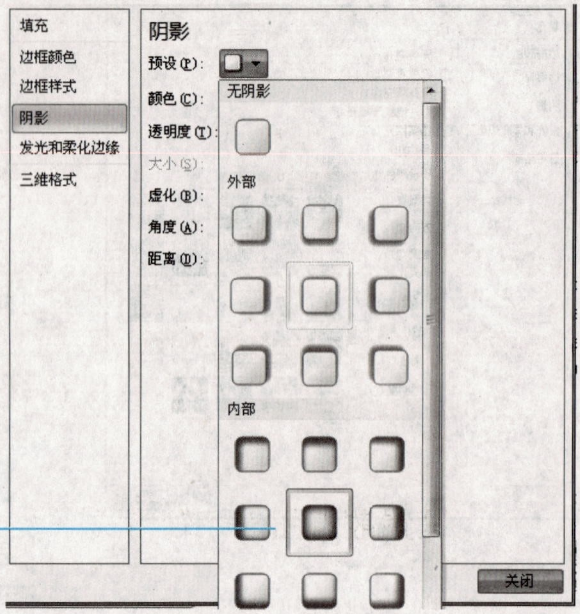

7.6 散点图表的应用

本节讲解散点图的创建和编辑方法。散点图有三种子图类型，不同的类型有不同的作用。

子图类型	作用描述
仅带数据标记的散点图	这种图表比较成对的值。在使用多个数据点且连接线会使数据更难读取时，请使用带数据标记但不带线的散点图
带平滑线的散点图和带平滑线和数据标记的散点图	显示平滑线时可以显示标记，也可以不显示标记。如果有多个数据点，请使用不带数据标记的平滑线
带直线的散点图和带直线和数据标记的散点图	这种图表显示数据点之间的直线连接线。显示直线时可以显示标记，也可以不显示标记

7.6.1 创建散点图

创建散点图的操作比较简单，与前面几种图的方法类似，具体步骤如下。

视野拓展

在散点图中，数据点在水平轴上可能均匀分布，也可能不均匀分布，具体情况取决于数据。

操作步骤

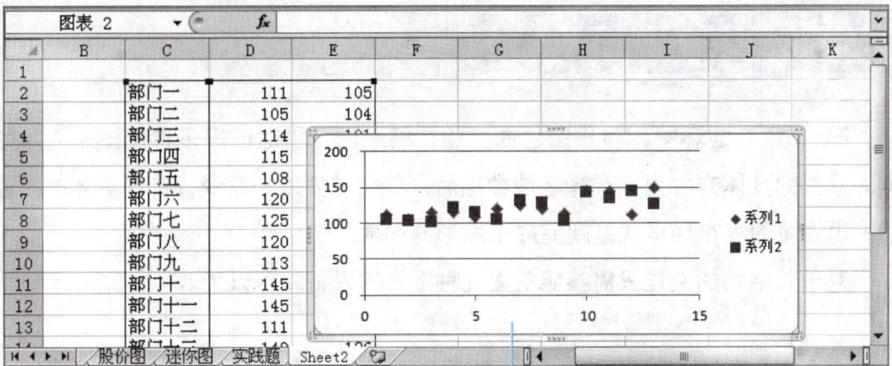

选择区域数据。选择“插入”→“散点图”命令，从中选择需要的图表布局样式。

7.6.2 设置散点图坐标轴格式

本节讲解设置坐标轴的操作步骤。

操作步骤

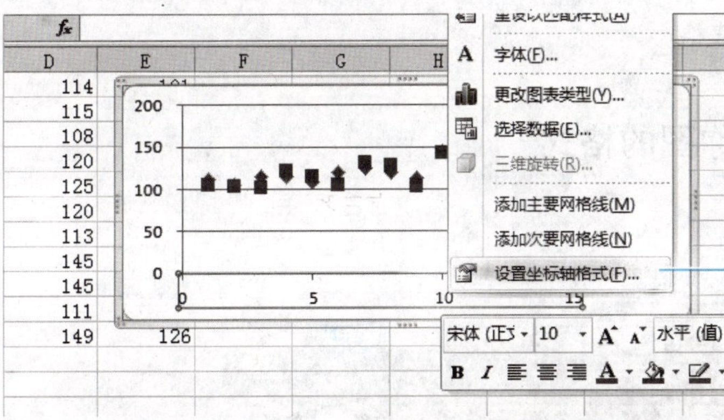

1 右击坐标轴，在快捷菜单中选择“设置坐标轴格式”命令。

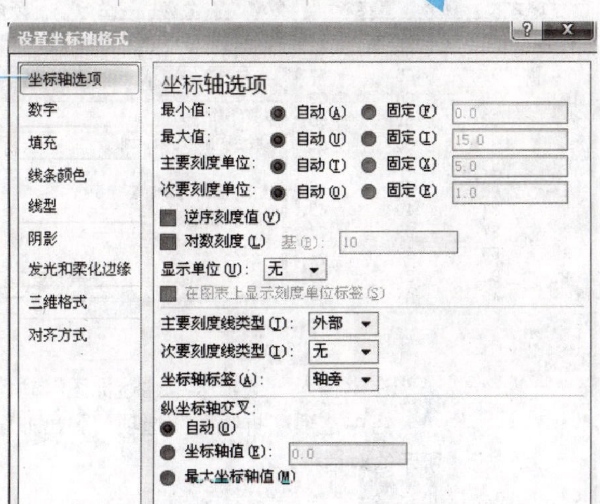

2 弹出“设置坐标轴格式”对话框，进行相应设置。

视野拓展

要以更加灵活的方式沿着水平轴显示数值，可以更改水平轴上的缩放选项，或更改垂直轴上的缩放选项。

7.7 其他图表

Excel还有圆环图、面积图、曲面图、气泡图、雷达图等多种图形来表示数据。建立的具体方式为：选择区域数据后，单击“插入”命令，选择具体的图形后，再设置图表布局样式，就完成了图形的创建。

对于其格式的设置只需参照前面几种图形的设置就可以了。

7.8 添加迷你图

迷你图功能是Excel 2010新增加的功能，与Excel工作表上的图表不同，迷你图不是对象，它实际上是单元格背景中的一个微型图表。

用户可使用迷你图的可视化方式汇总趋势和数据。由于迷你图的特点是在一个很小的空间内显示趋势，因此，迷你图非常适用于仪表板，或需要以易于理解的可视化格式显示的表格。

博学先生，我们在插入图表的过程中应该注意哪些问题呢？

饼图和柱形图最常用。我们应该熟练掌握这些图的应用范围。

提示：由于迷你图是一个嵌入在单元格中的微型图表，因此，用户可以在单元格中输入文本并使用迷你图作为其背景。

7.8.1 设置迷你图的格式

1. 控制显示值点

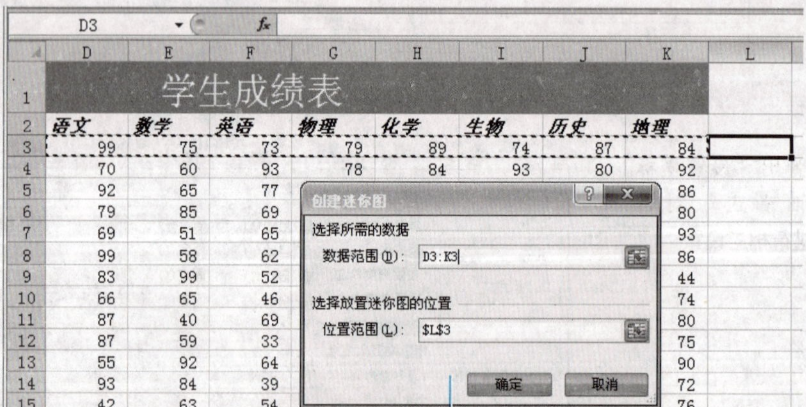

1 在“插入”选项卡中“迷你图”功能组中选项“折线图”选项，弹出如图所示的对话框。

视野拓展

雷达图因其外观也称为蜘蛛图或星状图，它始于图表中心，终于外环的各个轴，绘制各类别的数值。

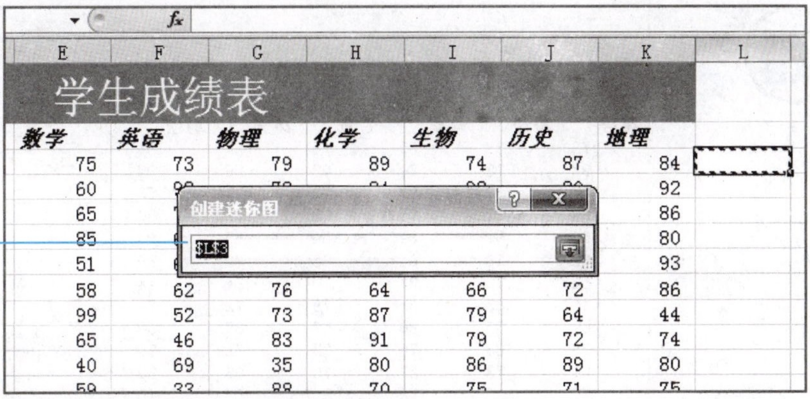

2 在"创建迷你图"对话框中的"数据范围"中选择"D3:K3"，"位置范围"选择L3。

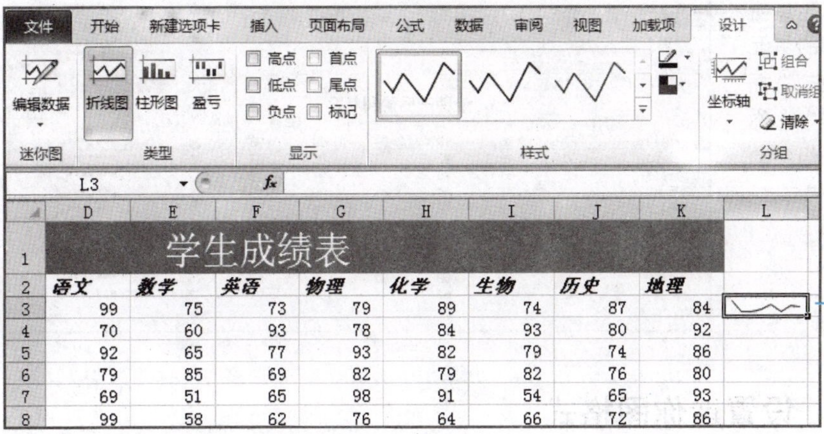

3 折线图直观地显示出该学生各科成绩的高低。

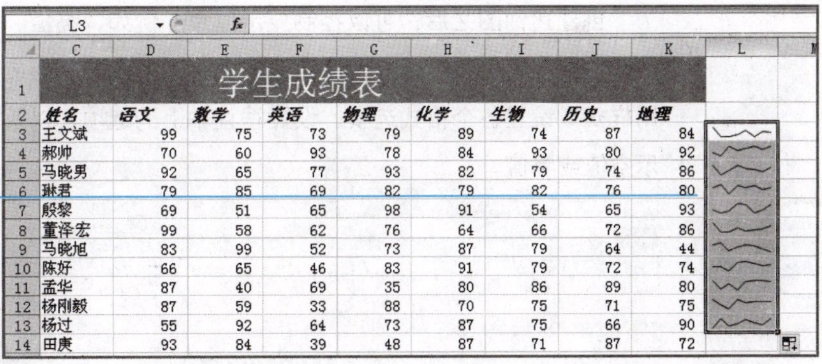

4 用快速填充柄快速填充L3到K14。

7.8.2 创建柱形图和盈亏图

创建柱形图和盈亏图步骤与迷你图类似，可参照迷你图的步骤进行操作。

视野拓展

对于迷你图来说，可以首先选择存放图的单元格，再单击创建迷你图，就不用选择放置迷你图的位置了，其数值自动填充。

操作步骤

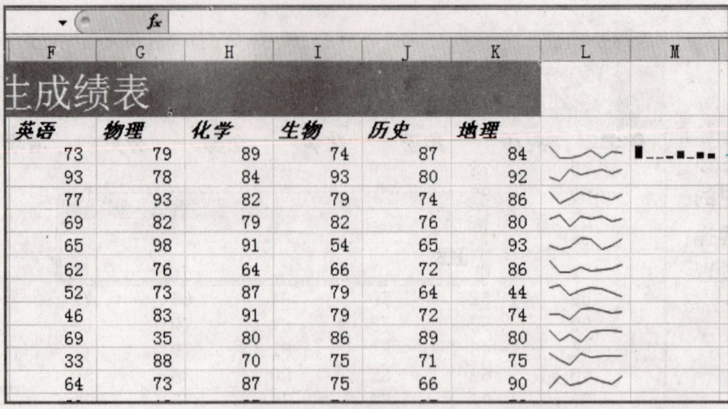

1 选择生成折线图的单元格，单击“插入”选项卡中的“迷你图”功能组中的“柱形图”。

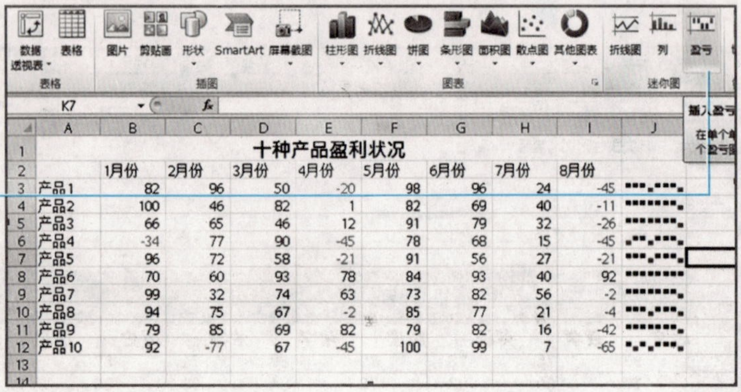

2 选择生成折线图的单元格，单击“插入”→“迷你图”功能组中的“盈亏”按钮。

7.8.3 设置迷你图格式

创建迷你图之后，可以控制显示值点（例如，高值、低值、第一个值、最后一个值或任何负值），更改迷你图的类型（折线、柱形或盈亏），从一个库中应用样式或设置各个格式选项，设置垂直轴上的选项，以及控制如何在迷你图中显示空值或零值。

操作步骤

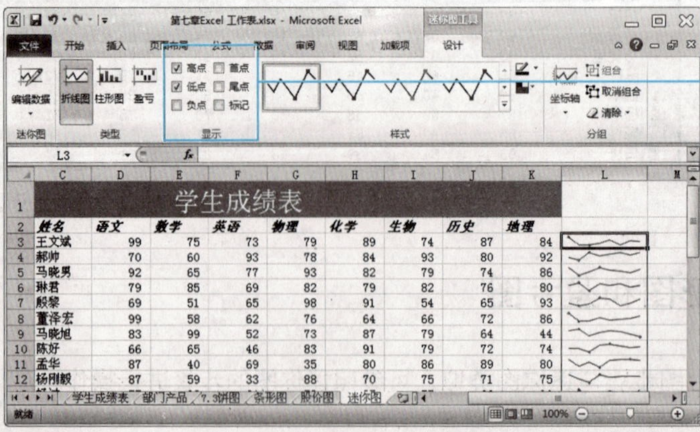

1 若需要更改迷你图的设置，需要打开“设计”选项卡在“显示”组中可以设置高点、低点等点的标记。

视野拓展

创建迷你图时，其数据只能是同一行或同一列中相邻的单元格，否则无法创建迷你图。

2 若需要更改迷你图线的颜色，则在“样式”组中选择。对于标记点的颜色，也可以在此组中设置。

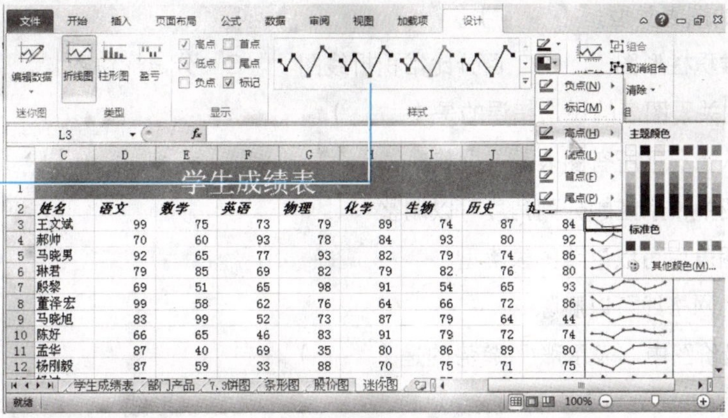

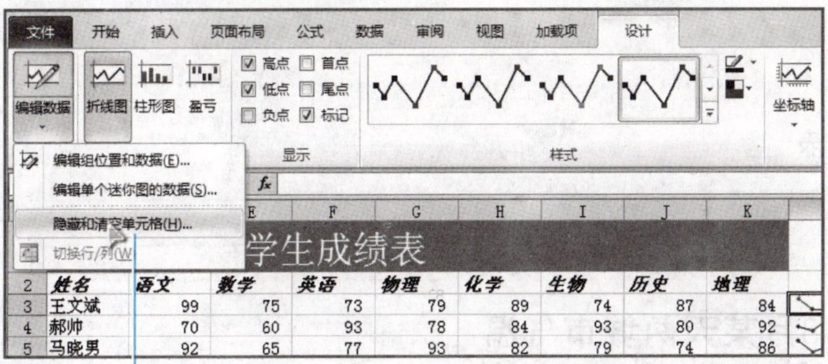

3 对单元格的设置则在“编辑数据”按钮中选择，单击“隐藏和清空单元格”，便会弹出设置对话框。

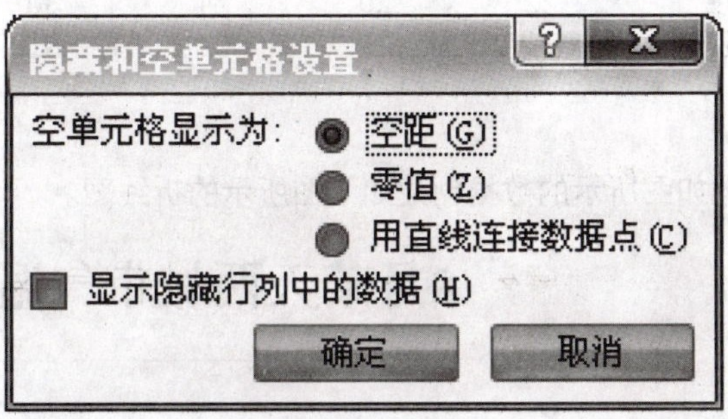

可以使用该对话框来控制迷你图如何处理区域中的空单元格。

7.9 趁热打铁

现在用本章学到的知识解决下面的问题。

7.9.1 选择题

（1）下列图表，能够清晰地显示主图部分和次图部分的关系，能清晰地显

在“迷你图”组中单击“编辑数据”按钮，可修改迷你图的数据区域。

示小数值部分的图表类型是（　　）。

A. 三维堆积柱形图　　B. 百分比堆积折线图　　C. 分离形饼图　　D. 复合饼图

（2）下列关于图表的说法错误的是（　　）。

A. 在默认情况下所有图表都有网格线

B. 在饼图中，扇区的分列角度可以调整

C. 创建图表后可以更改图表类型

D. 图表的网格线可以删除

（3）在股价图中，表示涨/跌趋势的是（　　）。

A. 趋势线　　B. 折线　　C. 涨/跌柱形线　　D. 误差线

7.9.2 实践题

创建如下图所示的工作表

F9

	A	B	C	D	E	F	G	H
1	8月某天两城市气温							
2		0-4时	4-8时	8-12时	12-16时	16-20时	20-24时	
3	天津温度	22	20	24	30	25	23	
4	北京温度	21	20	24	31	26	22	
5								
6								

（1）根据如图所示的数据创建如下图所示的折线图。

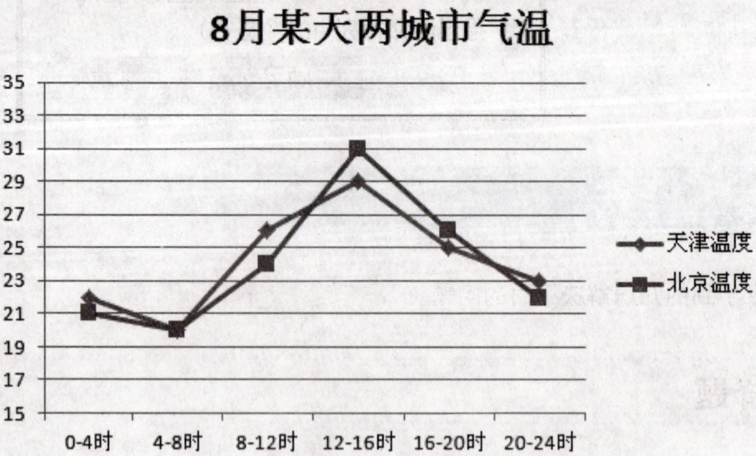

视野拓展

若选择多个迷你图，可单击“分组”组中的“组合”按钮，将其组合成一组迷你图。

(2) 将得到的折线图更改为柱状图。

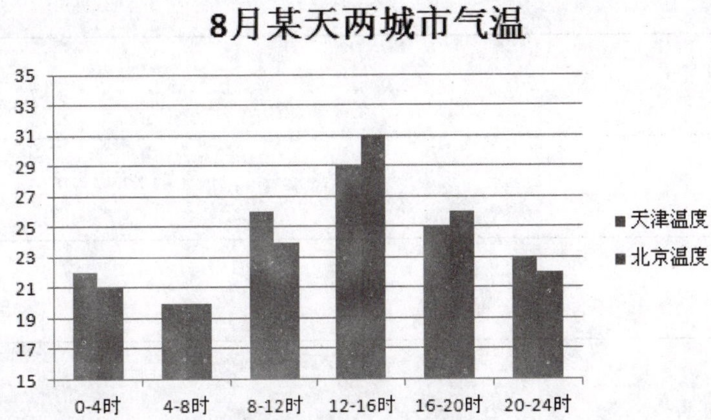

(3) 设置柱状图的格式，得到如下图所示的柱状图。

将图表样式改为"样式3"。

设置绘图区格式，填充纹理为"新闻纸"。

设置图表区域格式、三维格式、顶端棱台为圆。发光和柔化边缘颜色选为"蓝色、强调文字颜色1、淡色40%"。

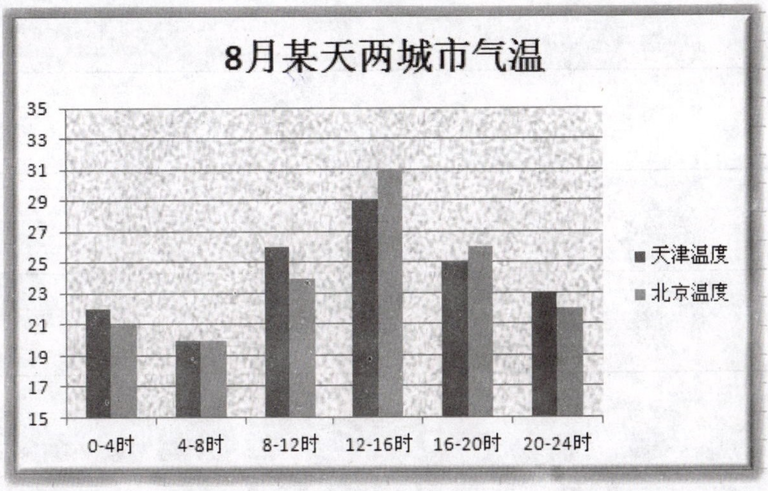

视野拓展

同时创建的迷你图为一组迷你图，选中其中任意一个迷你图，单击"取消组合"按钮，可拆分成单个迷你图。

读书笔记

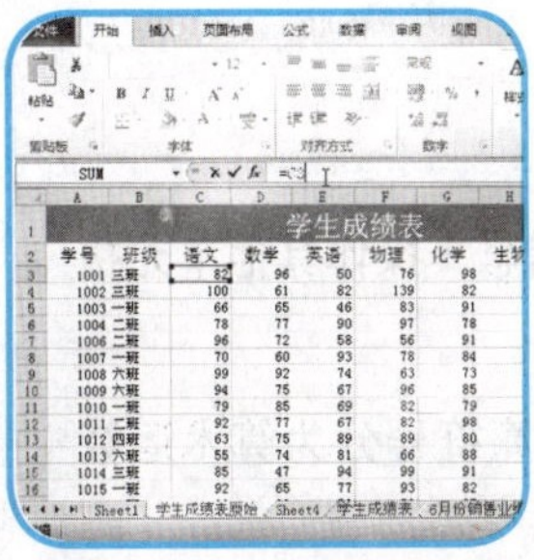

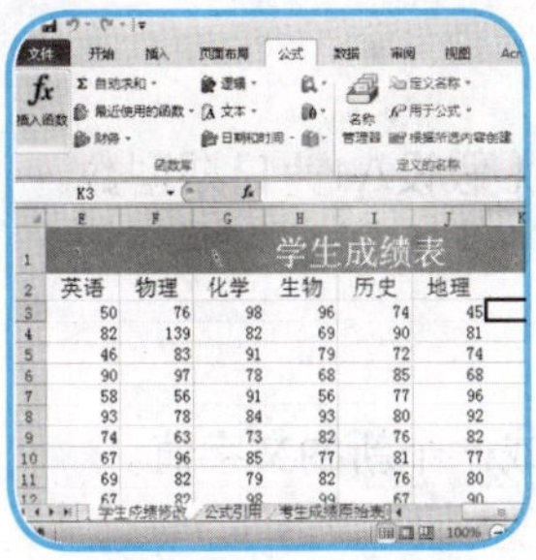

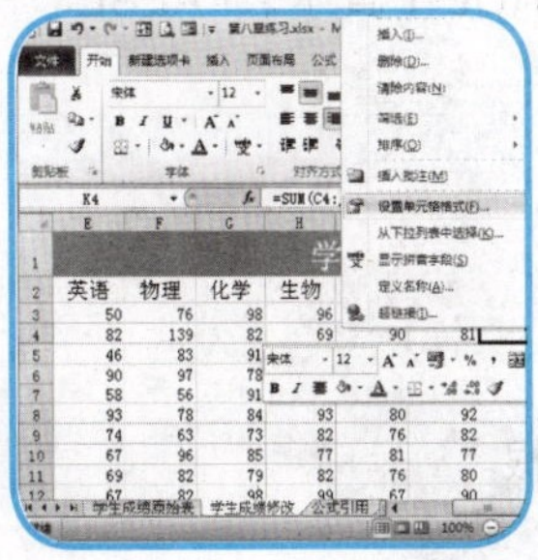

第8章

公式与函数

本章导读

Excel 提供的公式在实际工作中发挥了很大的作用，例如，用户可以使用SUM函数计算数据的和，可以用日期函数轻松调用日期，使用SLN函数计算固定资产折旧，使用VLOOKUP函数计算工资表的数据值等。掌握公式和函数的使用方法能大大提高办公效率。

本章学习目标

- 掌握公式的输入方法。
- 掌握单元格的引用方法。
- 掌握常用的函数应用方法。

本章学习重点

- 使用函数计算数据。
- 公式的使用。

8.1 使用公式

本节从初学者对公式容易产生的疑问入手，阐述公式、函数、数据类型、运算符、引用、单元格格式等基本概念，引导读者掌握构建正确的方法，了解Excel计算的相关规范和限制，避免出现计算错误。

8.1.1 公式的基础知识

公式是可以进行以下操作的方程式：执行计算、返回信息、操作其他单元格的内容、测试条件等。公式始终以等号“=”开头。

根据公式所处理的数据类型及运算结果，可将常用运算符号分为算术运算符、文字运算符和比较运算符。

1）算术运算符

包括+（加）、-（减）、*（乘）、/（除）、^（乘幂）、%（百分号，即求百分数）等。

例如，8^3*0.25表示8的立方再乘以0.25，结果为128。

日期/时间型数据也可以参与简单运算，例如，A1+80（假设A1为日期型数据）表示日期A1加上80天。

2）文字运算符

只有一个运算符&，其作用是把两个文字连接起来而生成一个新的文字值。

例如，A1&B2、“计算机”&“电脑”→计算机电脑。

3）比较运算符

包括=（等于）、>（大于）、<（小于）、>=（大于等于）、<=（小于等于）、<>（不等于）。比较运算的结果是逻辑值，即TRUE（真）、FALSE（假）。

下面进行详细说明。

- =5+2*3：将 5 加到 2 与 3 的乘积中。
- =A1+A2+A3：将单元格 A1、A2 和 A3 中的值相加。
- =SQRT(A1)：使用 SQRT 函数返回 A1 中值的平方根。
- =TODAY()：返回当前日期。
- =UPPER(“hello”)：使用 UPPER 工作表函数将文本“hello”转换为“HELLO”。

视野拓展

在输入公式时，请不要用括号把负号单独括起来，而应该把负号放在数值前面。

- =IF(A1>0)：测试单元格 A1，确定它是否包含大于0的值。

以公式“=SUM(E1:H1)*A1+26”为例，它要以等号“=”开始，其内部可以包括函数、引用、运算符和常量。上式中的“SUM(E1:H1)”是函数，“A1”是对单元格A1的引用（使用其中存储的数据），“26”是常量，“*”、“+”是算术运算符（另外还有比较运算符、文本运算符和引用运算符）。

如果函数要以公式形式出现，它必须有两个组成部分，一个是函数名称前面的等号；另一个则是函数本身。

8.1.2 公式的输入与修改

操作步骤

输入公式时，必须以“=”开始，然后输入公式的内容，输入完毕后按Enter键。计算结果就会显示在单元格内。下面以加法为例，介绍公式的应用步骤。

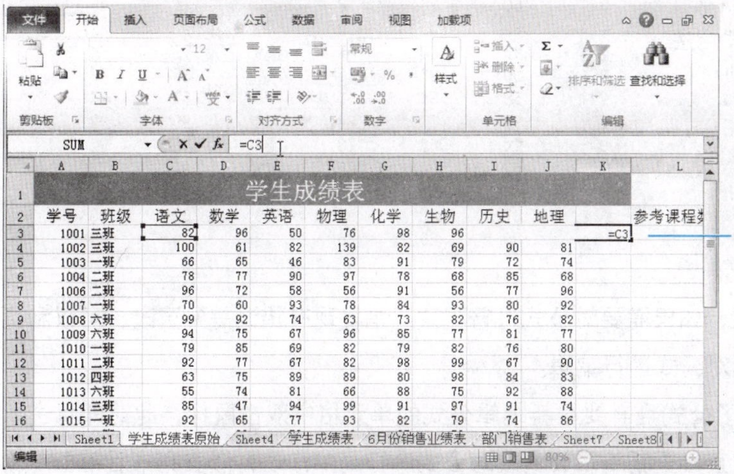

1 选中需要操作的工作表，在公式编辑栏中输入“=”号，单击C3单元格，该单元格周围会闪动虚线，并且在单元格和编辑栏中都可以看到C3被引用到公式中。

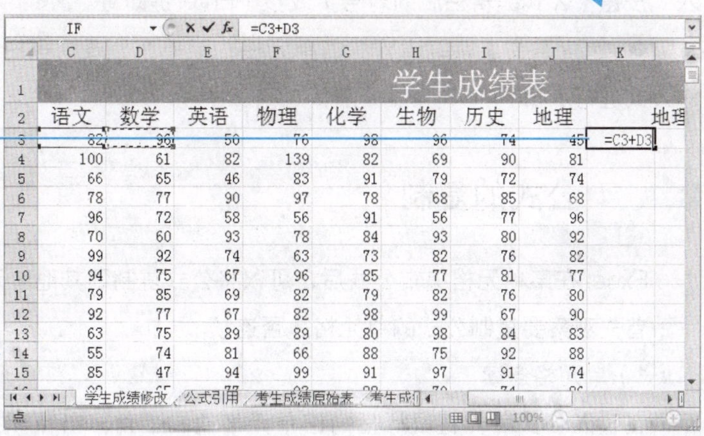

2 在K3单元格中输入运算符“+”，然后单击D3，同样会看到D3被引用到了公式中。

视野拓展

在Excel中输入公式，只要正确地使用F4键，就能简单地对单元格的相对引用和绝对引用进行切换。注意，F4键的切换只能对所选中的公式段起作用。

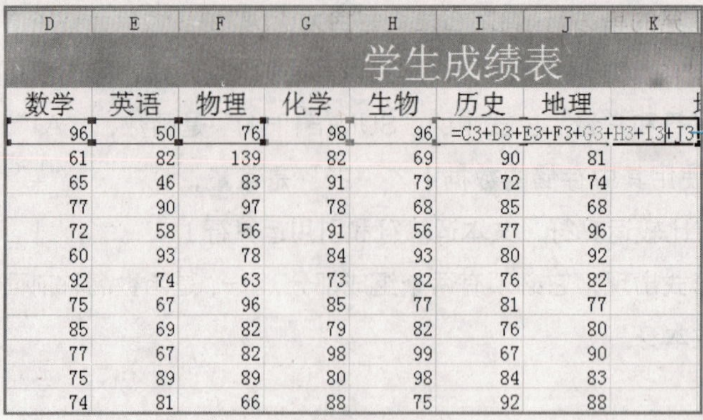

D	E	F	G	H	I	J	K
学生成绩表							
数学	英语	物理	化学	生物	历史	地理	
96	50	76	98	96	=C3+D3+E3+F3+G3+H3+I3+J3		
61	82	139	82	69	90	81	
65	46	83	91	79	72	74	
77	90	97	78	68	85	68	
72	58	56	91	56	77	96	
60	93	78	84	93	80	92	
92	74	63	73	82	76	82	
75	67	96	85	77	81	77	
85	69	82	79	82	76	80	
77	67	82	98	99	67	90	
75	89	89	80	98	84	83	
74	81	66	88	75	92	88	

3 重复步骤2，引用E3、F3、G3等单元格。

技巧： 选中需要重新编辑公式的单元格，按F2键即可对公式进行编辑。

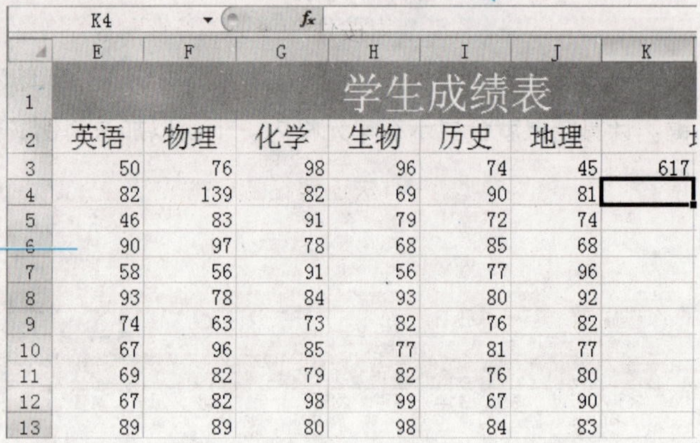

K4

	E	F	G	H	I	J	K
1	学生成绩表						
2	英语	物理	化学	生物	历史	地理	
3	50	76	98	96	74	45	617
4	82	139	82	69	90	81	
5	46	83	91	79	72	74	
6	90	97	78	68	85	68	
7	58	56	91	56	77	96	
8	93	78	84	93	80	92	
9	74	63	73	82	76	82	
10	67	96	85	77	81	77	
11	69	82	79	82	76	80	
12	67	82	98	99	67	90	
13	89	89	80	98	84	83	

4 重复操作完毕后按Enter键，即可得到计算结果。

输入公式后，如果需要对公式进行更改或是发现有错误需要更改，可以利用下面方法来重新对公式进行编辑。

- 在输入了公式且需要重新编辑公式的单元格中双击鼠标，此时即可进入公式编辑状态，直接重新编辑公式或对公式进行局部修改，修改完毕后单击“输入”按钮（公式编辑栏后的对号）或按下Enter键即可。
- 选中需要重新编辑公式的单元格，鼠标在公式编辑栏中单击一次，即可对公式进行编辑。

8.1.3 公式的复制

Excel 在某单元格编辑公式后，可以将公式复制到其他单元格内。

首先观察要复制公式的单元格是否连续。

1）单元格连续

在输入公式后，将鼠标指向该单元格的右下角，当鼠标指针变为十字形状

视野拓展

在通过剪切和粘贴操作来移动公式时，无论单元格的引用是相对的还是绝对的，都要注意它们所发生的变化。单击目标单元格，在公式编辑栏中观察其公式形式。

后，按住鼠标左键往要填充的单元格拖动，就可以将公式复制到其他单元格了。

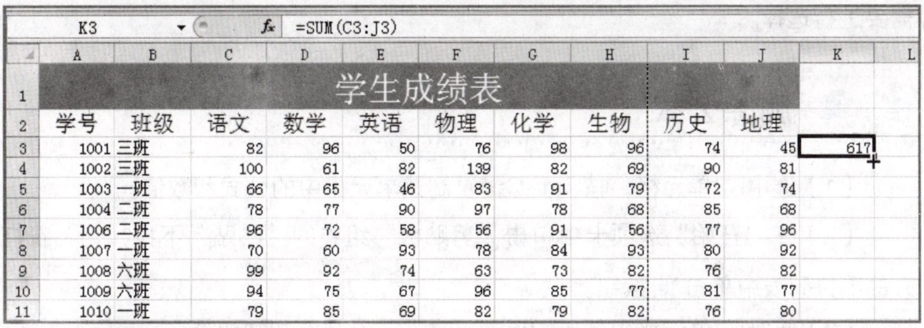

2）单元格不连续

在复制完公式后，先按住Ctrl键将所有需要粘贴的单元格选中，在最顶端的单元格中输入公式，完成后按Ctrl+Enter键就可以将输入的公式应用到所有选中的单元格了。

Excel 复制公式的方法还包括选择性粘贴法。

操作步骤

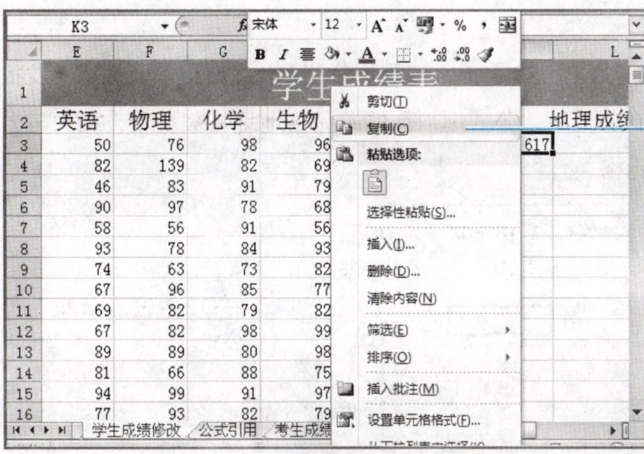

1 选中将要应用公式的单元格，单击鼠标右键，在弹出的快捷菜单中选择“复制”命令。

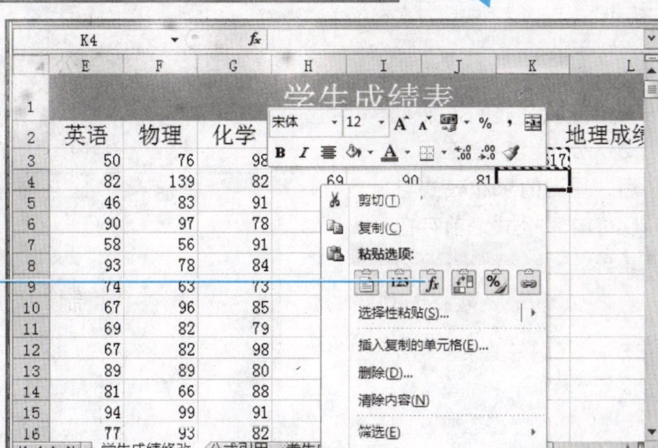

2 然后选中需要使用该公式的所有单元格，单击鼠标右键，在弹出的快捷菜单中单击“公式”按钮。

视野拓展

在移动公式时，无论用户使用哪种单元格引用，公式内的单元格引用不会更改。在复制公式时，单元格引用会根据所用单元格引用的类型而变化。

按钮的意思分别为粘贴、值、公式、转制和格式，可根据需要进行选择。

8.1.4 删除公式

（1）选中K3单元格，按Ctrl+C键复制该单元格中的公式和数值。

（2）在“开始”选项卡中单击“剪贴板”组中的“粘贴”下拉按钮，在打开的下拉列表中单击按钮。

（3）此时K3单元格中的值被保留下来了，而公式却被删除了。

8.1.5 单元格的引用

单元格的引用分为相对引用、绝对引用和混合引用，它们含意不同，默认情况下是相对引用。

1）相对引用

操作步骤

相对引用是像A1这样的单元格引用，该引用指引Excel从公式单元格出发找到引用的单元格。当复制公式时，公式中引用的单元格地址将被更新，指向与当前公式位置相对应的单元格。

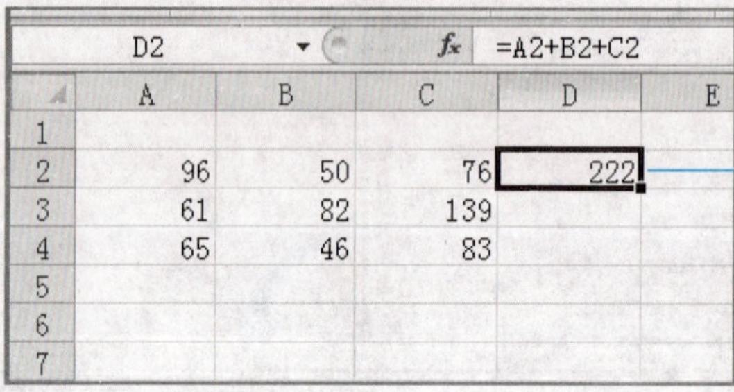

1 在D2中输入求和公式。

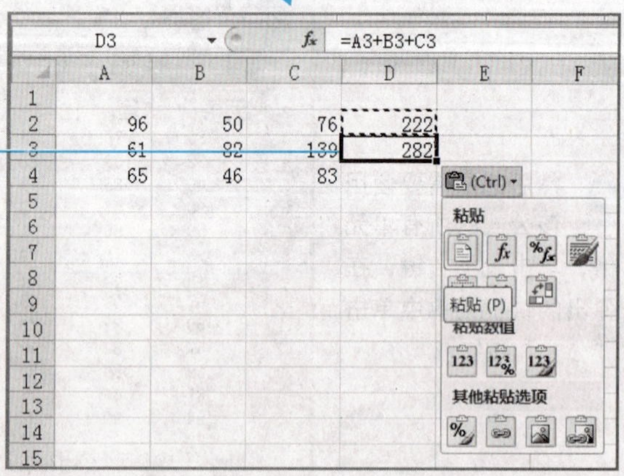

2 复制公式的效果。公式填充在D3后，得到的求和公式与D2的求和公式之前存在差异。

视野拓展

在复制公式时，可以在选择含有公式的单元格后，按Ctrl+C键进行复制，然后在目标位置处按Ctrl+V键进行粘贴，接着单击目标单元格，选择“匹配目标区域格式”或“保留源格式”。

2）绝对引用

绝对引用是指把公式复制或移动到新的位置后，公式中引用的单元格地址保持不变。不论包含公式的单元格处在什么位置，公式中所引用的单元格位置都是其工作表的确切位置。单元格的绝对引用通过在行号和列标前加一个美元符号“$”来表示，如$A$1、$B$2，以此类推。

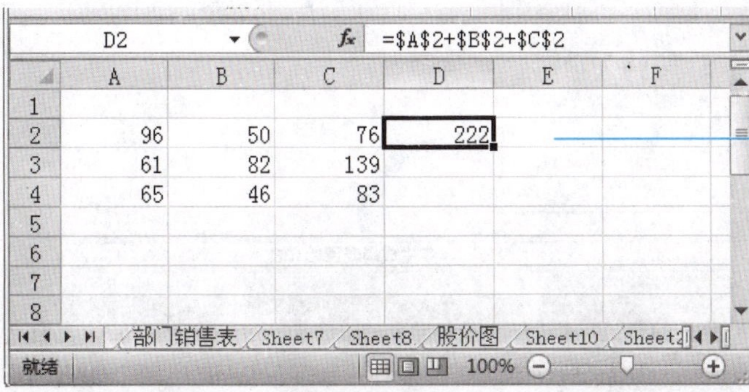

操作步骤

1 在D3的求和公式中，对于A2、B2和C2采用的是绝对引用方式。

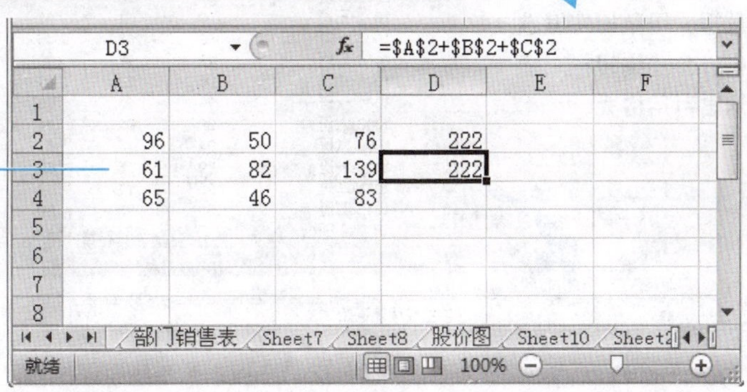

2 公式复制到D3后结果仍不变，公式与D2公式一样。

技巧：输入绝对引用时可以将鼠标放在单元格的单元格坐标上，按下F4键，则坐标会自动转为绝对坐标。

3）混合引用

混合引用是指包含一个绝对引用坐标和一个相对引用坐标的单元格引用，或者绝对引用行相对引用。如果公式所在的单元格位置改变，相对引用的部分会改变，而绝对引用的部分不会改变。混合引用的使用方法与绝对引用的使用方法相似。

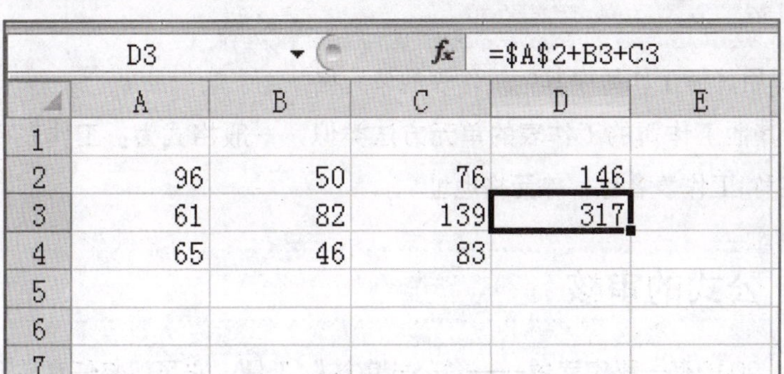

视野拓展

在创建对其他工作表的单元格引用时，需要注意的是，如果其他工作表名称中包含非字母字符，则名称（或路径）必须置于单引号(')中。

4）引用同一工作簿中其他工作表的单元格

在Excel中，不仅可以引用本工作表上的内容，还可以引用同一工作簿中多张工作表的数据。工作表中引用地址格式为工作表名称！单元格地址。

操作步骤

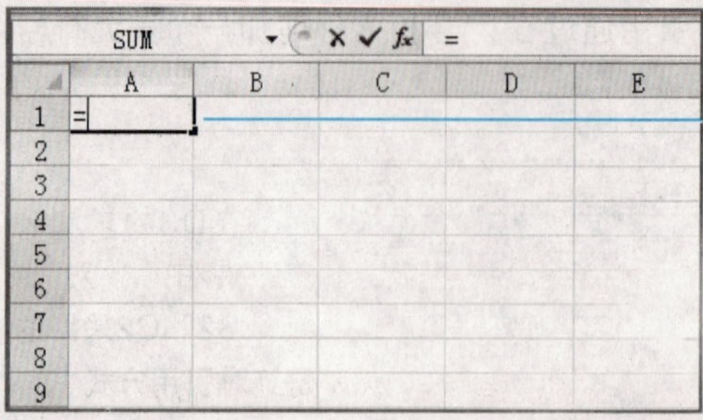

1 选中需要编辑的单元格。

2 找到本工作簿中需要引用的数据，用鼠标左键选中，公式编辑栏上显示出引用格式。

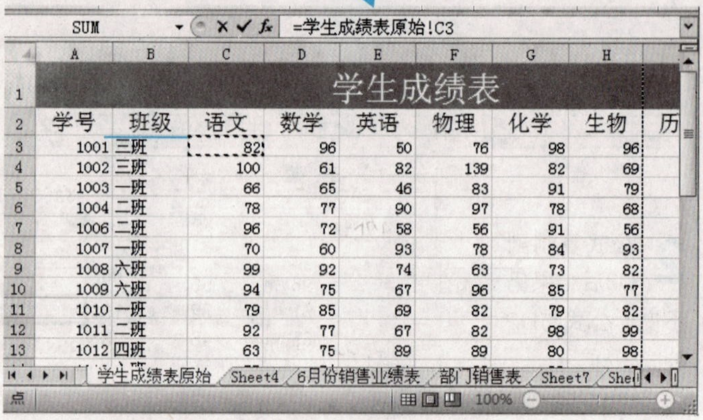

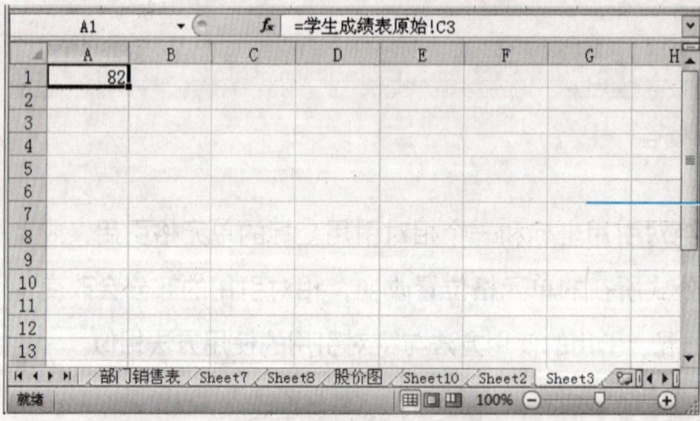

3 打开编辑的单元格，数据已经载入。

5）引用其他工作簿中其他工作表的单元格

引用其他工作簿的工作表的单元方法类似，一般格式为：工作表存储地址[工作簿名称]工作表名称！单元格地址。

8.1.6 公式的审核

Excel 2010有一秘密武器——“公式审核”工具，它可以将任意单元格中数

视野拓展

在输入公式时，当输入等号后，可直接选择需要引用的单元格或单元格区域，Excel将自动把选择的单元格的元素添加到编辑栏的公式中。

据的来源和计算结果的去处显示得清清楚楚、明明白白。它提供了一些数据审查工具，例如，“错误检查”、“追踪引用单元格”和“公式求值”等。

“错误检查”与语法检查程序类似，它用特定的规则检查公式中存在的问题，可以查找并发现常见错误，用户可以在“选项”对话框的“错误检查”选项卡中启用或关闭这些规则。

“追踪引用单元格”可以用蓝色箭头等标出公式引用的所有单元格，追踪结束后可以使用“移去单元格追踪箭头”按钮将标记去掉。

“公式求值”可以调出一个对话框，用逐步执行方式查看公式计算的顺序和结果，能够清楚地了解复杂公式的计算过程。

在利用Excel完成任务的过程中，公式被使用得非常多，正如前面所介绍的，公式能够解决各种各样问题。但是，这并不意味着公式的运用总会一帆风顺，如果我们运用函数和公式的时候稍微不仔细，公式就可能返回一些奇怪的错误代码，这可不是我们希望得到的结果。

看到这些奇怪的错误代码，有的朋友可能会手忙脚乱，甚至感到烦躁。其实，任何错误均有它内在的原因，下面我们就通过实例剖析，和大家探讨根据公式返回错误值的代码识别错误的类型和原因，以及相应的处理方法，帮助朋友们轻松地应对各种常见错误。

错误	常见原因	处理方法
#DIV/0!	在公式中有除数为0，或者有除数为空白的单元格（Excel把空白单元格也当作0）	把除数改为非0的数值，或者用IF函数进行控制
#N/A	在公式使用查找功能的函数（VLOOKUP、HLOOKUP、LOOKUP等）时，找不到匹配的值	检查被查找的值，使之的确存在于查找的数据表中的第一列
#NAME?	在公式中使用了Excel无法识别的文本，例如，函数的名称拼写错误，使用了没有被定义的区域或单元格名称，引用文本时没有加引号等	根据具体的公式，逐步分析出现该错误的可能，并加以改正
#NUM!	当公式需要数字型参数时，我们却给了它一个非数字型参数；给了公式一个无效的参数；公式返回的值太大或者太小	根据公式的具体情况，逐一分析可能的原因并修正
#VALUE	文本类型的数据参与了数值运算，函数参数的数值类型不正确；函数的参数本应该是单一值，却提供了一个区域作为参数；输入一个数组公式时，忘记按Ctrl＋Shift＋Enter键	更正相关的数据类型或参数类型；提供正确的参数；输入数组公式时，记得使用Ctrl＋Shift＋Enter键确定
#REF!	公式中使用了无效的单元格引用。通常如下这些操作会导致公式引用无效的单元格：删除了被公式引用的单元格；把公式复制到含有引用自身的单元格中	避免导致引用无效的操作，如果已经出现错误，先撤销，然后用正确的方法操作
#NULL!	使用了不正确的区域运算符或引用的单元格区域的交集为空	改正区域运算符使之正确；更改引用使之相交

视野拓展

可以使用两种方法标记并更正错误：一种是一次检查一个错误（就像拼写检查器一样），另一种是在输入数据时立即在工作表上进行检查。无论使用哪种方法，在找到错误时，都会在发生错误的单元格的左上角出现一个三角形。

8.2 函数基础

Excel函数即是预先定义，执行计算、分析等处理数据任务的特殊公式。公式和函数在Excel中相当重要，而函数的应用相对来说确实有一定难度。本节重点介绍一些函数应用的基础知识和操作方法。

8.2.1 函数的组成

函数的格式主要由标示符、函数名称和函数参数组成。

1）标示符

Excel在公式编辑栏中输入公式前必选先输入“=”，这个“=”号通常称为函数的标示符。

2）函数名称

单元格中将要进行的运算操作。函数名称位于标示符后面。

3）函数参数

紧跟在函数名称后点的半角圆括号“（）”内，被括起来的内容是函数处理的对象。参数是函数中最复杂的组成部分，它规定了函数的运算对象、顺序或结构等，使得用户可以对某个单元格或区域进行处理，如分析存款利息、确定成绩名次、计算三角函数值等。

以常用的求和函数SUM为例，它的语法是“SUM(number1,number2,......)”。其中“SUM”称为函数名称，一个函数只有唯一的一个名称，它决定了函数的功能和用途。函数名称后紧跟左括号，接着是用逗号分隔的称为参数的内容，最后用一个右括号表示函数结束。

8.2.2 定义名称

Excel可以使用一些巧妙的方法管理复杂的工程，可以用名称来命名单元格或者区域，而且可以使用这些名称代替公式中的单元格地址，使工作表更容易理解和更新。

名称是单元格或者区域的别名，它是代表单元格、单元格区域、公式或常量的单词和字符串。

标准的名称定义方法是：先选择待定义的单元格或单元格区域，然后单击功

视野拓展

用户在输入公式时一定要注意格式。请确保每个函数都以等号开头，所有左括号和右括号匹配，输入所有的需要参数，并保证正确的参数类型等。

能区“公式”→“定义名称”，打开“新建名称”对话框，在对话框中输入名称“语文”，单击“确定”按钮，即完成了定义名称的操作。

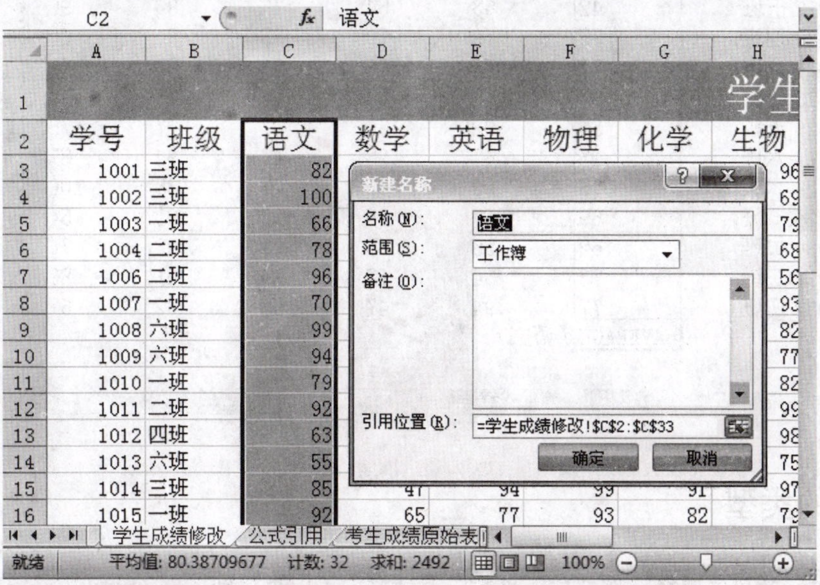

在名称管理器中可以对名称进行“新建”、“编辑”和“删除”等操作。

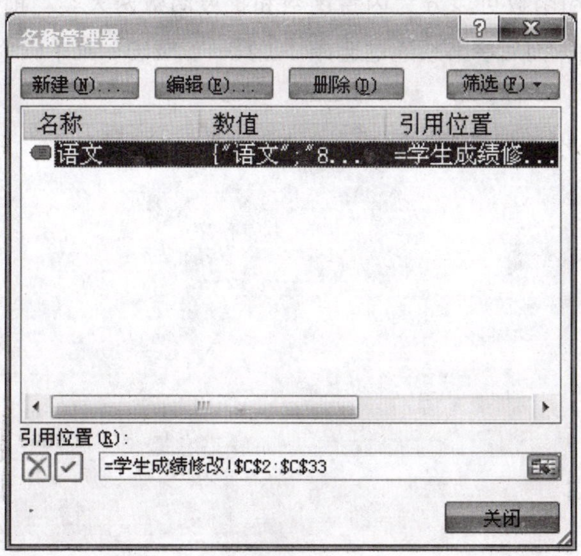

博学先生，我们可以使用名称框来定义名称吗？

呵呵，当然可以了，可以选定单元格，把光标定位到名称框中，输入“名称”按Enter键即可定义完成。

8.2.3 定义名称用于函数

定义名称后，可以在单元格引用有效的任何地方使用名称，例如，求学生语文成绩的平均分，可以在C34单元格中直接输入“=AVERAGE（语文）”。

视野拓展

在定义名称之后，便可在公式中输入名称，调用单元格的引用了。

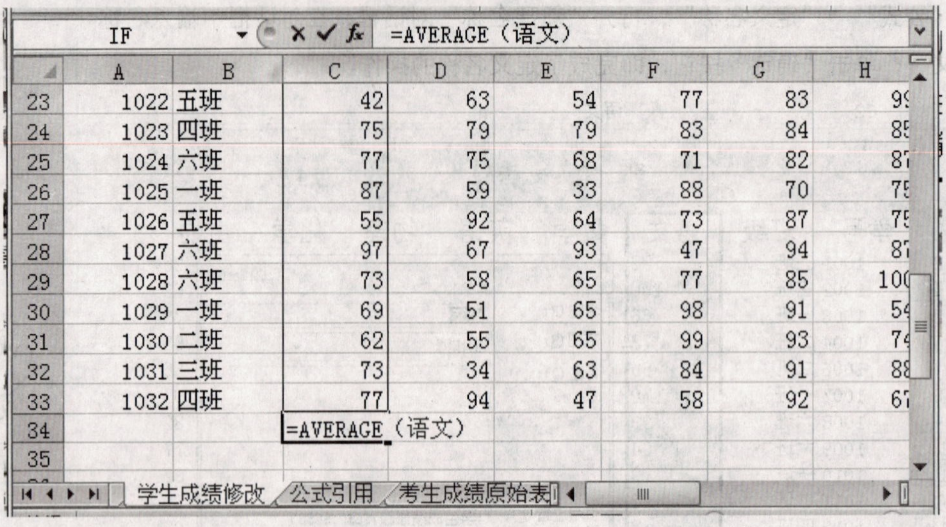

IF =AVERAGE（语文）

	A	B	C	D	E	F	G	H
23	1022	五班	42	63	54	77	83	99
24	1023	四班	75	79	79	83	84	85
25	1024	六班	77	75	68	71	82	87
26	1025	一班	87	59	33	88	70	75
27	1026	五班	55	92	64	73	87	75
28	1027	六班	97	67	93	47	94	87
29	1028	六班	73	58	65	77	85	100
30	1029	一班	69	51	65	98	91	54
31	1030	二班	62	55	65	99	93	74
32	1031	三班	73	34	63	84	91	88
33	1032	四班	77	94	47	58	92	67
34			=AVERAGE（语文）					
35								

学生成绩修改 / 公式引用 / 考生成绩原始表

8.2.4 函数的类型

Excel中有多种函数可供选择，在“插入函数”对话框中可以查找到。

按照函数的来源，Excel函数可以分为内置函数和扩展函数两大类。前者只要启动了Excel，用户就可以使用它们；而后者必须通过选择“工具→加载宏”菜单命令加载，然后才能像内置函数那样使用。

按函数的功能来分，可以分为以下几类。

- 文本函数
- 逻辑函数
- 日期和时间函数
- 数学及三角函数
- 财务函数
- 统计函数
- 查看和引用函数
- 数据库函数

8.2.5 函数的输入

1）“插入函数”对话框

“插入函数”对话框是Excel输入公式的重要工具，以公式“=SUM(Sheet2!C3：J3)”为

视野拓展

当公式中引用的名称中的数值和范围被修改时，Excel将修改后的数值重新计算。

例，Excel输入该公式的具体过程如下。

操作步骤

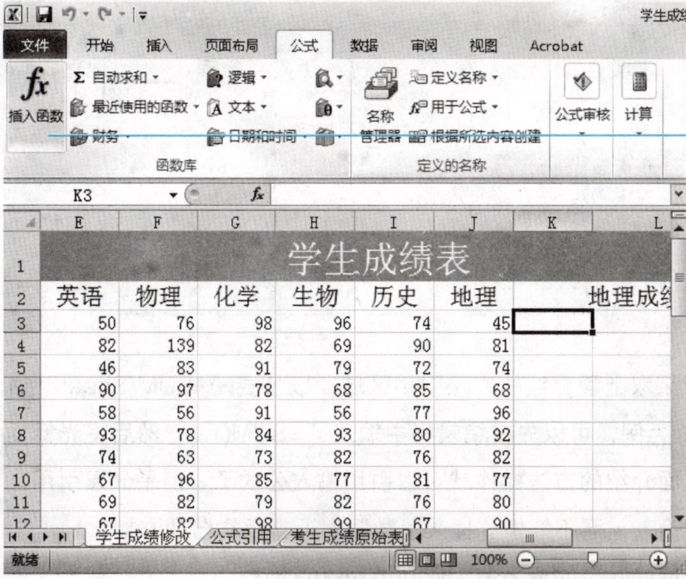

1 选中K3单元格，单击“公式”选项卡下方的“插入函数”按钮。

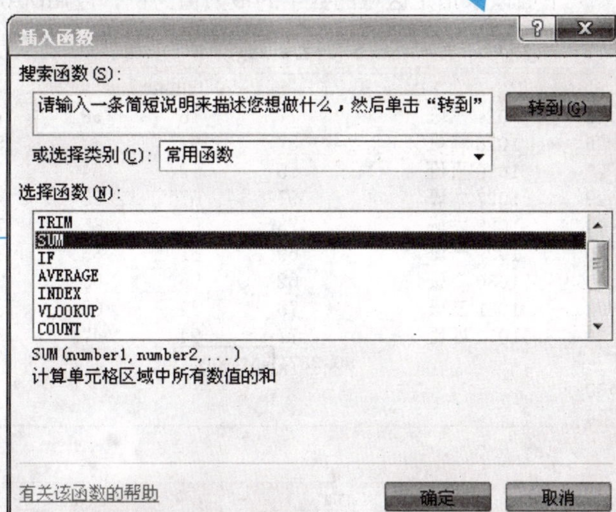

2 在弹出的“插入函数”对话框中设置“或选择类别”为“常用函数”，然后选择“SUM”函数。

提示：如果列表中没有SUM选项，在“插入函数”对话框中单击，或在类型右侧的下拉列表中选择“数学与三角函数”选项，然后从“选择函数”下方的列表框中选择SUM选项即可。

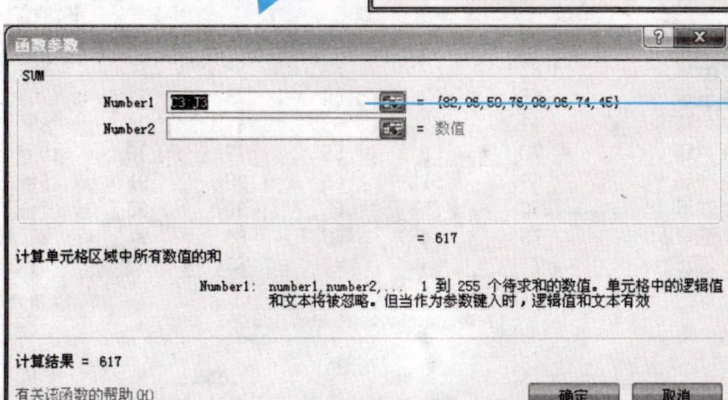

3 打开“函数参数”对话框，选中参数“C3:J3”。

视野拓展

在Excel中，文本和字符串都是由一对双引号来引用的，也就是说，双引号中的内容应当视为文本。若输入公式“=“2”*“8””，按Enter键后得到的计算结果是“16”。Excel认为运算是数字，虽然“2”和“8”是文本，但Excel会将其转化为数字

4 单击“确定”按钮输出计算结果。

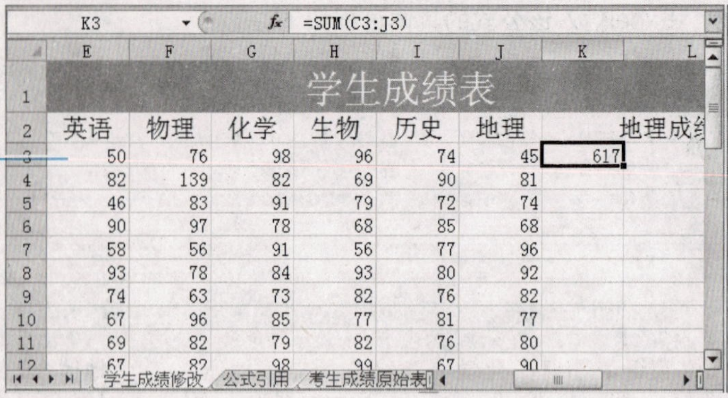

手工输入时可以采取上面介绍的方法引用区域，以公式“=SUM(Sheet2!A1:A6,Sheet3!B2:B9)”为例，可以先在编辑栏中输入“=SUM()”，然后将光标插入括号中间，再按上面介绍的方法操作就可以引用输入公式了。但是分隔引用之间的逗号必须用手工输入，而不能像“插入函数”对话框那样自动添加。

下面以求指定区域的数字的最大值为例，应用MAX函数。

操作步骤

1 选中D34单元格，输入“=MAX( )”函数。

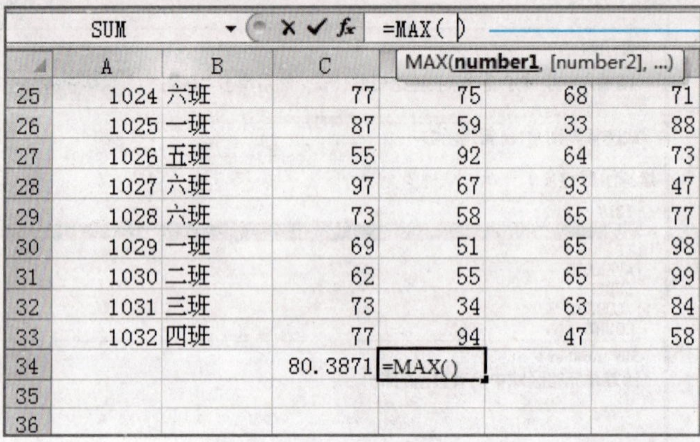

2 将鼠标移至括号内，选定D30:D33单元格。

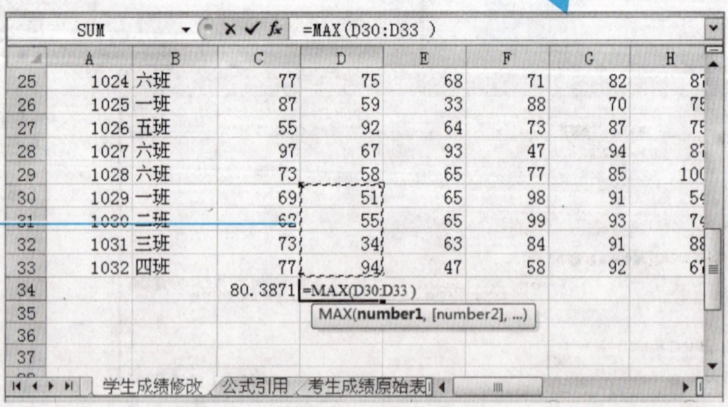

视野拓展

当公式中所引用的单元格中的数值被修改时，Excel将根据修改后的数值重新计算。

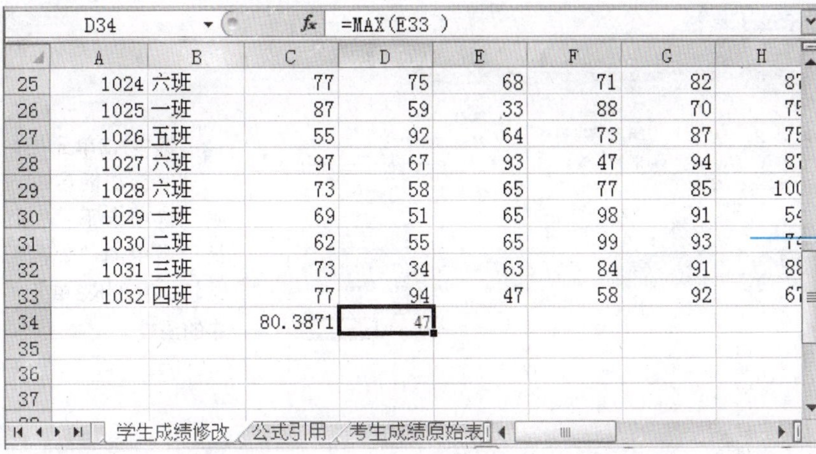

3 按Enter键输出最大值。

8.2.6 嵌套函数

一个函数中有一个或多个函数表达式的返回值作为参数，这种函数称为嵌套函数。

例如，函数式“IF(SUM(C5:F5),SUM(C5:F5),”　”)”，此函数的意思是如果SUM(C5:F5)不为0，则在单元格中显示SUM(C5:F5)，否则显示字符串。

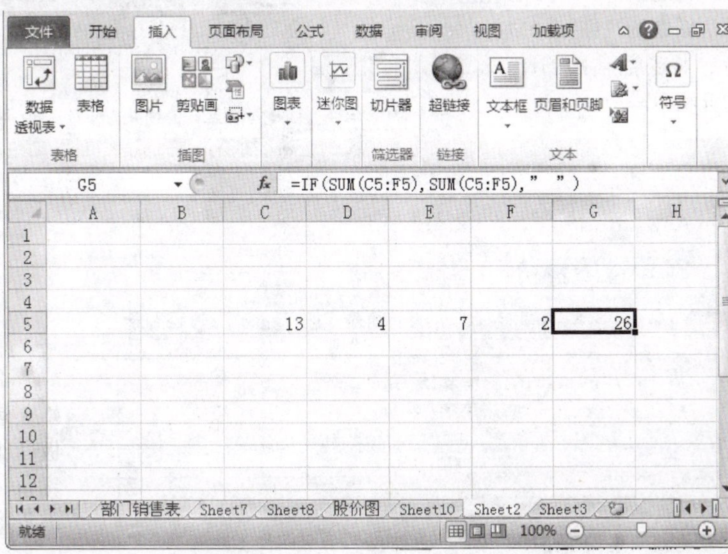

8.2.7 复制与移动函数

如果频繁地使用函数进行操作，可以将函数复制或移动至目标单元格或工作表中。复制与移动函数的操作步骤如下。

视野拓展

如果用户只想看一下若干单元格中的数据总和，而不保留这些数据，只需将这些数据选中，则在状态栏上会出现其求和结果。

1. 函数的复制

操作步骤

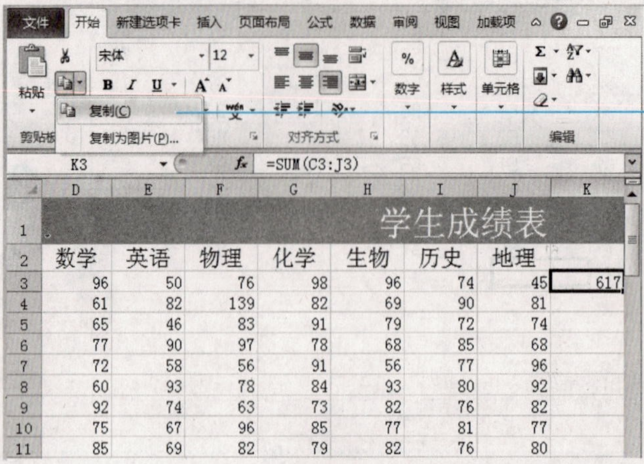

1 选中K3单元格，单击功能区“开始”选项卡下“剪切板”组中的“复制”按钮，复制K3单元格中的函数。

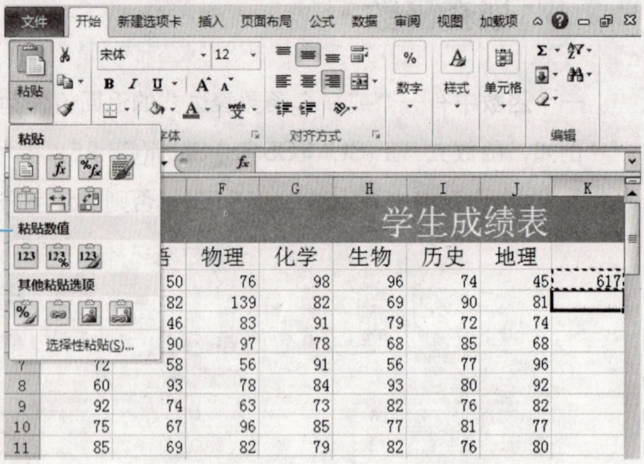

2 选中K4单元格，单击功能区的“开始”选项卡下“剪切板”组中的“粘贴”命令，将函数粘贴到K4单元格中。

2. 函数的移动

操作步骤

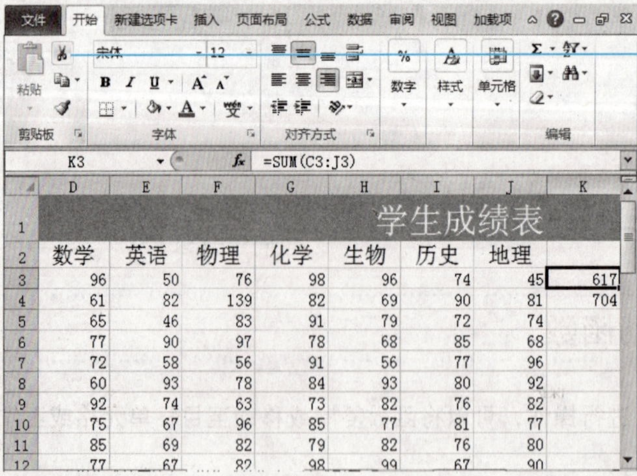

1 选中K3单元格，单击功能区“开始”选项卡下“剪切板”组中的“剪切”按钮，剪切K3单元格中的函数。

视野拓展

Excel提供了大约400个函数，这些函数覆盖了许多应用领域，每个函数又允许使用多个参数。当用户知道函数的类别以及需要计算的问题时，或者知道函数的名字，但不知道函数所需要的参数时，可以使用函数向导来完成函数的输入。

2 选中K7单元格，单击功能区的“开始”选项卡下“剪切板”组中的“粘贴”，将函数移至到K7单元格中。

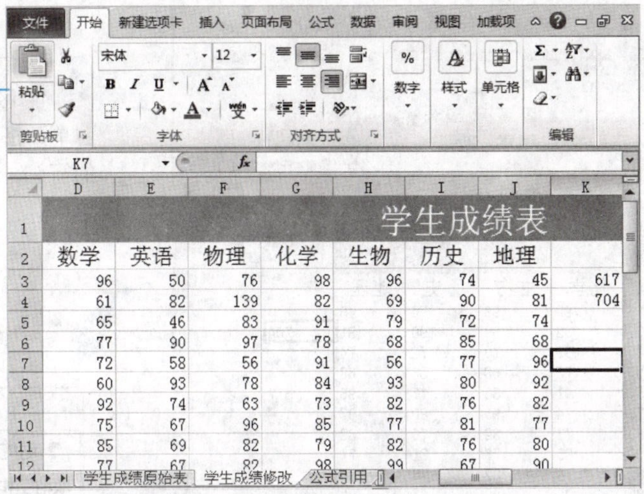

注意： 也可以使用快捷键Ctrl+C与Ctrl+V进行复制与粘贴函数，使用快捷键Ctrl+X与Ctrl+V进行剪切与粘贴函数。另外，复制函数时引用的是相对引用，移动函数时引用的是绝对引用；相对引用时函数自动更新，绝对引用时函数固定不变。

8.2.8 隐藏函数

隐藏函数是为了保护用户设置的函数，使其他用户无法看到单元格中的公式，通过隐藏函数可以保护制定工作表中的相关数据。隐藏函数的具体操作步骤如下。

操作步骤

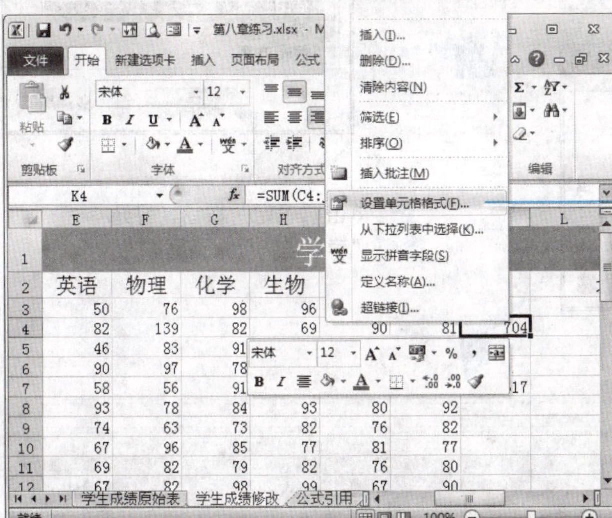

1 右击K4单元格，在快捷菜单中选择“设置单元格格式”命令。

2 在“设置单元格格式”对话框中选择“保护”选项卡，勾选“隐藏”复选框，然后单击“确定”按钮。

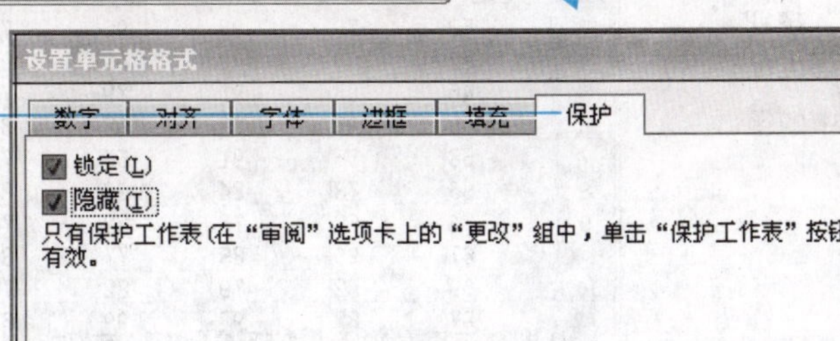

视野拓展

要在某个单元格中输入函数，只需选中该单元格，按Shift+F3键即可打开“插入函数”对话框。

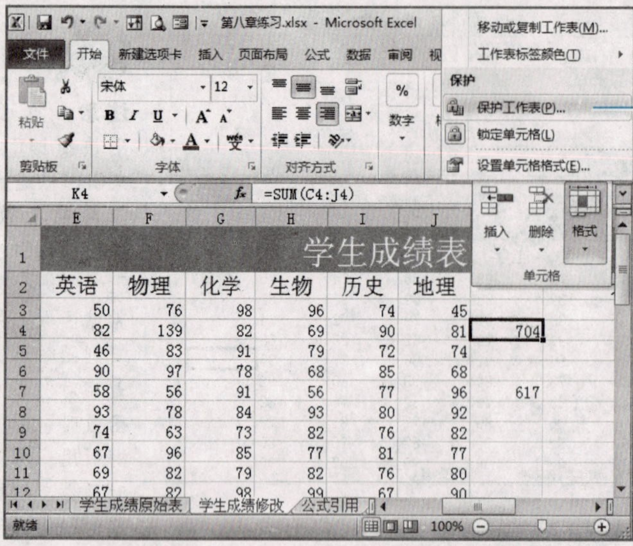

3 选中K4单元格，单击功能区“开始”选项卡“单元格”组中“格式”下侧的箭头，选择“保护工作表”选项。

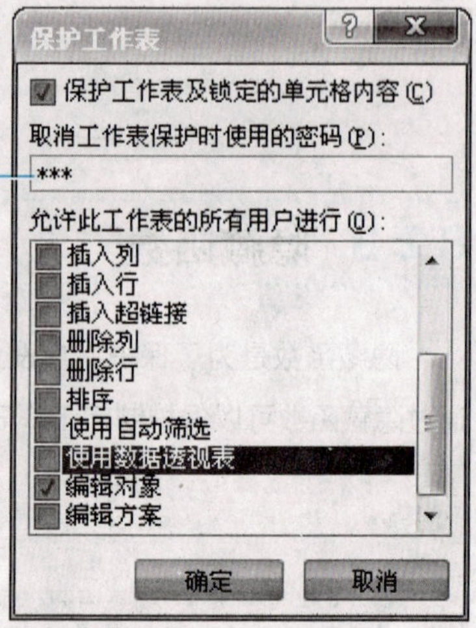

4 打开“保护工作表”对话框，勾选“编辑对象”复选框，然后在“取消工作表保护时使用的密码”文本框中输入密码。

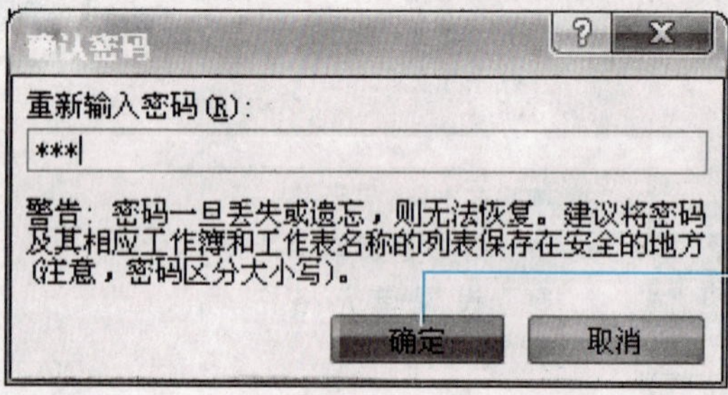

5 单击“确定”按钮，打开“确认密码”对话框。

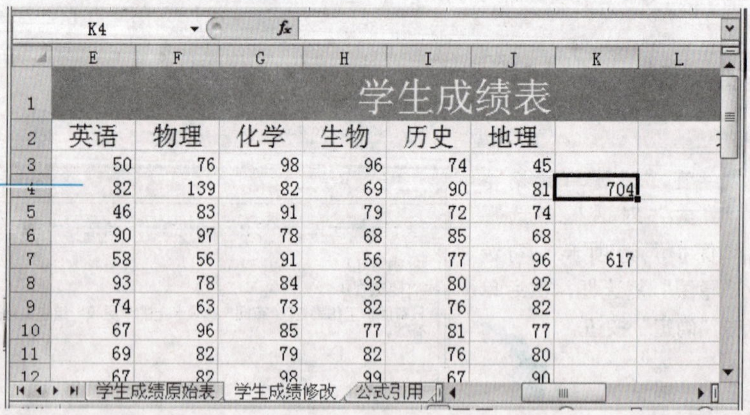

6 再次输入密码，然后单击“确定”按钮，完成工作表的保护操作，此时公式编辑栏中的函数就被隐藏了。

视野拓展

选定插入求和单元格，单击“自动求和”按钮，然后选择函数的参数范围，可快速将所选区域的数据区域总和输入到该单元格中。

8.3 几种常用的函数

Excel 2010提供了大量的内置函数，涉及到许多领域，如财务、工程、统计、数据库、时间、日期、数学等。此外，用户还可以利用VBA编写自定义函数，以完成一些特定的需要。这些函数可以从功能上进行分类，数据库函数、日期和时间函数、数学财务函和三角函数、文本和数据函数、文本函数、逻辑函数、统计函数、信息函数和自定义函数等。

下面以日常工作中的实例给用户介绍常用函数的应用。

8.3.1 文本函数

使用文本函数可以对文本进行提取、查找、替换和结合等操作。下面对一些文本函数进行介绍。

1. 使用TRIM函数删除字符串中多余空格

使用TRIM函数能全部删除字符串开头和结尾的空格，字符中间连续的多个空格只保留一个。其语法为TRIM（text），其中“text”表示需要操作的文本。操作步骤如下。

操作步骤

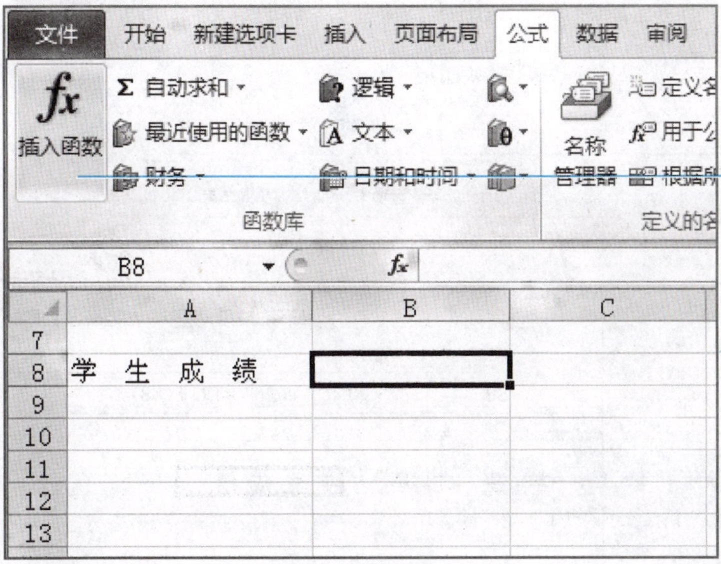

1 选中目标单元格，单击“插入函数”按钮。

视野拓展

ASC函数，将字符串的全角（双字节）英文字母或片假名更改为半角（单字节）字符。

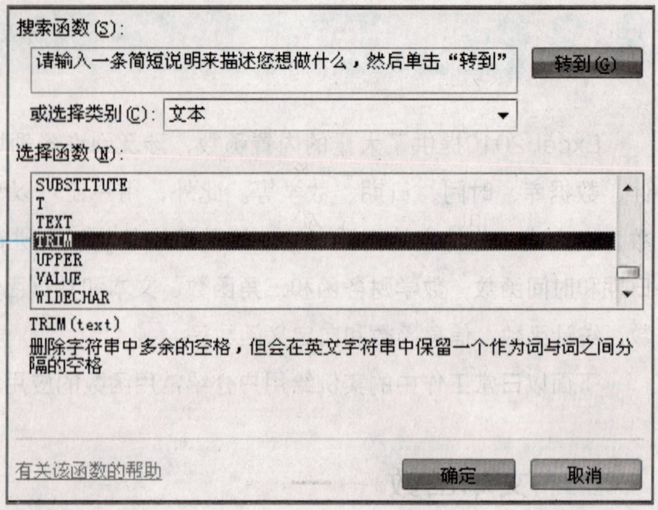

2 在弹出的“插入函数”对话框中选择“文本”、“TRIM”函数，然后单击“确定”按钮。

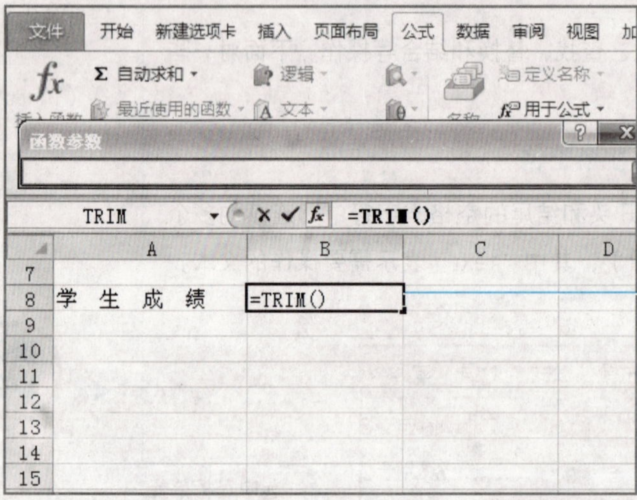

3 在弹出的对话框中选择函数参数单元格。

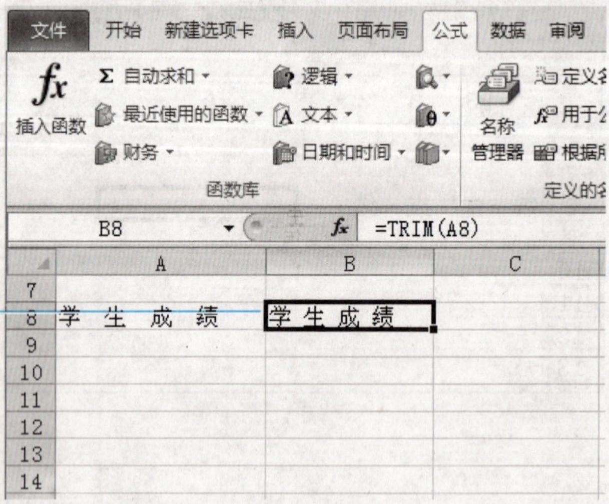

4 生成的函数效果。

视野拓展

CHAR（number）函数，将其他类型计算机文件中的代码转换为字符。Number是必须的，值是介于1到255之间的数字。字符是用户的计算机所用字符集中的字符，如“=CHAR(65)” 显示字符集中的第65个字符 (A)。

2. 利用TEXT函数将函数数值转换为文本

TEXT函数功能是将数值型转换为按指定数字格式表示的文本。

函数语法为TEXT（value， format_text），其中各参数的含义如下。

（1）Value：数字或单元格的引用。

（2）format_text：代表为引用括号括起来的文本字符串格式。

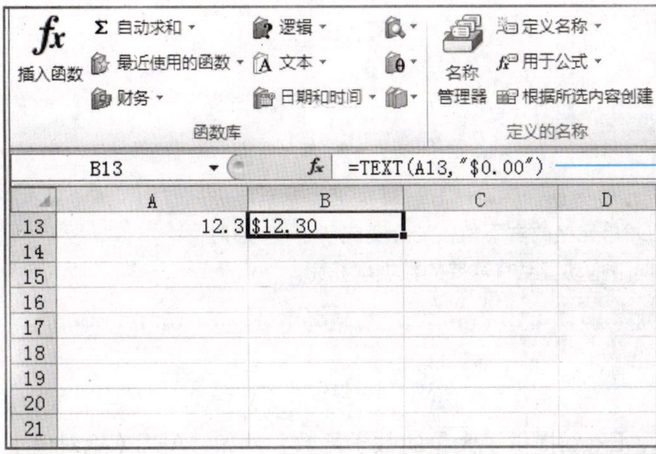

函数“=TEXT(A13,"$0.00")”的效果。

3. 利用MID函数从身份证中提取出生日期

MID函数的作用是从指定文本中返回特定数目的字符。

函数语法为MID（text,start_num,,num_chars），各参数的含义如下。

（1）text为要提取的文本字符串。

（2）stratum为文本中要提取的第一个字符的位置。

（3）num_chars为希望从文本中返回字符的个数。

下面以使用MID函数从学号中提取入学年份为例，介绍MID函数的具体应用。

操作步骤

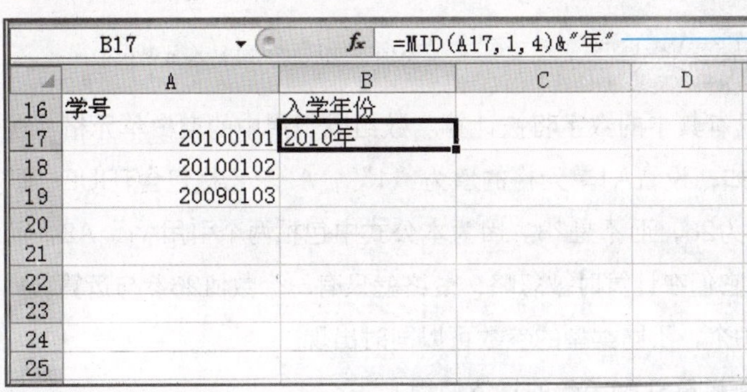

1 选中需要操作的单元格，在公式编辑栏中输入“=MID(A16,1,4)&"年"”。

视野拓展

SIN（number）函数，返回给定角度的正弦值。Number是必须的，是所需求的正弦的角度，以弧度表示。

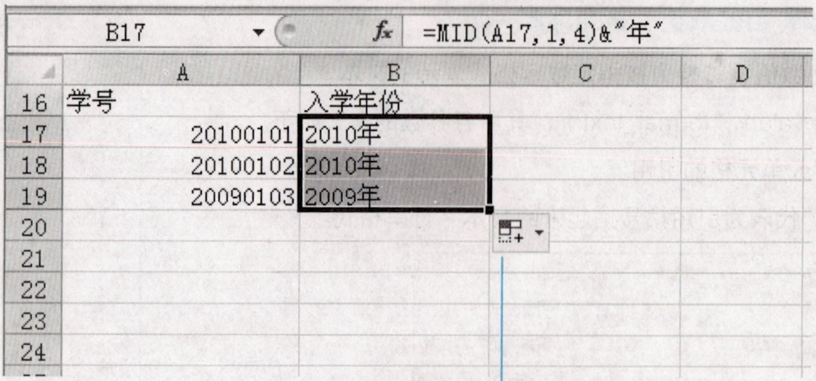

2 按Enter键确认，即可得到计算结果。然后将光标移至D3单元格的右下角，光标变成“+”字形时，按住鼠标向下拖动直至将需要的数据填充完。

8.3.2 常用数学函数

为了方便用户能够进行数学运算，Excel提供了大量的数学函数，例如，ABS（绝对值）函数、INT（取整）函数、MOD（取余）函数等。

1. SUM函数

该函数是一个求和汇总函数，可以计算任意一个单元格区域中所有数字之和。

语法：

SUM(x1,x2,…,x10)

其中，x1,x2,…,x10为10个需要求和的参数。

说明如下。

- 参数中的数字、逻辑值及数字的文本表达式将被计算。例如，SUM（1,2）结果为3。

（“1”, 26 ,TRUE)，结果为28。因为文本值被转换成数字1，而逻辑值“TRUE”被转换成数字1。

- 如果参数为数组或引用，只有其中的数字将被计算。数组或引用中的空白单元格、逻辑值、文本或错误值将被忽略。例如，设置A1单元格的值为“1”，A2单元格包含TRUE，则公式SUM（A1,A2,26）的最终结果为26，而不是28。因为本公式中包括两个引用A1、A2，而A1的值为文本，A2的值为逻辑值，它们在计算时被忽略，最终就只有一个数值26参与运算。
- SUM函数的参数最多可达30个，不同类型的参数可以同时出现。

下面以计算“学生成绩表”为例讲解SUM函数的具体使用方法。

视野拓展

COS（number）函数，返回给定角度的余弦值。Number是必须的，是所需求的余弦的角度，以弧度表示。

操作步骤

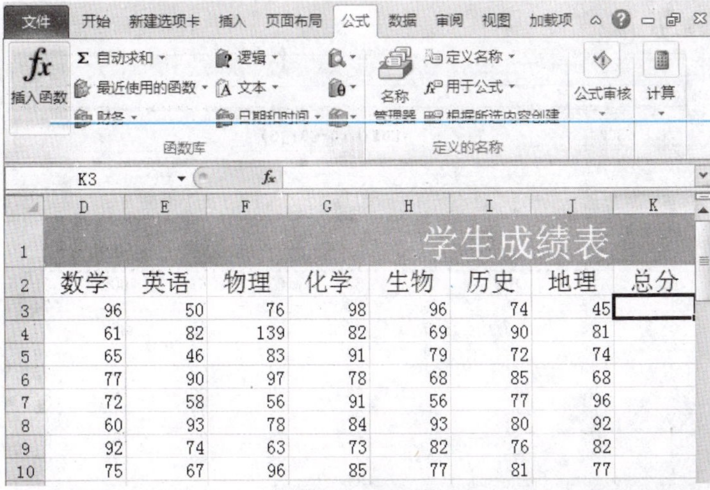

1 选中目标单元格，在“公式”选项卡中单击“插入函数”按钮。

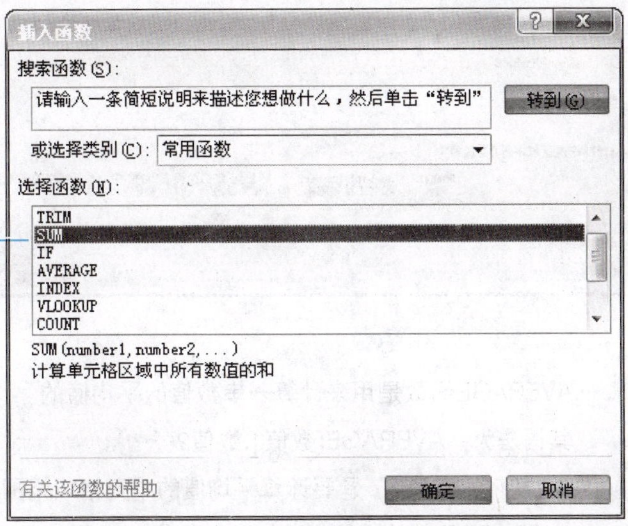

2 在弹出的对话框中选择函数为“SUM”，单击“确定”按钮。

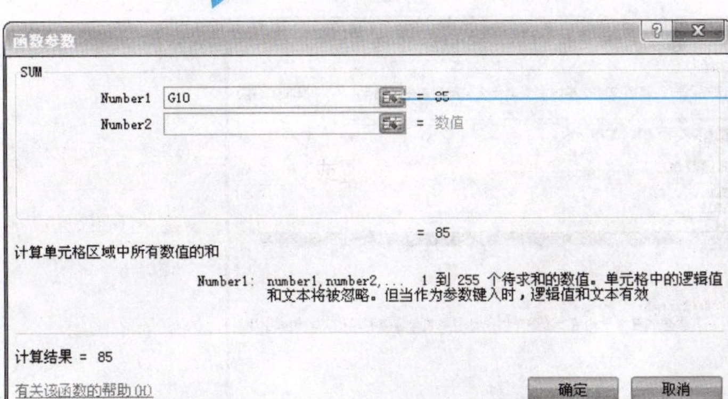

3 在Number1中单击按钮。

视野拓展

ACOSH（number）函数，返回Number参数的反双曲余弦值。参数必须大于或等于1。反双曲余弦值的双曲余弦即为number，因此，ACOSH(COSH(number)) 等于number。Number是必须的，大于等于1。

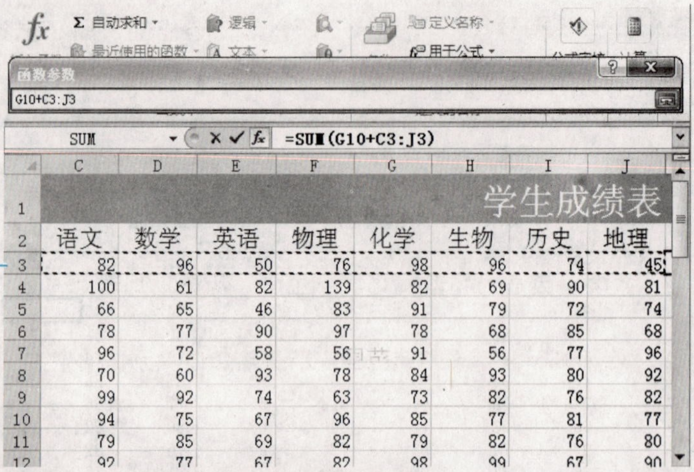

4 在数据中选择需要加和的连续的数据区域。

提示：如果放置结果值的单元格与进行运算的数据区域是同行（或同列）且连续的，调出函数后，会自动默认该数据区域。

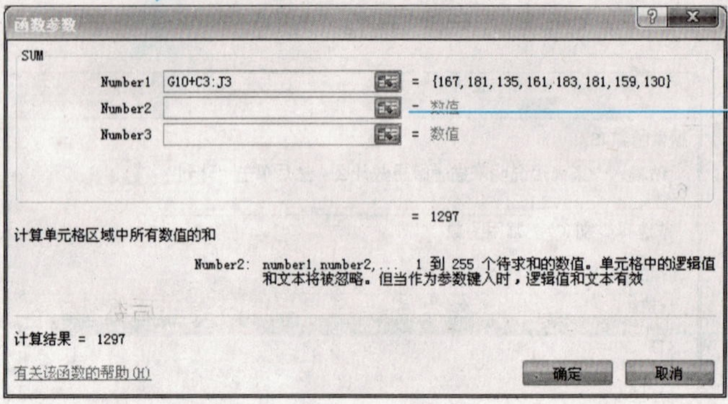

5 可以在Number2中继续选择需要加和的连续的数据区域。

2. AVERAGE函数

AVERAGE函数是用来计算一串数值的平均值的。

其语法为：AVERAGE(数值1,数值2……)。

“数值1，数值2”是要计算平均值的单元格或范围参数，最多可达30个。

AVERAGE函数的计算方法与SUM相似，只是在选择函数时单击AVERAGE。

提示：如果AVERAGE函数参数中引用了文本、逻辑值或空白单元格，函数将忽略这些值。但包含0值的单元格将被函数计算在内。

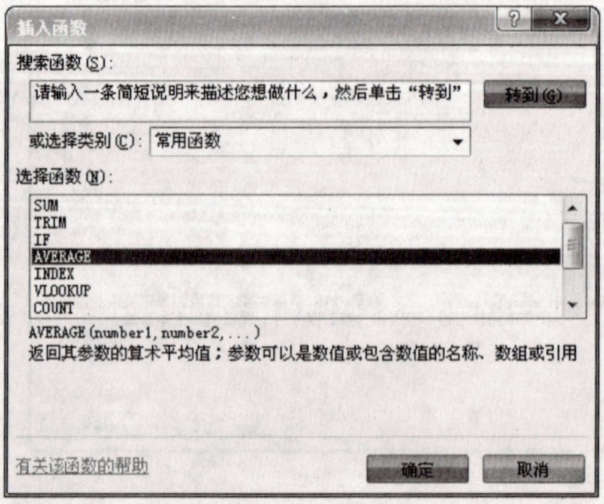

视野拓展

ASINH（number）函数，返回参数的反双曲正弦值。反双曲正弦值的双曲正弦即等于此函数的Number 参数值，因此ASINH(SINH(number)) 等于 Number 参数值。Number值是必须的，可以是任意值。

3. COUNT/COUNTA函数

COUNT/COUNTA两个函数均是用来统计单元格个数的，在数据表中可用来统计记录个数。

其语法为：

COUNT（数值1,数值2,…）

COUNTA（数值1,数值2,…）

“数值1，数值2”是要进行处理的范围参数，最多可达30个。

COUNT( )是计算所选范围内所有函数值单元格的个数；而COUNTA（)则计算所选范围内所有非空白单元格的个数。

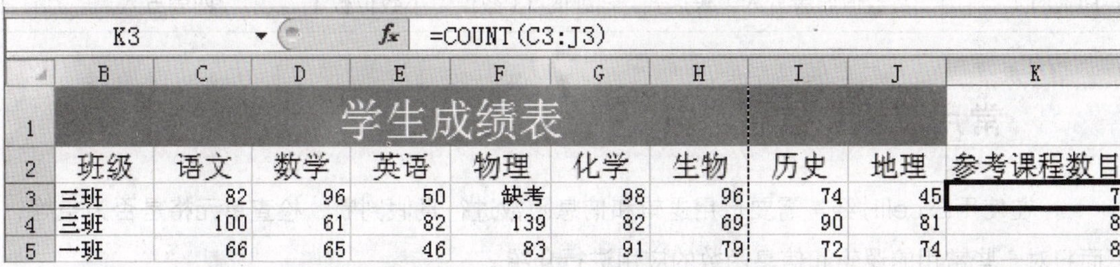
K3 =COUNT(C3:J3)

	B	C	D	E	F	G	H	I	J	K
1	学生成绩表									
2	班级	语文	数学	英语	物理	化学	生物	历史	地理	参考课程数目
3	三班	82	96	50	缺考	98	96	74	45	7
4	三班	100	61	82	139	82	69	90	81	8
5	一班	66	65	46	83	91	79	72	74	8

由于F3中数字并非字符串，则K3统计后的数据为7，其他行统计后数据为8 。

4. INT函数

INT函数用来将数字向下舍入到接近的整数。

语法为：INT(Number)，Number为向下取整的实数。

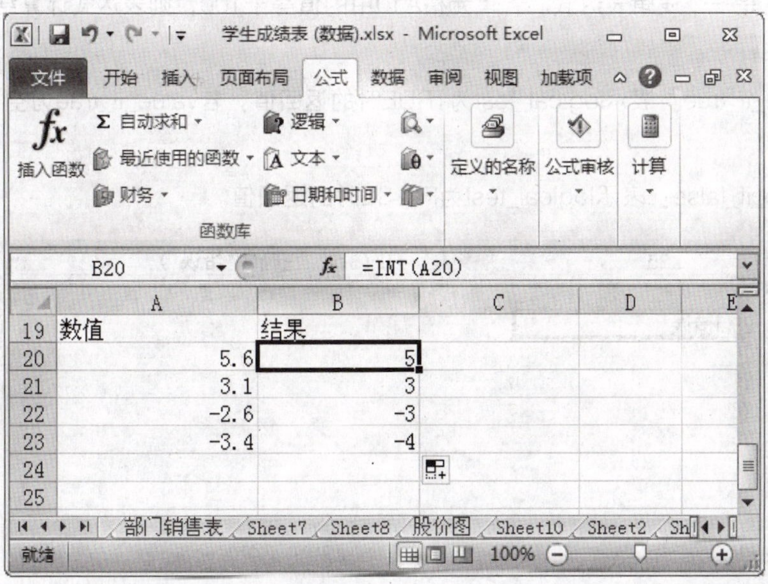

按Shift+F3快捷键，可以快速打开“插入函数”对话框。

其他常用数学函数如下。

函数名	功能	用途示例
ABS	求出参数的绝对值	数据计算
RANK	排名函数，表达式为：Rank（数值,范围,顺序），"顺序"为0或省略，表示要降序排列，反之则表示要升序排列	排序
MAX/MIN	分别为最大值最小值函数，格式分别为MAX(n1,n2…)，MIN(n1,n2…)	取出一组值中的最大最小值
MOD	取余函数，格式为MOD（number，divisor），number代表被除数，divisor代表除数	返回相除的余数
ROUND	将数值四舍五入，表达式：ROUND（数值，小数位数）	四舍五入

8.3.3 常用逻辑和信息函数

在使用Excel时经常需要运用逻辑和信息函数进行真假判断，检查单元格是否为空等，下面将对一些常用的逻辑和信息函数的应用进行介绍。

1. IF函数

IF函数功能是根据逻辑值TRUE或是FALSE返回不同结果。

IF的语法为IF（logical_test, value_if_true, value_if_false），其中各个参数的含义如下。

- logical_test：表示计算结果为TRUE或是FALSE的任意值或表达式。例如，"A10=100"是一个逻辑表达式。若单元格A10中的值等于100，则表达式计算结果为TRUE，否则为FALSE。
- value_if_true：表示logical_test为TRUE时的返回值。若value_if_true为空，则此参数返回值为0 。
- value_if_false：表示logical_test为FALSE时的返回值。

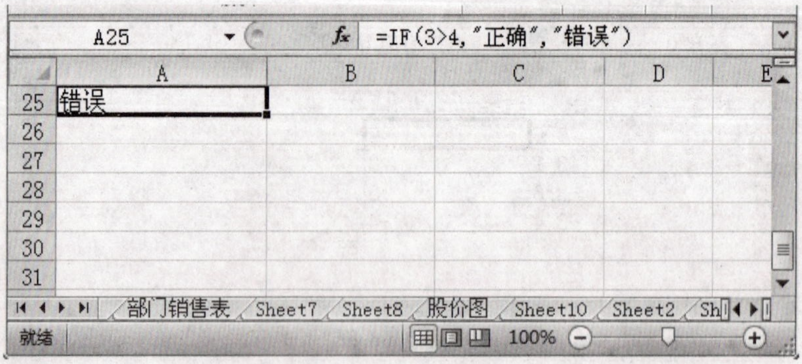

视野拓展

AND函数，如果所有参数均为TRUE，则返回TRUE。OR函数，如果任意参数为TRUE，则返回TRUE。

下面以“学生成绩表”中的地理成绩进行测评，测评标准如下。

分数	等级
分数>=85	优秀
70=<分数<85	良好
60=<分数<70	中等
分数<60	差

对地理成绩测评的操作步骤如下。

操作步骤

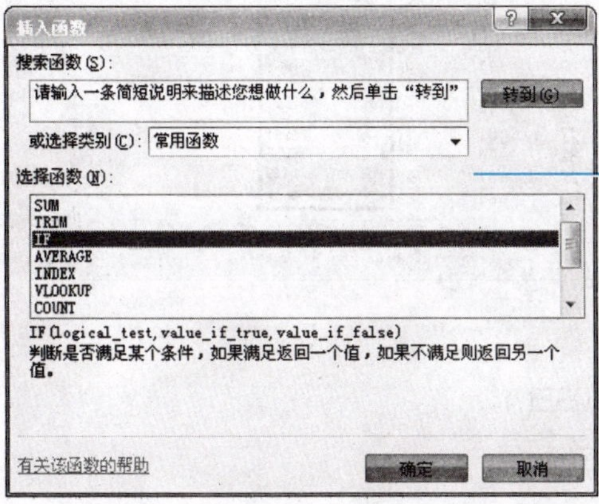

1 选中存放计算结果的K3单元格，然后按Shift+F3键，快速打开“插入函数”对话框。单击“常用函数”→ IF →“确定”按钮。

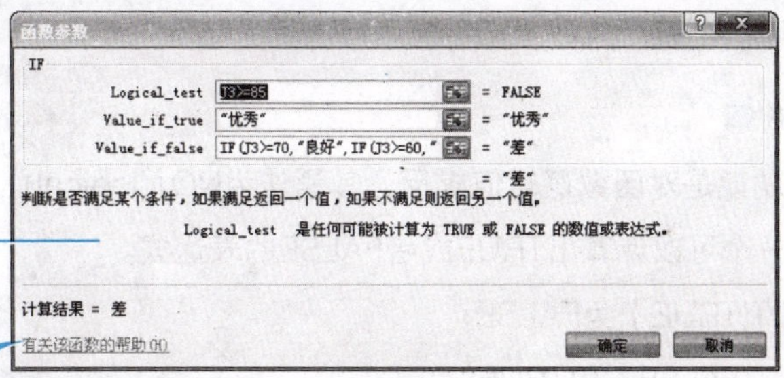

2 在“Logical_test”文本框中输入“G3>=85”，然后在“Value_if_ture”文本框中输入““优秀””，再在“Value_if_false”文本框中输入“IF(G3>=70,"良好"IF(G3>=60,"中等","差"))”，最后单击“确定”按钮。

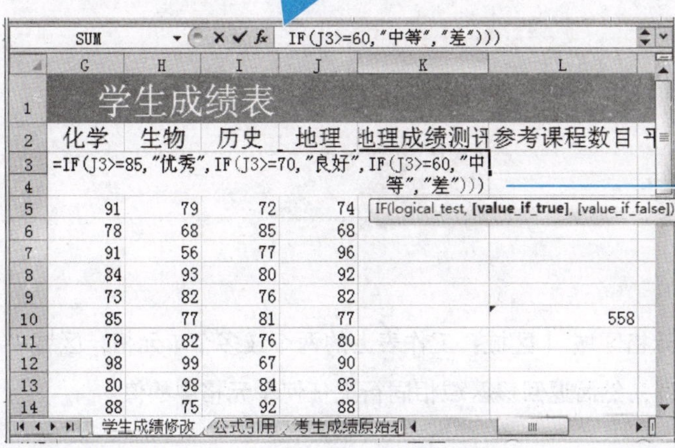

3 可以看到在地理成绩测评的单元格内出现“差”字。

视野拓展

ISERROR函数，当值为任意错误值（#N/A、#VALUE!、#REF!、#DIV/0!、#NUM!、#NAME? 或 #NULL!）时，则返回TRUE。

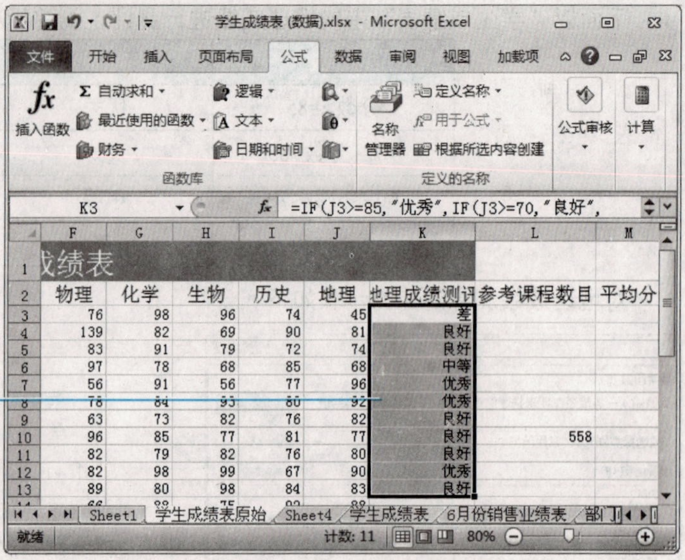

4 复制公式，直到填满区域。

2. FALSE函数

FALSE函数返回逻辑值FALSE，其语法格式为FALSE( )。

TRUE函数返回逻辑值TRUE，其语法格式为TRUE( )。

例如：FALSE( )为FALSE；

TRUE( )为TRUE。

3. NOT函数

NOT函数功能是对函数逻辑值求反，其语法为NOT(logical)。

logical是一个可以计算出TRUE或者FALSE的表达式。

例如：NOT(TRUE) 为FALSE；

NOT(FALSE) 为TRUE。

4. ISBLANK函数

ISBLANK函数用于判断指定单元格是否为空，如果值为空则返回TRUE，否则为FALSE。

8.3.4 常用查找与引用函数

1. VLOOKUP 函数

VLOOKUP 函数可以搜索某个单元格区域（区域：工作表上的两个或多个单元格，区域中的单元格可以相邻或不相邻）的第一列，然后返回该区域相同行上任何单元格中的值。

视野拓展

INDIRECT函数，返回由文本字符串指定的引用。此函数立即对引用进行计算，并显示其内容。如果需要更改公式中对单元格的引用，而不更改公式本身，请使用函数INDIRECT。

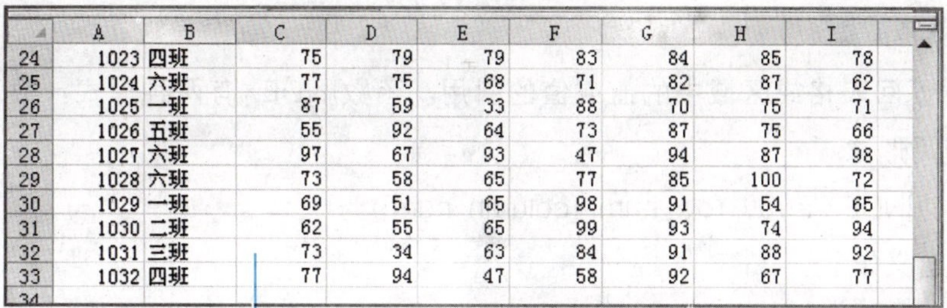

	A	B	C	D	E	F	G	H	I
24	1023	四班	75	79	79	83	84	85	78
25	1024	六班	77	75	68	71	82	87	62
26	1025	一班	87	59	33	88	70	75	71
27	1026	五班	55	92	64	73	87	75	66
28	1027	六班	97	67	93	47	94	87	98
29	1028	六班	73	58	65	77	85	100	72
30	1029	一班	69	51	65	98	91	54	65
31	1030	二班	62	55	65	99	93	74	94
32	1031	三班	73	34	63	84	91	88	92
33	1032	四班	77	94	47	58	92	67	77

操作步骤

1 第一列为学号，其余列为学生所在班级及成绩信息。

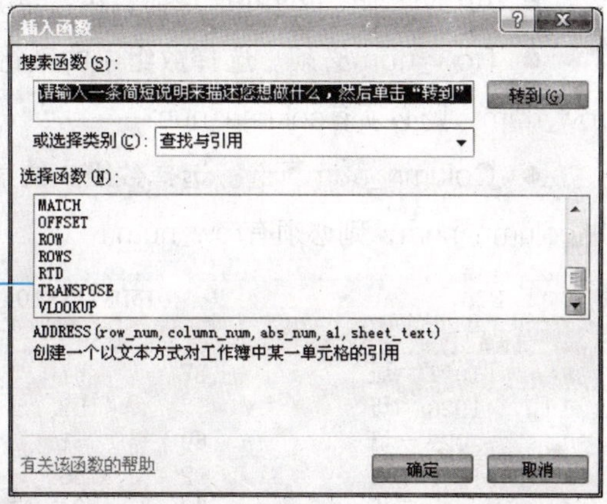

2 选中存放计算结果的B35单元格，然后按Shift+F3键快速打开“插入函数”对话框。单击“查找与引用”→VLOOKUP→“确定”按钮。

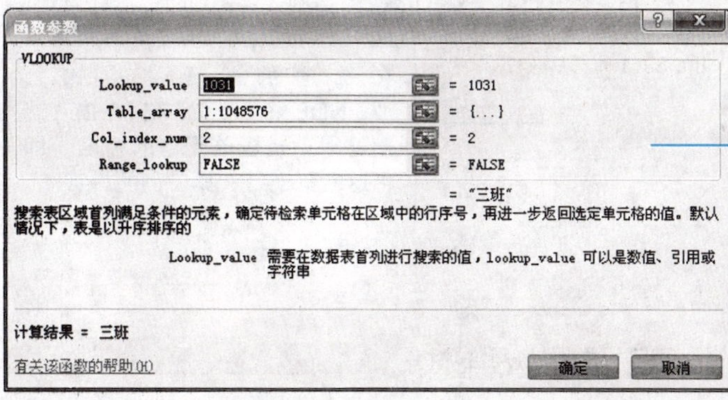

3 按如图所示输入信息，第一行输入要查找的学号“1031”，第二行输入要查找的范围，第三行输入需查找的那行第二列，第四行为逻辑值“FALSE”。

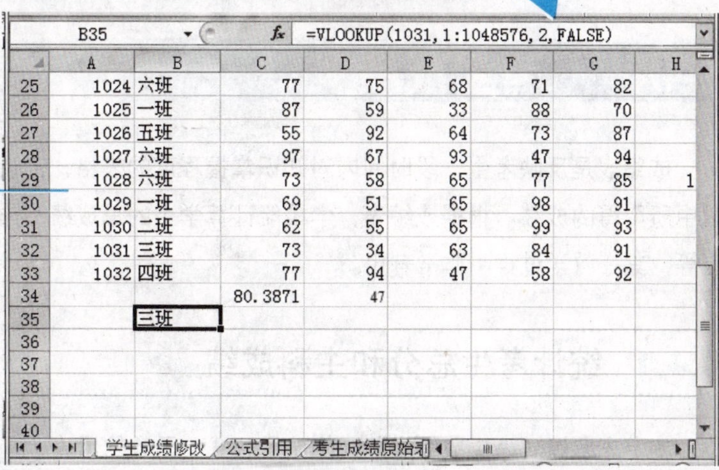

B35 =VLOOKUP(1031, 1:1048576, 2, FALSE)

	A	B	C	D	E	F	G	H
25	1024	六班	77	75	68	71	82	
26	1025	一班	87	59	33	88	70	
27	1026	五班	55	92	64	73	87	
28	1027	六班	97	67	93	47	94	
29	1028	六班	73	58	65	77	85	1
30	1029	一班	69	51	65	98	91	
31	1030	二班	62	55	65	99	93	
32	1031	三班	73	34	63	84	91	
33	1032	四班	77	94	47	58	92	
34			80.3871	47				
35		三班						
36								
37								
38								
39								
40								

4 单击“确定”按钮后的效果图。

提示： 若第四行逻辑值为FALSE，则进行精确匹配；若第四行逻辑值为TRUE，则进行近似匹配。

视野拓展

LOOKUP函数，其可以从单行或单列区域，或者从一个数组返回值。LOOKUP函数具有两种语法形式：向量形式和数组形式。

2. INDEX函数

INDEX返回表格或区域中的值或值的引用。函数INDEX有两种形式：数组形式和引用形式。

其语法为INDEX(array, row_num, [column_num])。

其参数含义如下。

- Array必须。单元格区域或数组常量。
- Row_num必须。选择数组中的某行，函数从该行返回数值。如果省略row_num，则必须有column_num。
- Column_num可选。选择数组中的某列，函数从该列返回数值。如果省略column_num，则必须有row_num。

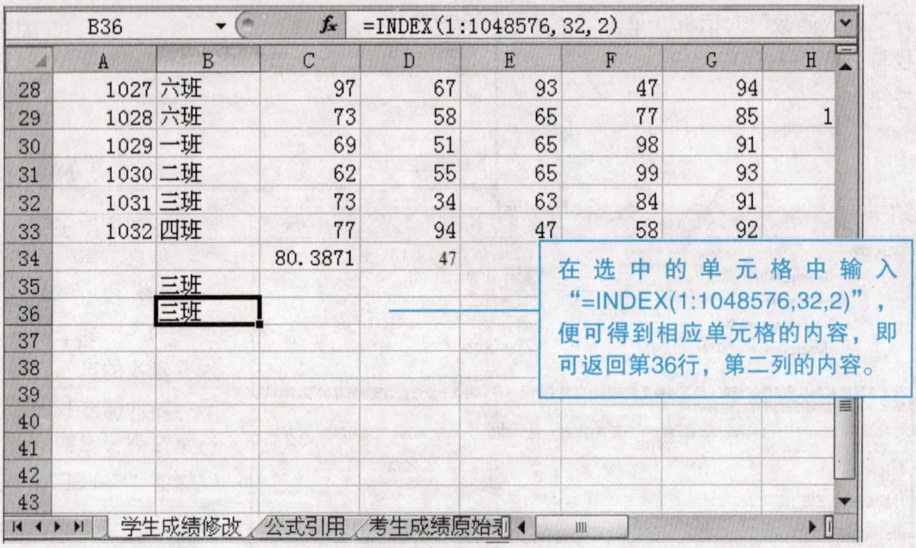

8.4 实例——考生成绩表

成绩表是反映考生一段时间内对知识掌握程度的表格，记录了考生在每科考试中所取得的成绩。根据成绩表，学校能计算学生的总成绩、排名、判定成绩等级等，其在教学过程中非常有用。

8.4.1 统计考生总分和主科成绩

本节主要以“考生成绩表”为例演示公式、函数的用法。

视野拓展

ROWS函数，返回引用或数组的行数。ROWS（array）参数是必须的，Array是需要得到其行数的数组、数组公式或单元格区域的引用。

1. 用函数的方法填充“总分”列

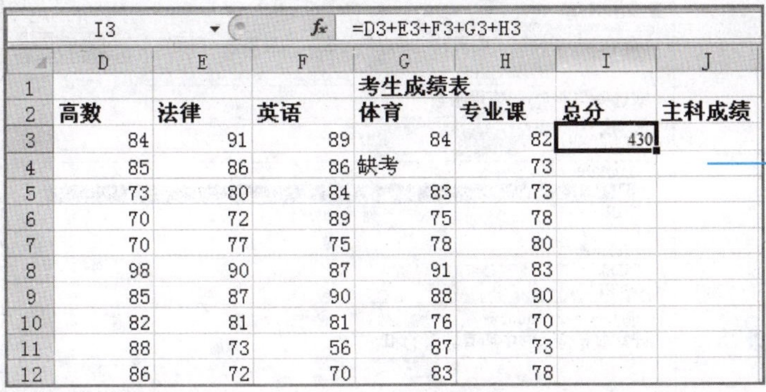

1 选择目标单元格，在单元格中输入函数“=D3+E3+F3+G3+H3”，再按Enter键。

操作步骤

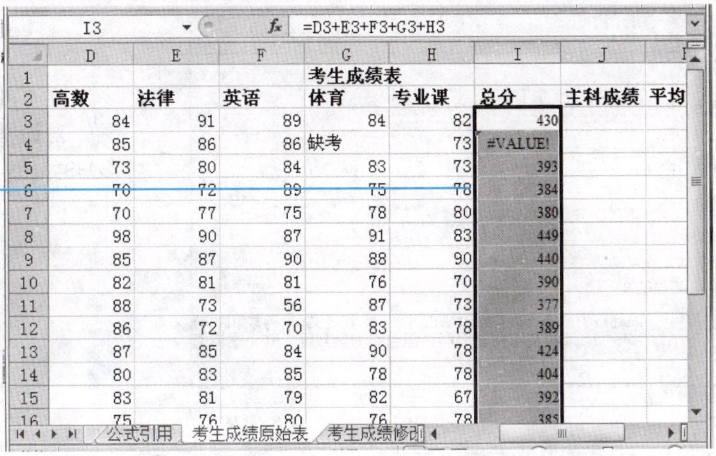

2 把鼠标放到I3单元格右下角，当鼠标变为十字形状时按住鼠标左键向下拖动，自动填充数据。

2. 用函数方法填充“主科成绩”

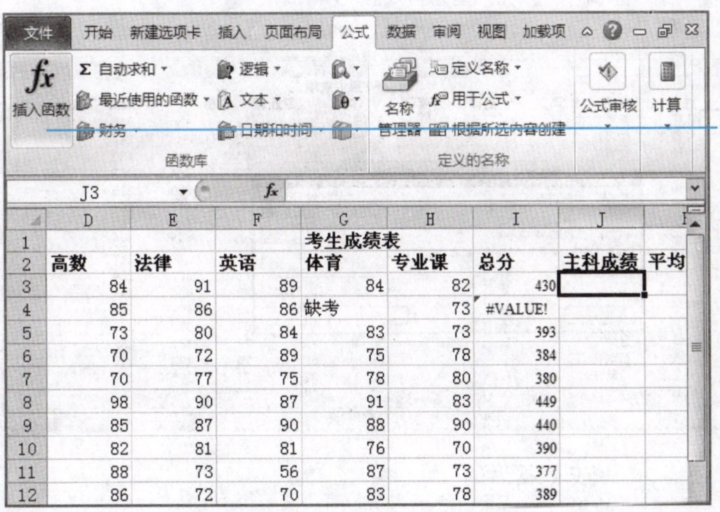

1 选择目标单元格，在“公式”选项卡“函数库”组中单击“插入函数”按钮。

操作步骤

视野拓展

可以用“^”运算符代替POWER函数来表示对底数乘方的幂次，例如，5^2。

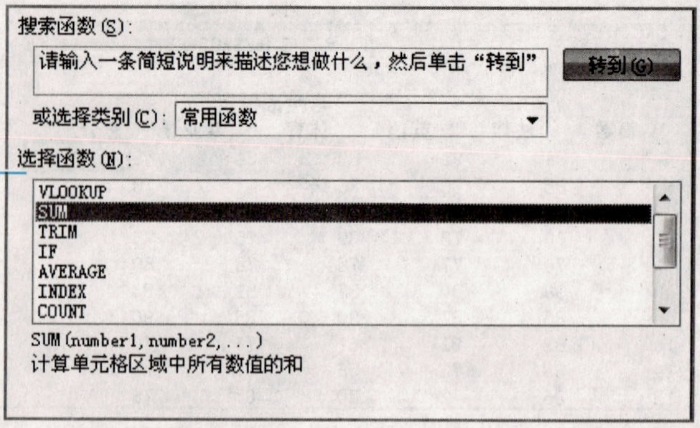

2 在“插入函数”对话框中选择“常用函数”中的“SUM”。

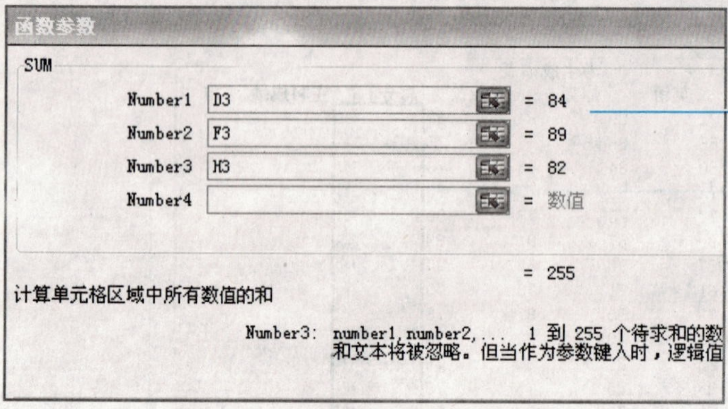

3 在弹出的“函数参数”对话框中，D3、F3以及H3如图所示。

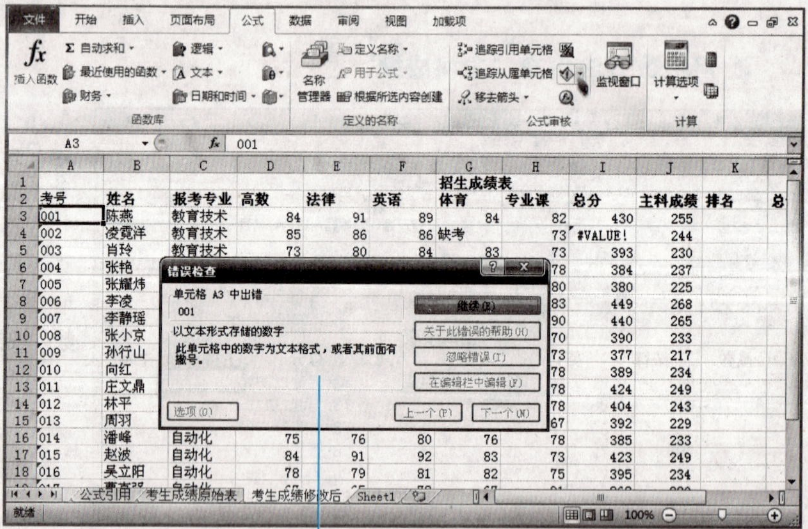

4 填充数据后的效果。

视野拓展

在单元格中输入计算公式或函数后，按Ctrl+Enter键确认输入的数据，也可以得到计算的结果，而且光标定位在此单元格上。

8.4.2 查找此表中的错误

操作步骤

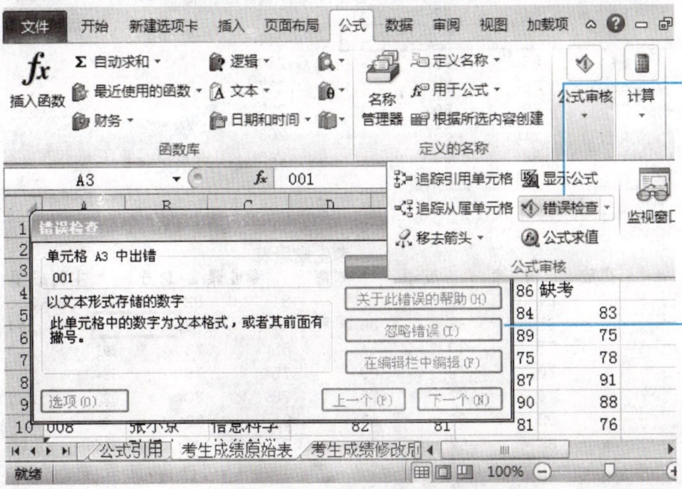

1 单击“公式”选项卡中的“公式审核”功能组中的“错误检查”按钮。

2 弹出“错误检查”对话框，跳过I4中的错误并忽略考号列中的全部错误。

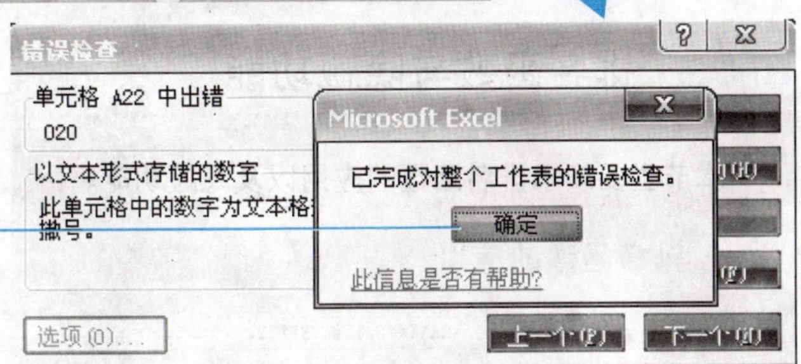

3 检查完成后单击“确定”按钮。

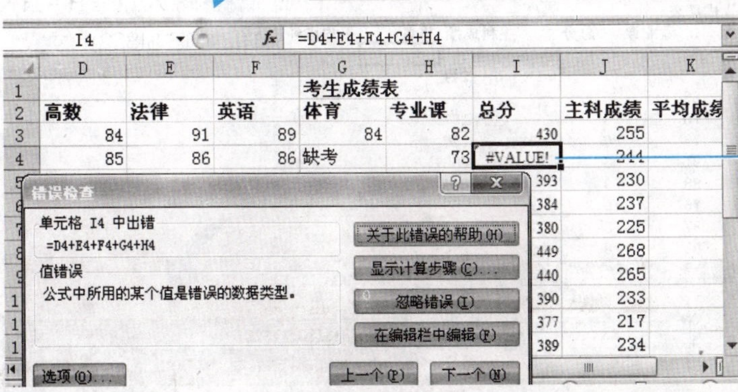

4 出现针对I4中的错误，由于G4单元格内容不是数据格式，故出现错误，提示符为“#VALUE！”。

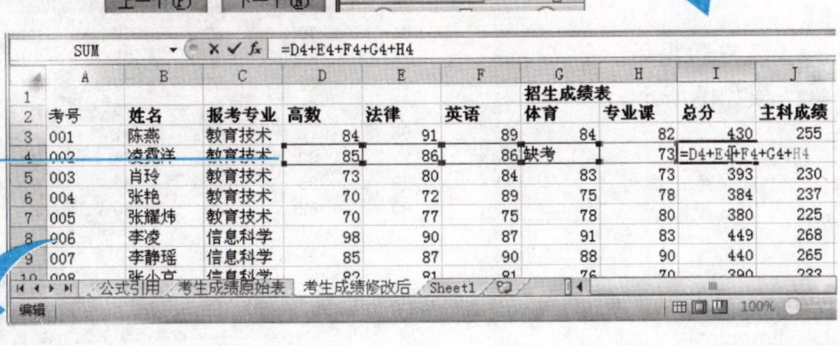

5 双击该单元格，单元格中显示公式。由于公式不能将文本作为0处理，故出现错误。

视野拓展

多个工作表的单元格合并计算公式：=Sheet1!D4+Sheet2!D4+Sheet3!D4，或者=SUM(Sheet1:Sheet3!D4)

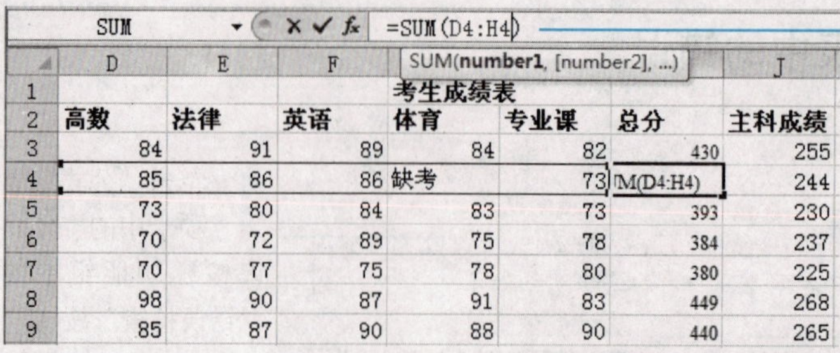

SUM　=SUM(D4:H4)　SUM(number1, [number2], ...)

	D	E	F	G	H	I	J
1				考生成绩表			
2	高数	法律	英语	体育	专业课	总分	主科成绩
3	84	91	89	84	82	430	255
4	85	86	86	缺考	73	M(D4:H4)	244
5	73	80	84	83	73	393	230
6	70	72	89	75	78	384	237
7	70	77	75	78	80	380	225
8	98	90	87	91	83	449	268
9	85	87	90	88	90	440	265

6 在单元格中将公式修改为SUM函数，即可得出正确的结果。

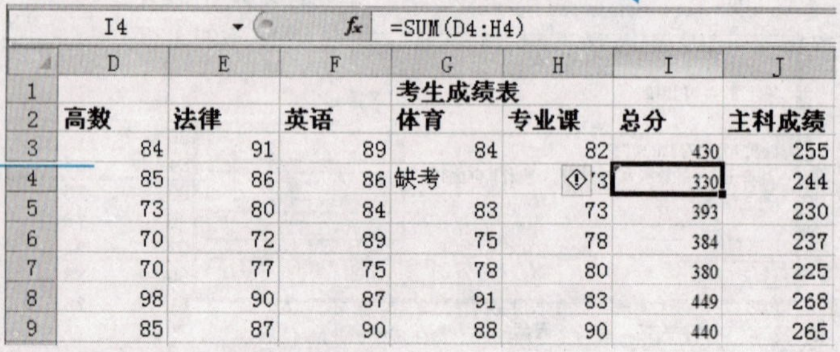

I4　=SUM(D4:H4)

	D	E	F	G	H	I	J
1				考生成绩表			
2	高数	法律	英语	体育	专业课	总分	主科成绩
3	84	91	89	84	82	430	255
4	85	86	86	缺考	73	330	244
5	73	80	84	83	73	393	230
6	70	72	89	75	78	384	237
7	70	77	75	78	80	380	225
8	98	90	87	91	83	449	268
9	85	87	90	88	90	440	265

7 生成效果图。

8.4.3 排名函数与隐藏功能

本节主要演示排名函数的应用以及隐藏功能。

1. 排名函数的应用

操作步骤

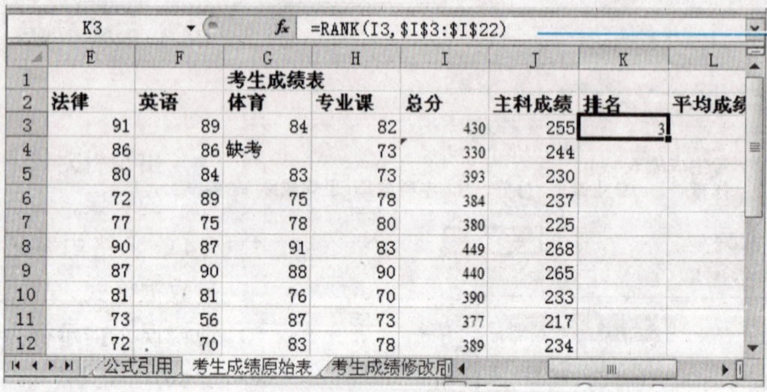

K3　=RANK(I3,$I$3:$I$22)

	E	F	G	H	I	J	K	L
1			考生成绩表					
2	法律	英语	体育	专业课	总分	主科成绩	排名	平均成绩
3	91	89	84	82	430	255	3	
4	86	86	缺考	73	330	244		
5	80	84	83	73	393	230		
6	72	89	75	78	384	237		
7	77	75	78	80	380	225		
8	90	87	91	83	449	268		
9	87	90	88	90	440	265		
10	81	81	76	70	390	233		
11	73	56	87	73	377	217		
12	72	70	83	78	389	234		

公式引用　考生成绩原始表　考生成绩修改后

1 选择目标单元格，输入“=RANK(I3,$I$3:$I$22)”。

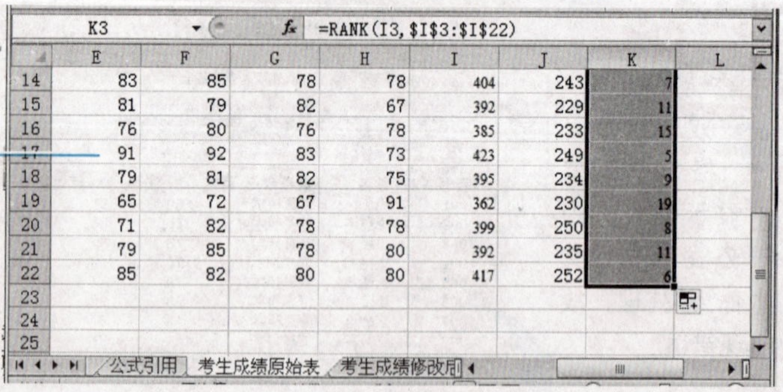

K3　=RANK(I3,$I$3:$I$22)

	E	F	G	H	I	J	K	L
14	83	85	78	78	404	243	7	
15	81	79	82	67	392	229	11	
16	76	80	76	78	385	233	15	
17	91	92	83	73	423	249	5	
18	79	81	82	75	395	234	9	
19	65	72	67	91	362	230	19	
20	71	82	78	78	399	250	8	
21	79	85	78	80	392	235	11	
22	85	82	80	80	417	252	6	
23								
24								
25								

公式引用　考生成绩原始表　考生成绩修改后

2 填充数据后，效果如图所示。

视野拓展

如果参数为数组或引用，则可以计算其中的数字。数组或引用中的空白单元格、逻辑值、文本或错误值将被忽略。

2. 隐藏功能的实现

操作步骤

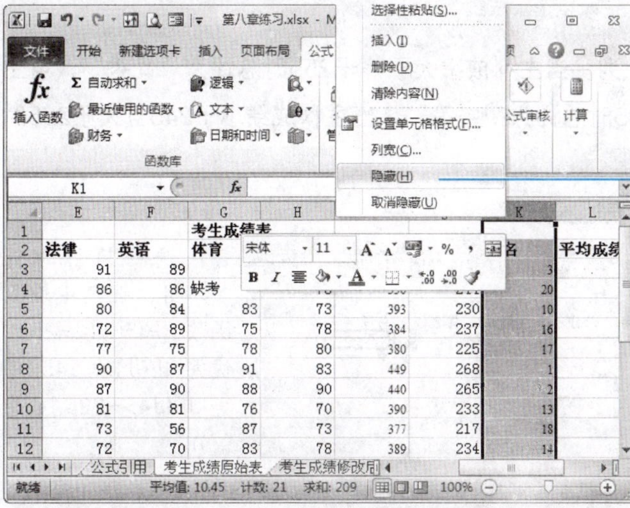

1 选择“排名”列，单击鼠标右键，在列中选择“隐藏”命令。

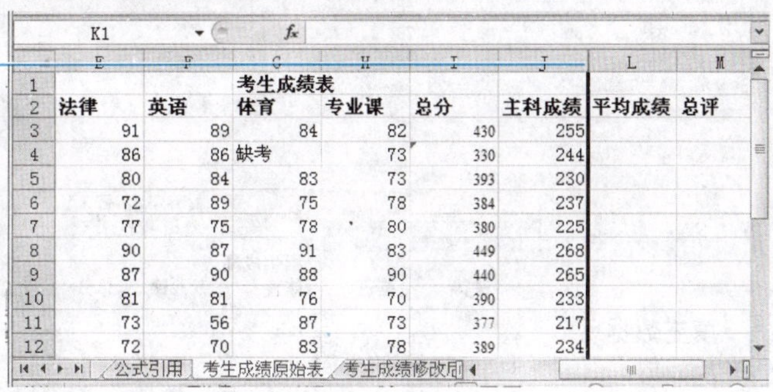

2 隐藏后效果如图，在J列和L列之间没有K列。

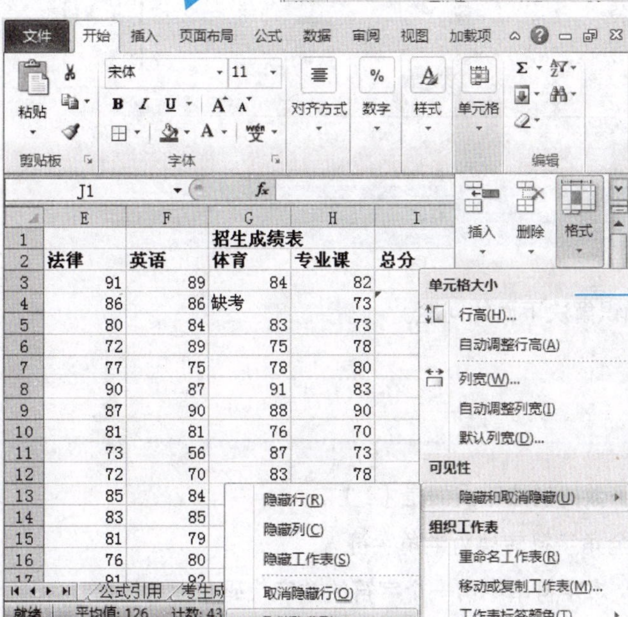

3 若要取消隐藏，依次选择“开始”→“单元格”→“格式”→“隐藏和取消隐藏”→“取消隐藏列”命令即可。

视野拓展

参数中的逻辑值TRUE在计算时被转化为1，FALSE被转换为数字0。

8.4.4 逻辑函数的应用

下面来填充“总评”列。当主科成绩大于等于255时总评为“优秀”，当主科成绩小于255且大于245时总评为“中等”，当主科成绩小于245且大于225时总评为合格。

应用逻辑函数IF，则表达式如下。

操作步骤

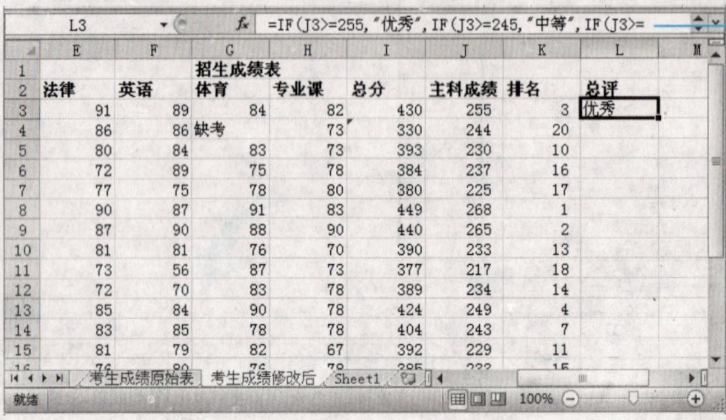

	E	F	G	H	I	J	K	L
1			招生成绩表					
2	法律	英语	体育	专业课	总分	主科成绩	排名	总评
3	91	89	84	82	430	255	3	优秀
4	86	86	缺考	73	330	244	20	
5	80	84	83	73	393	230	10	
6	72	89	75	78	384	237	16	
7	77	75	78	80	380	225	17	
8	90	87	91	83	449	268	1	
9	87	90	88	90	440	265	2	
10	81	81	76	70	390	233	13	
11	73	56	87	73	377	217	18	
12	72	70	83	78	389	234	14	
13	85	84	90	78	424	249	4	
14	83	85	78	78	404	243	7	
15	81	79	82	67	392	229	11	

1 选择目标单元格，在其中输入函数“=IF(J4>=255,"优秀",IF(J4>=245,"中等",IF(J4>=225,"合格",""))))”。

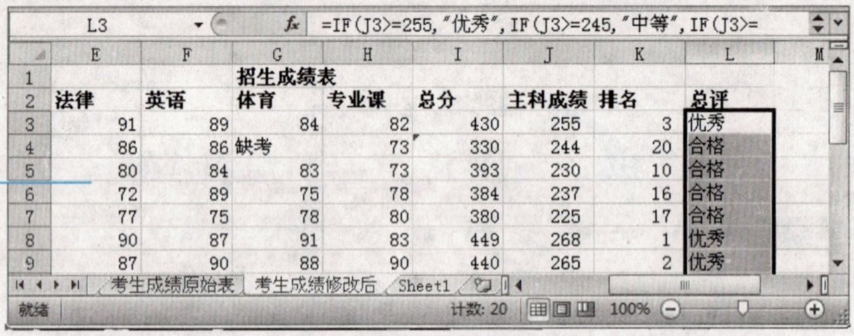

	E	F	G	H	I	J	K	L
1			招生成绩表					
2	法律	英语	体育	专业课	总分	主科成绩	排名	总评
3	91	89	84	82	430	255	3	优秀
4	86	86	缺考	73	330	244	20	合格
5	80	84	83	73	393	230	10	合格
6	72	89	75	78	384	237	16	合格
7	77	75	78	80	380	225	17	合格
8	90	87	91	83	449	268	1	优秀
9	87	90	88	90	440	265	2	优秀

2 填充数据后的效果。

8.5 趁热打铁

现在用本章学到的知识解决下面的问题。

8.5.1 选择题

（1）下列关于文本函数的说法错误的是（ ）。

A. ASC函数用于将全角字符转换为半角字符

B. CODE函数返回文本字符串中第一个字符的数字代码

视野拓展

当选定待定计算的单元格区域之后，将鼠标移至状态栏，在其上右击，在弹出的快捷菜单中选择相应的命令查询相应的结果，如平均值、求和等。

C. CONCATENATE函数将两个或多个文本字符串合并为一个文本字符串

D. 使用EXACT函数比较两个字符串时，如果它们完全相同，则返回一个TRUE值

（2）在下列关于SUM函数的参数说法错误的是（ ）。

A. 在SUM函数中的数字、逻辑值及文字都将被计算

B. 如果参数是数组或引用，则只计算其中的数字

C. 数组或引用的空白单元格、逻辑值及文字都将忽略

D. 如果参数为错误值或不能转换为数字的文本，则将其作为0处理

（3）在下列函数中，向下取整的函数是（ ）。

A. FLOOR　　B. ODD

C. INT　　D. EVEN

（4）在下列函数中，（ ）用于计算区域中满足特定条件的单元格个数。

A. COUNTIF　　B. DCOUNT

C. COUNTA　　D. COUNT

8.5.2 实践题

打开光盘中“素材”文件夹中的“第8章实践题”，根据题目要求完善表格内容。

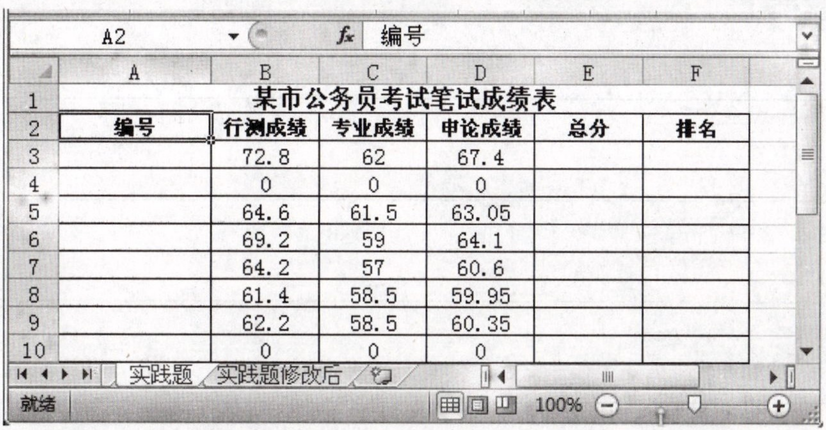

A2　fx 编号

	A	B	C	D	E	F
1	某市公务员考试笔试成绩表					
2	编号	行测成绩	专业成绩	申论成绩	总分	排名
3		72.8	62	67.4		
4		0	0	0		
5		64.6	61.5	63.05		
6		69.2	59	64.1		
7		64.2	57	60.6		
8		61.4	58.5	59.95		
9		62.2	58.5	60.35		
10		0	0	0		

实践题 / 实践题修改后　就绪　100%

（1）在“编号”列中依次输入编号“001,002,003……”在“总分”列中使用SUM函数，对象范围是该行的行测成绩、专业成绩以及申论成绩。

（2）在“排名”列中使用RANK函数，将该考生总分在所有考生总成绩的排名填入E列中。

视野拓展

在函数名后面必须包括圆括号，否则Excel无法识别该函数。

读书笔记

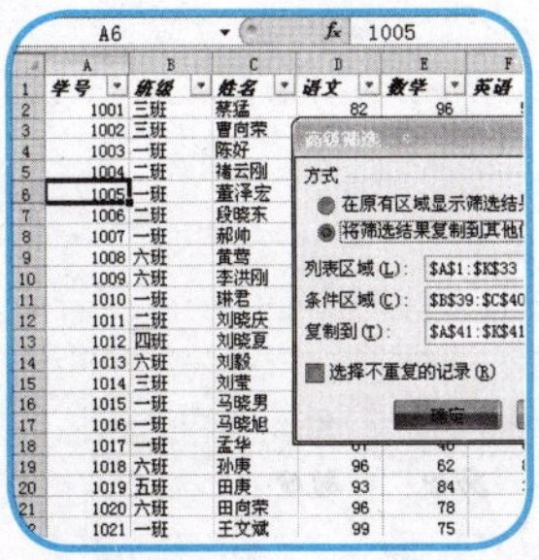

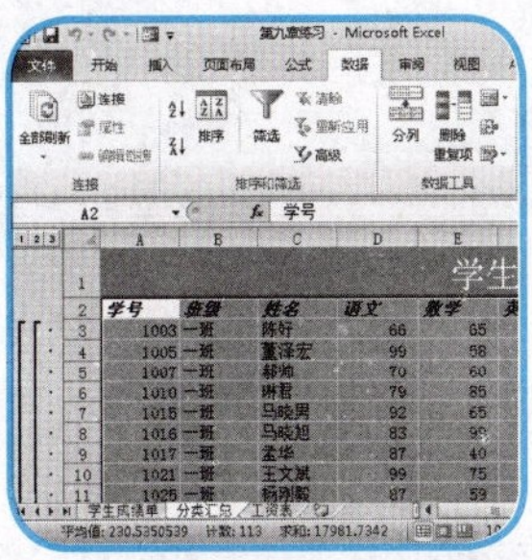

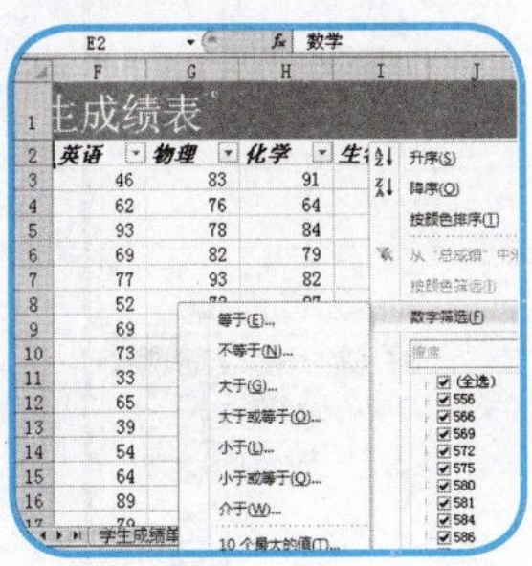

第9章

数据处理

本章导读

本章介绍如何利用Excel 2010对数据进行快速录入、分析和统计，其中包含数据排序、筛选及分类汇总等知识。

本章学习目标

- Excel记录单的使用。
- 快速排序操作。
- 分类汇总操作。

本章学习重点

- 掌握快速录入数据的方法。
- 排序的方法。
- 分类汇总的方法。

9.1 记录单

在Excel中，在向一个数据量较大的表单中插入一行新记录的过程中，有许多时间白白浪费在来回切换行和列的位置上。而Excel的“记录单”功能可以帮助用户在一个小窗口中完成输入数据的工作，非常方便。

9.1.1 添加记录

操作步骤

记录单添加记录的具体操作步骤如下。

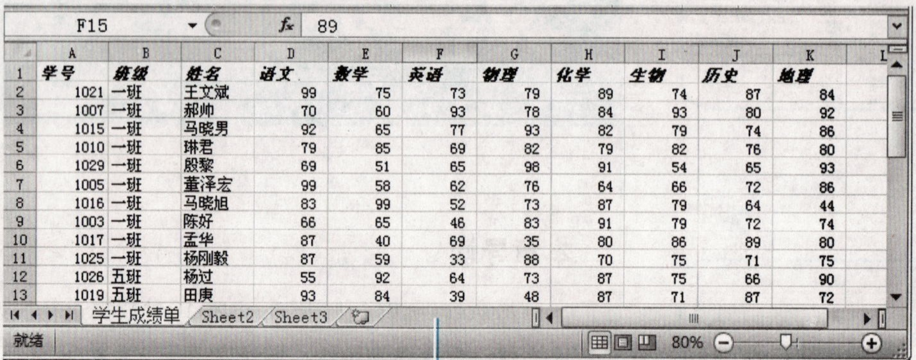

	A	B	C	D	E	F	G	H	I	J	K
1	学号	班级	姓名	语文	数学	英语	物理	化学	生物	历史	地理
2	1021	一班	王文斌	99	75	73	79	89	74	87	84
3	1007	一班	郝帅	70	60	93	78	84	93	80	92
4	1015	一班	马晓男	92	65	77	93	82	79	74	86
5	1010	一班	琳君	79	85	69	82	79	82	76	80
6	1029	一班	殷黎	69	51	65	98	91	54	65	93
7	1005	一班	董泽宏	99	58	62	76	64	66	72	86
8	1016	一班	马晓旭	83	99	52	73	87	79	64	44
9	1003	一班	陈好	66	65	46	83	91	79	72	74
10	1017	一班	孟华	87	40	69	35	80	86	89	80
11	1025	一班	杨刚毅	87	59	33	88	70	75	71	75
12	1026	五班	杨过	55	92	64	73	87	75	66	90
13	1019	五班	田庚	93	84	39	48	87	71	87	72

1 打开光盘中的第9章练习的“学生成绩单”工作表。

2 单击“文件”选项卡中的“选项”，打开“Excel选项”对话框，然后选择“自定义功能区”→“从下列位置选择命令（C）”→“不在功能区中的命令”。

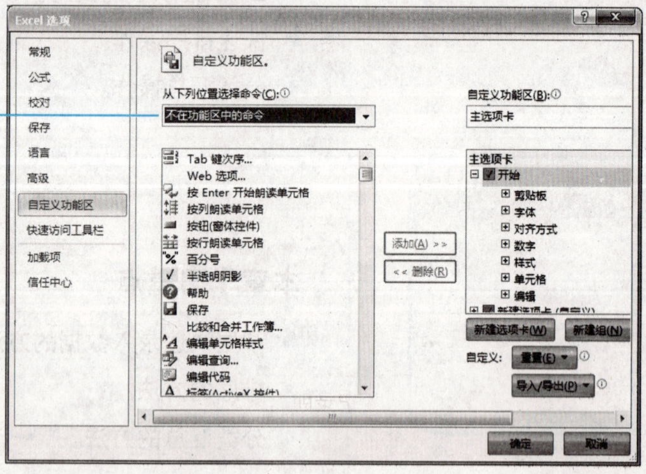

视野拓展

打开记录单也有快捷方式，按下Alt键，然后按O+D键，即可弹出“记录单”对话框。

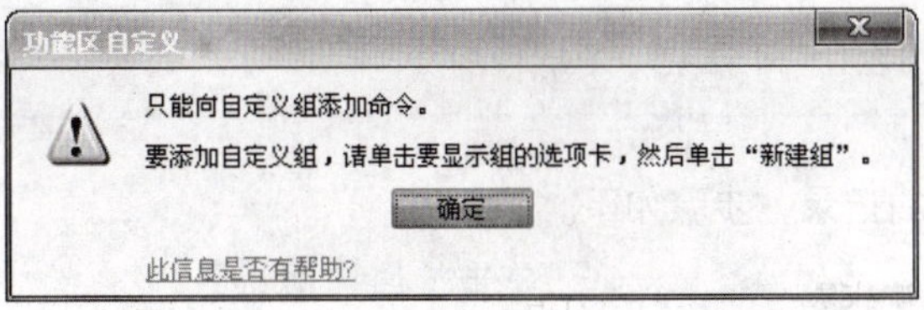

单击“Excel选项”对话框右下边的“新建选项卡”按钮，即可建立新的自定义组。

注意：在添加“记录单”的时候要新建自定义组，否则会出现问题。

3 单击“文件”选项卡中的“选项”→“快速访问工具栏”，同样“从下列位置选择命令（C）”下选择“不在功能区中的命令”选项，即可直接添加“记录单”。

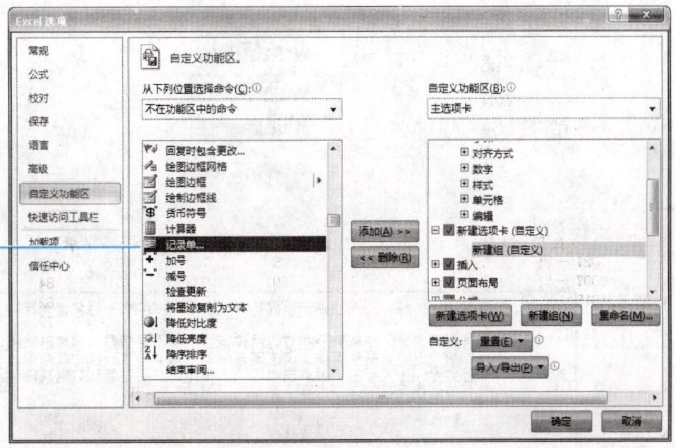

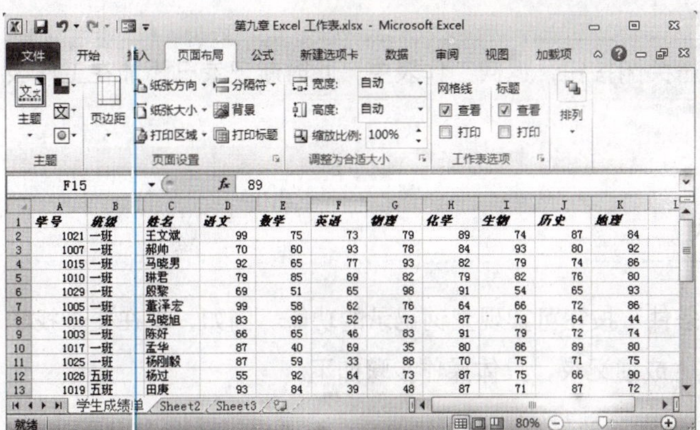

4 在快速访问栏中便出现“记录单”。

5 单击“记录单”功能后弹出“学生成绩单”对话框，根据提示输入记录即可。

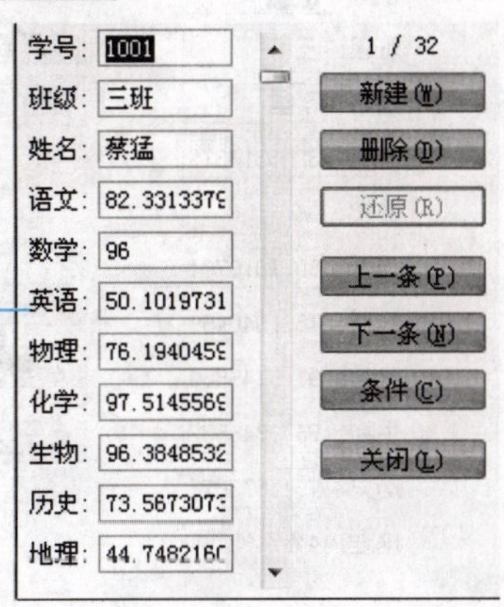

视野拓展

打开记录单后，输入完一条记录后，按Enter键或“下一条”，进入下一条记录输入状态。在输入时，请按Tab键移动鼠标，而不能按Enter键移动鼠标。

9.1.2 编辑记录

提示：如果数据清单中还没有记录，执行快速访问工具栏中的“记录单”命令后会先打开一个对话框，此时单击【确定】按钮将选定的行作为列标签，即可打开“新建记录”窗口。

在已有数据工作表中添加新的记录，步骤如下。

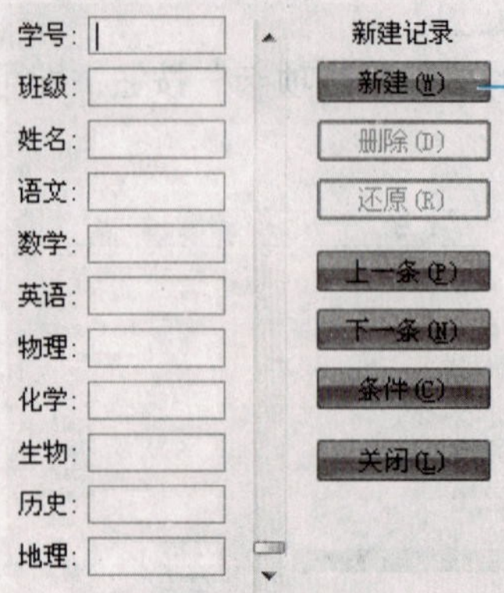

单击快速访问工具栏中“记录单”，在弹出的“学生成绩单”对话框中 单击“新建”按钮。

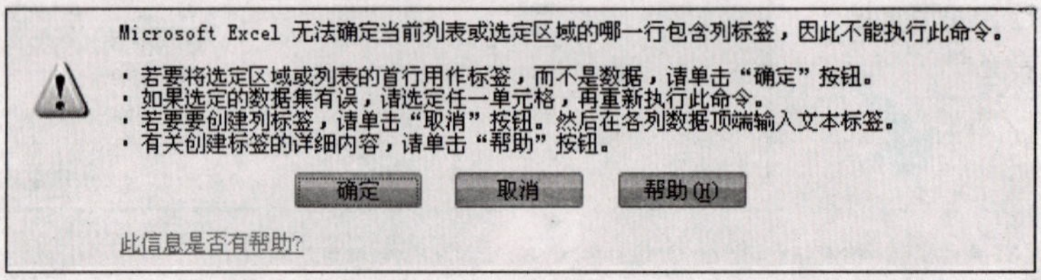

记录输入完毕，单击关闭按钮，返回工作表中，此时新记录已添加在工作表的末尾了。

9.1.3 查询记录

操作步骤

记录单功能中的“条件”按钮可实现查询记录的功能。例如，现在要查找学生学号为“1003”的学生成绩记录，具体操作步骤如下。

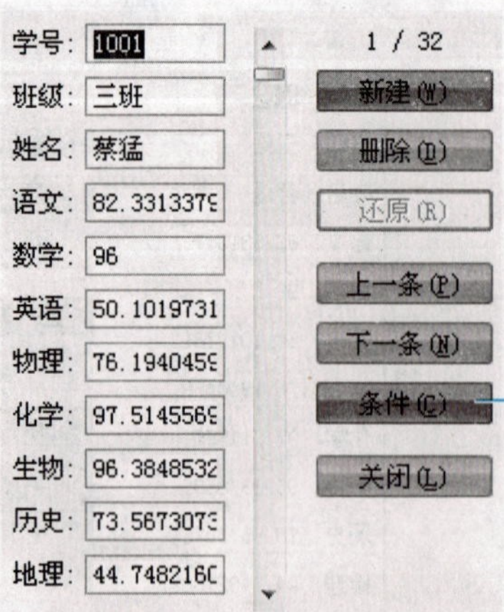

1 单击快捷菜单中的“记录单”，在弹出来的“学生成绩单”对话框中单击“条件”按钮。

视野拓展

利用编辑记录可以快捷地输入记录，省去换行等与数据无关的操作。

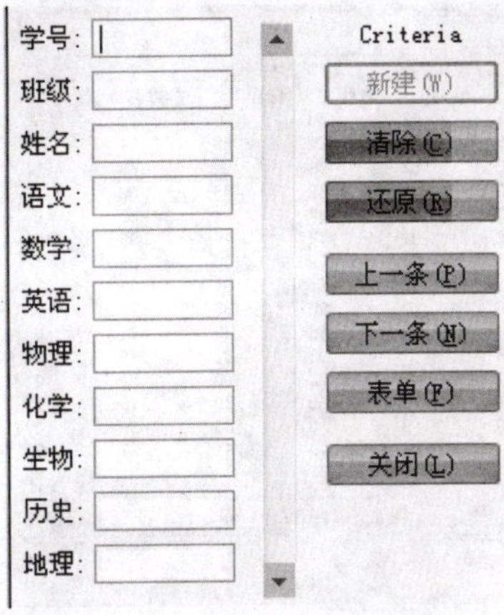

2 对话框将自动清空文本框的记录显示，等待用户输入查询条件，同时“条件”变为“表单”。在“学号”文本框中输入“1003”。

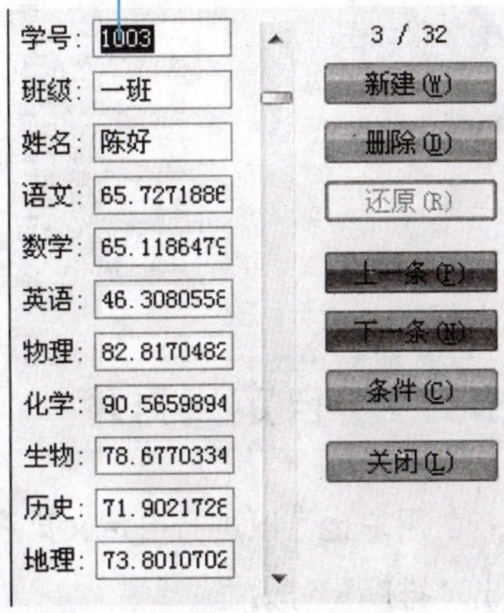

3 按Enter键，学生成绩记录单就会自动定位到学号为“1003”的记录上，并将其显示在“学生成绩记录单”中。

9.2 排序

排序的功能是让数据按照一定的规律排列。

9.2.1 简单排序

在使用Excel 2010处理数据的时候，数据排序功能很常用。下面以“学生成绩单”工作表为例介绍一下排序的操作方法。

要求：对语文成绩按照降序进行排序，高分在上，低分在下 。

操作步骤

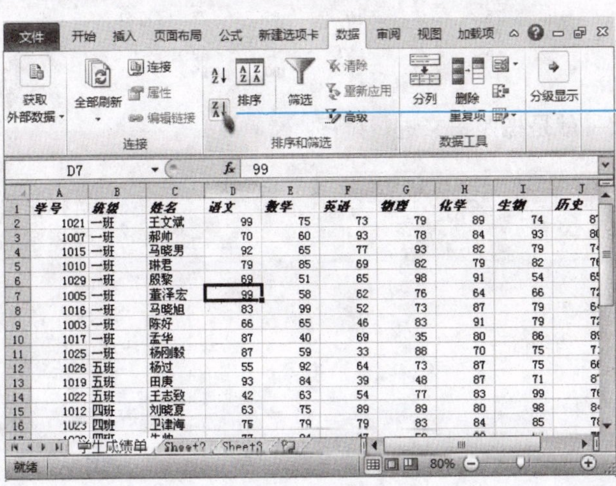

1 选择“语文”列内任一单元格，然后单击“数据”选项卡“排序和筛选”组中的“降序”按钮，可完成排序。

视野拓展

查询记录能方便地定位数据，清楚直观地反馈本条信息的内容。

2 排序之后，效果如图所示。

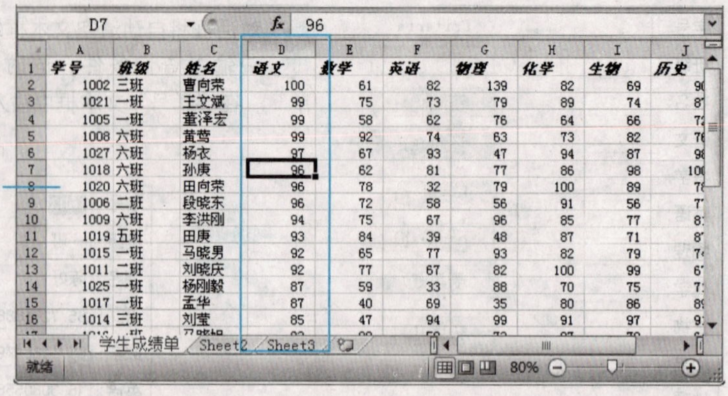

9.2.2 自定义排序

用户也可以进行自定义排序，单击“数据”选项卡中的“排序”按钮，会弹出“排序”对话框。

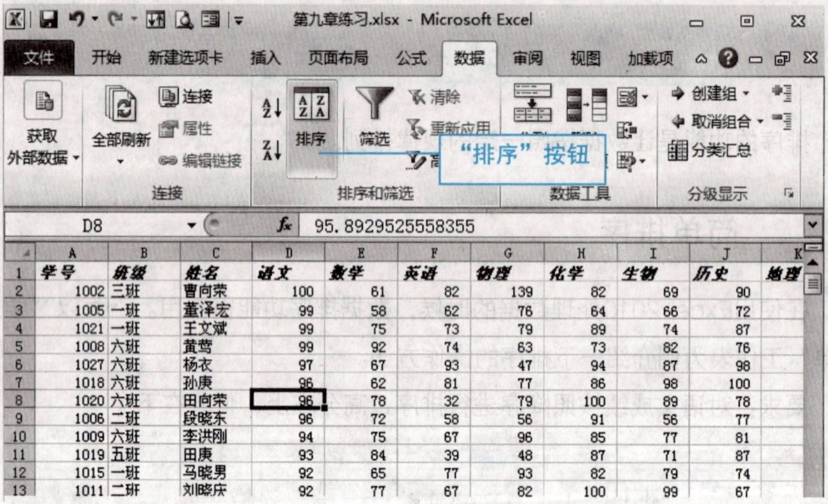

在关键字下选择“语文”就是按照语文进行排序。

操作步骤

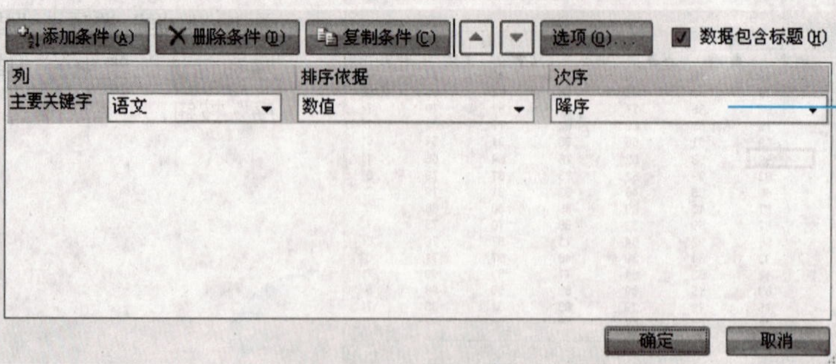

1 选择主要关键字的“语文”，“次序”改为“降序”。

视野拓展

若只想对一列信息排序，而不扩展到其列，只需选中其中的一列，单击“排序”按钮，在弹出的对话框中设置即可。

2 排序之后，效果如图。

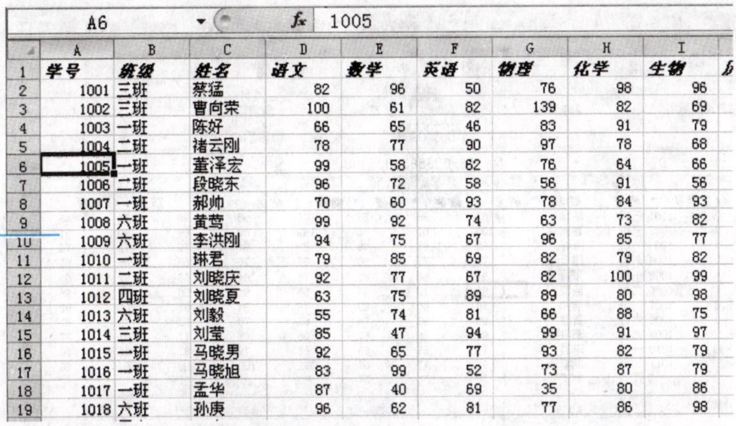

A6	1005							
学号	班级	姓名	语文	数学	英语	物理	化学	生物
1001	三班	蔡猛	82	96	50	76	98	96
1002	三班	曹向荣	100	61	82	139	82	69
1003	一班	陈好	66	65	46	83	91	79
1004	二班	褚云刚	78	77	90	97	78	68
1005	一班	董泽宏	99	58	62	76	64	66
1006	二班	段晓东	96	72	58	56	91	56
1007	一班	郝帅	70	60	93	78	84	93
1008	六班	黄莺	99	92	74	63	73	82
1009	六班	李洪刚	94	75	67	96	85	77
1010	一班	琳君	79	85	69	82	79	82
1011	二班	刘晓庆	92	77	67	82	100	99
1012	四班	刘晓夏	63	75	89	89	80	98
1013	六班	刘毅	55	74	81	66	88	75
1014	三班	刘莹	85	47	94	99	91	97
1015	一班	马晓男	92	65	77	93	82	79
1016	一班	马晓旭	83	99	52	73	87	79
1017	一班	孟华	87	40	69	35	80	86
1018	六班	孙庚	96	62	81	77	86	98

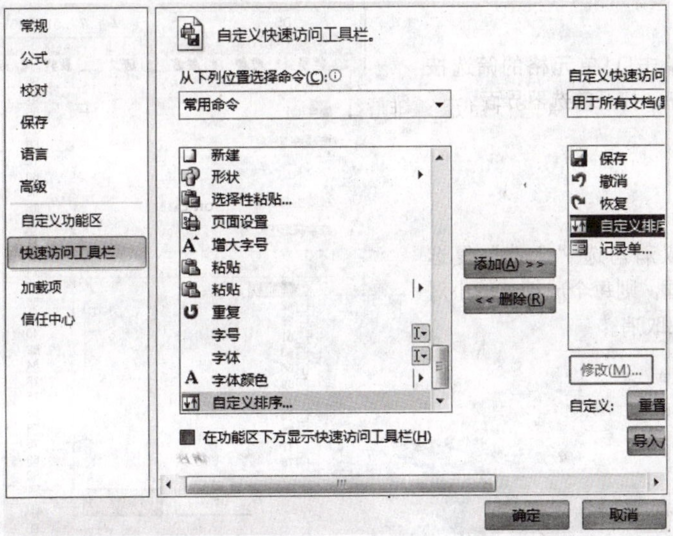

注意： 也可以将“自定义排序”添加到快速访问工具栏中，直接单击“自定义排序”按钮即可进行设置排序，然后单击“自定义”按钮，可进行排序。

9.3 筛选

数据筛选可以实现按指定的条件显示工作表中的数据，通过数据筛选可以从大量的数据中筛选出符合条件的数据，对不符合条件的数据进行隐藏，可以帮助用户直观地观察与分析数据。本节主要介绍自动筛选、高级筛选和自定义筛选的操作方法。

9.3.1 自动筛选

以显示语文成绩99分为例，自动筛选的操作步骤如下。

视野拓展

字母在排序时是否区分大小写，可根据需要进行设置。在Excel的默认排序方式下，英文字母是不区分大写和小写的。

操作步骤

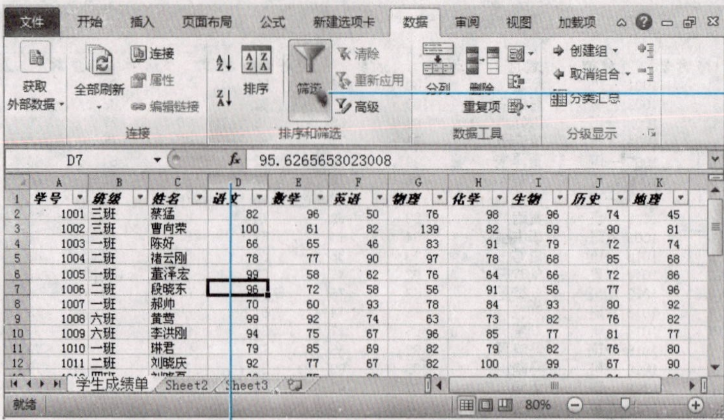

1 单击“数据”选项卡中“筛选”按钮，在成绩的每个标题的右侧都会出现一个筛选按钮。

2 单击D1单元格的筛选按钮，打开筛选器界面。

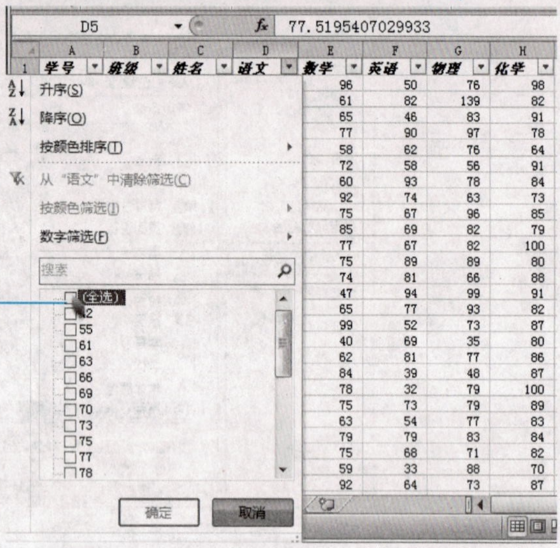

3 取消勾选“全选”复选框，则每个成绩前的小对勾全部取消。

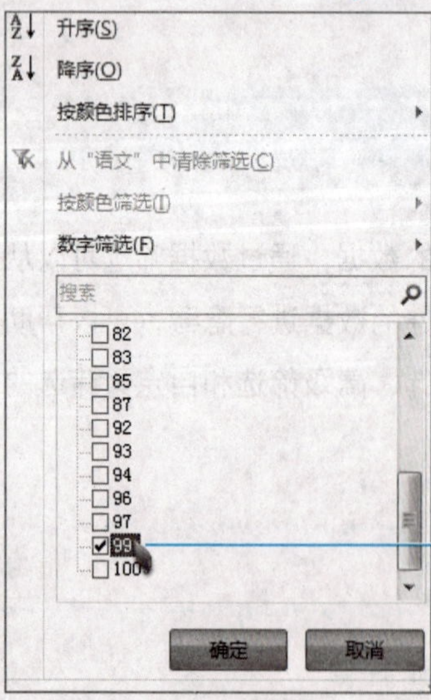

4 勾选99左侧的复选框，然后单击“确定”按钮。

视野拓展

在“排序”对话框中单击“删除条件”按钮可以将添加的排序条件删除。单击“复制条件”按钮，则可以复制一个与已有排序条件相同的条件。

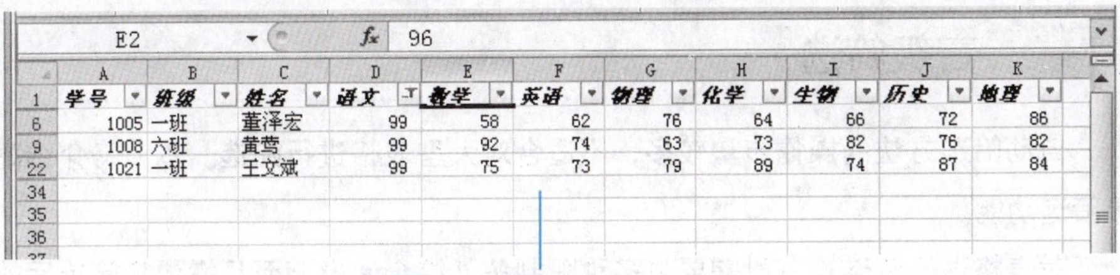

5 筛选结果如图所示。

自动筛选也可以根据多种条件进行筛选，例如，显示语文成绩大于85且数学大于83的成绩信息。操作步骤如下。

操作步骤

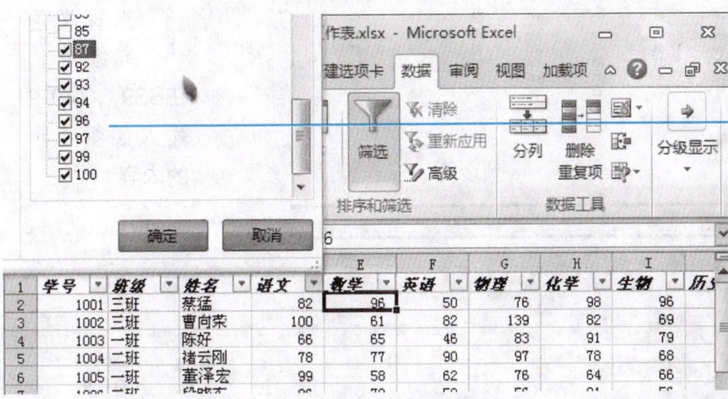

1 单击“语文”右边的“筛选”按钮，勾选成绩大于85的复选框。

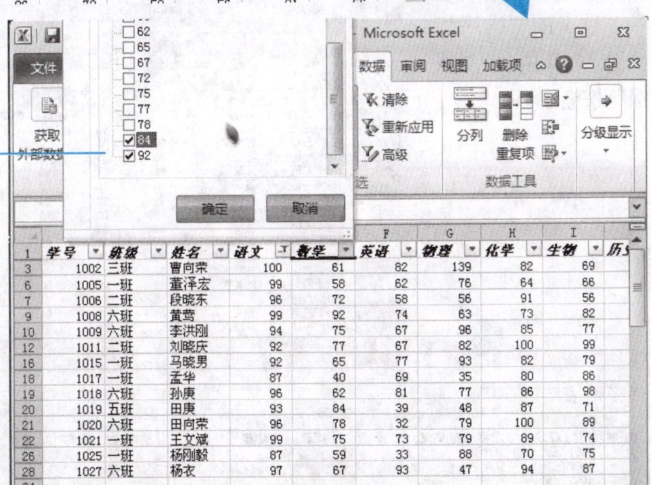

2 单击“数学”右边的“筛选”按钮，勾选成绩大于83的复选框。

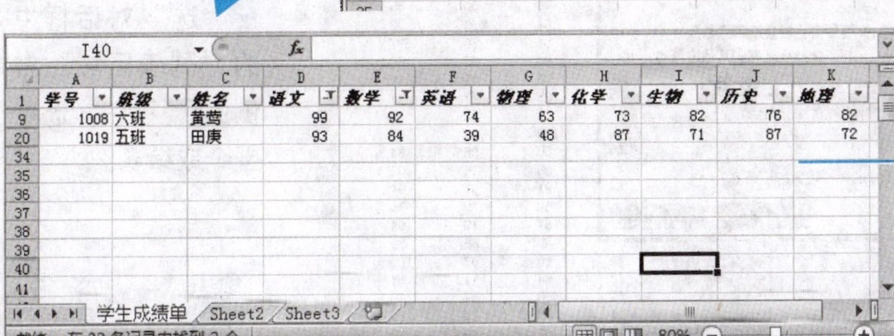

3 筛选后的效果。

视野拓展

在较早的版本中，高级排序最多只能设置三个条件，但在Excel 2010中，高级排序时，最多可以设置64个条件，即对64列数据同时排序。

9.3.2 高级筛选

自动筛选方法的操作步骤较多，不适合对大型表格进行筛选。本节将介绍高级筛选功能。

对表格进行筛选，有时需要将多种限制条件综合考虑，而且需要将筛选后的表格复制到其他位置。仍以上一小节的要求为例，要求显示语文成绩大于85且数学大于85的成绩信息，并将结果显示在学生成绩表的下方。

操作步骤

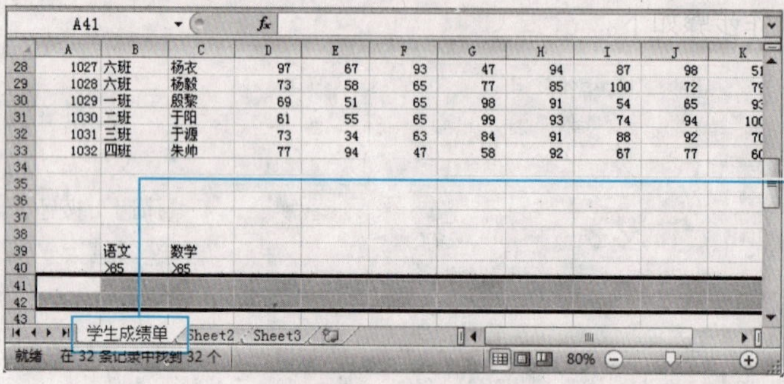

1 选择学生成绩单，在B39：C40中输入如图所示的内容。

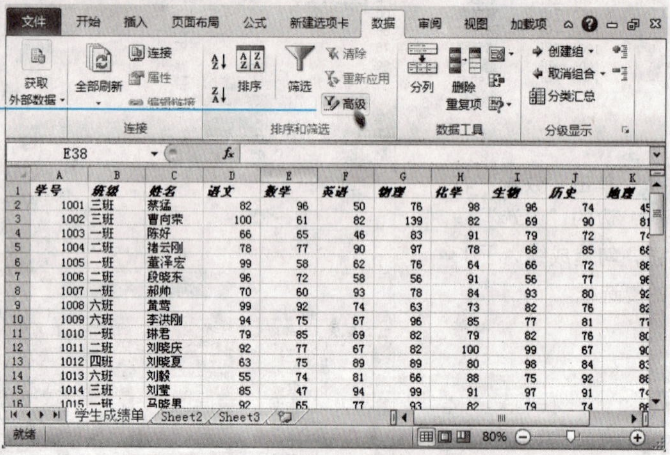

2 单击“数据”选项卡的“排序和筛选”组中的“高级”按钮。

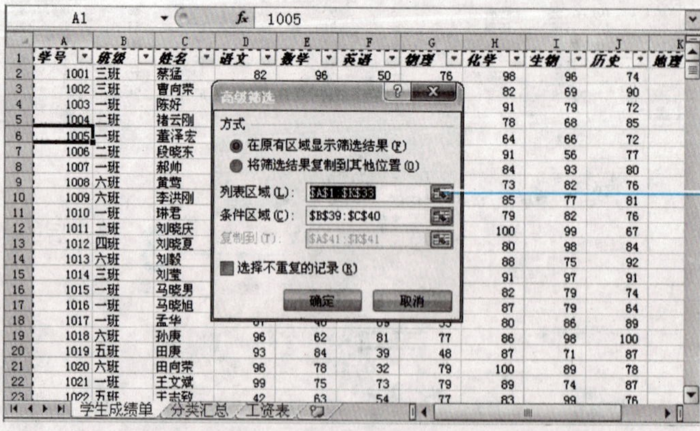

3 单击“高级筛选”对话框中的“列表区域”右侧的按钮，选中整个成绩表。

视野拓展

对数据列表进行排序，该数据列表（表格区域）必须是规则的，不能有合并的单元格，否则将无法进行排序。

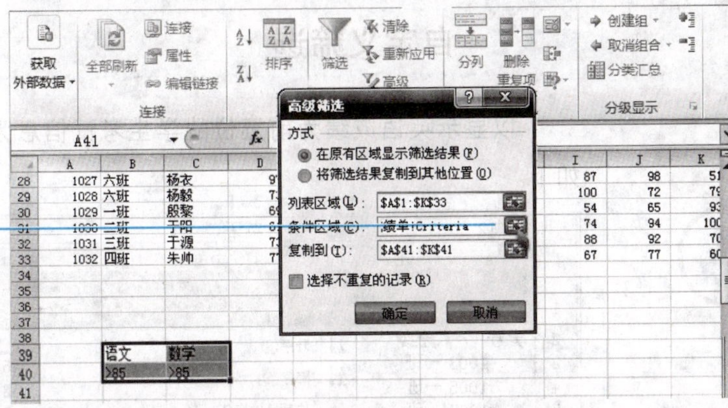

4 单击“高级筛选”对话框中的“条件区域”右侧的按钮，选中B39:C40单元格区域。

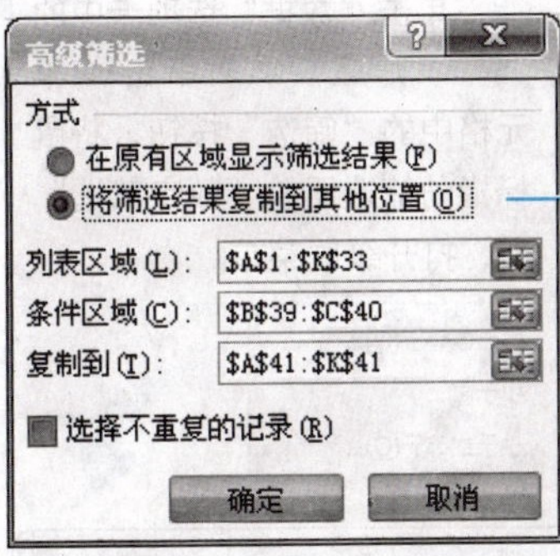

5 单击“高级筛选”对话框中的“将筛选结果复制到其他位置”单选按钮。

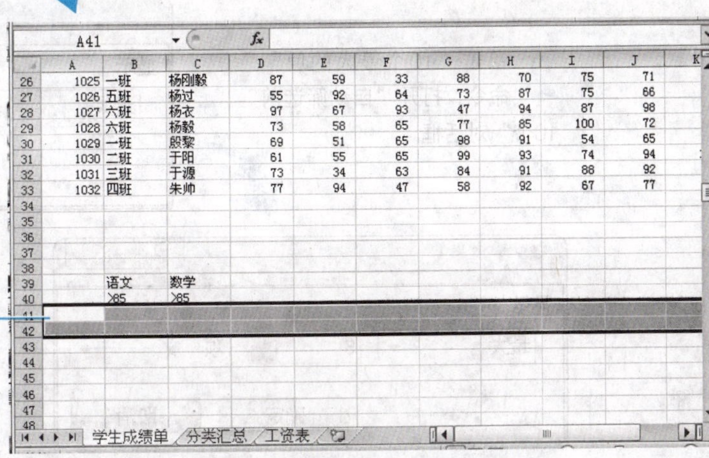

6 选中学生成绩表下的A41单元格区域。

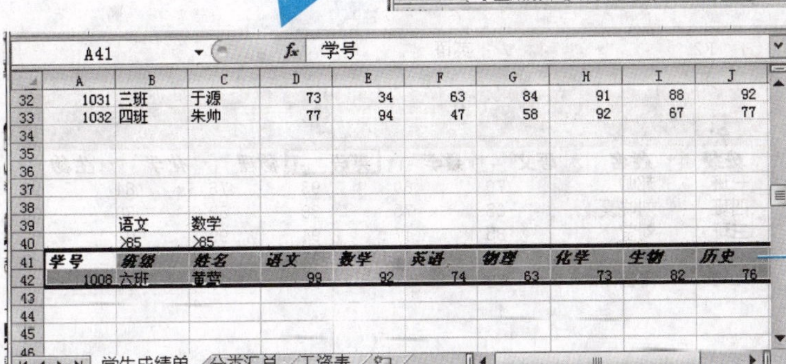

7 单击“确定”按钮得到筛选结果。

视野拓展

高级排序可以将数据表格按多个关键字段进行排序。即先按某一个关键字进行排序，然后将此关键字相同的记录再按第二个关键字进行排序，依此类推。

9.3.3 自定义筛选

以显示英语成绩为前五位的学生考试信息为例，自定义筛选的操作步骤如下。

操作步骤

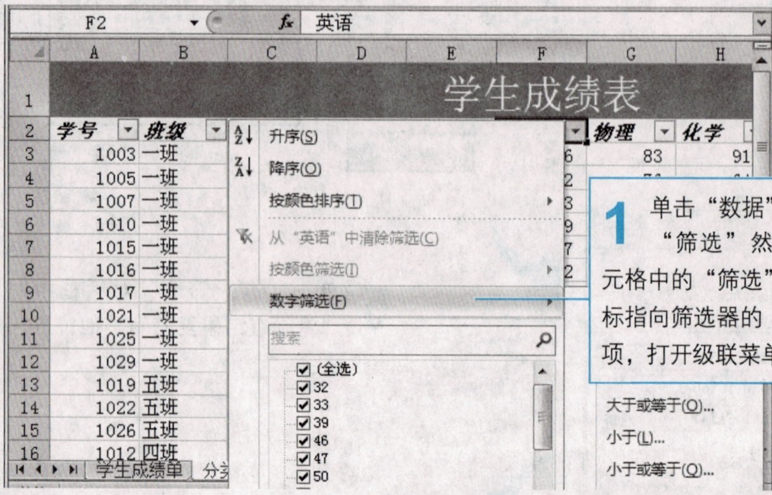

1 单击“数据”选项卡中的“筛选”然后单击F2单元格中的“筛选”按钮，将鼠标指向筛选器的“数字筛选”项，打开级联菜单。

2 单击“10个最大的值”命令，打开“自动筛选前10个”对话框。

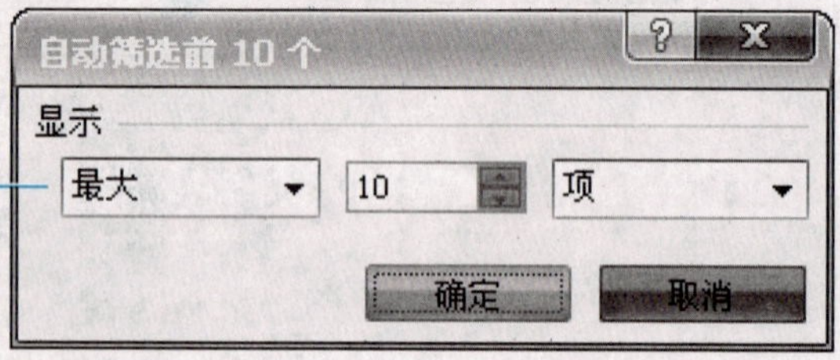

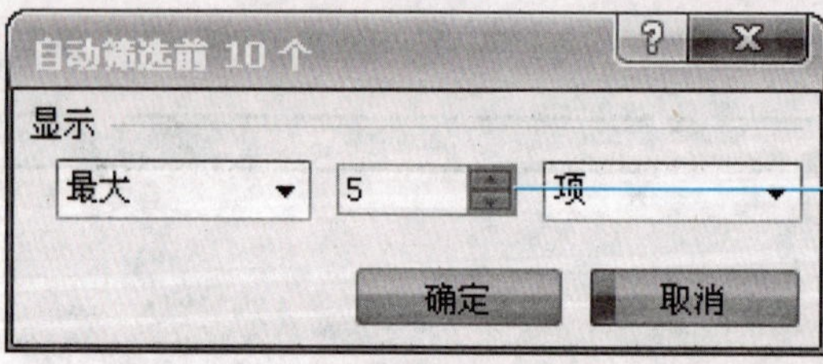

3 在“自动筛选前10个”对话框中单击“最大”下拉列表框右侧的微调按钮，将其设置为5。

4 单击“确定”按钮，显示筛选结果。

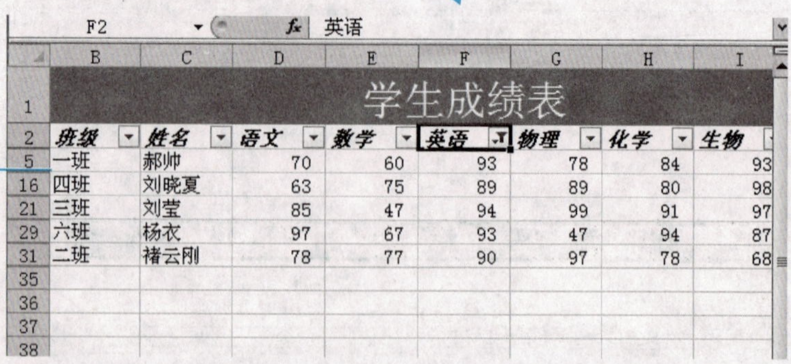

视野拓展

对数据表格筛选后，当前显示的数据行的行号都是蓝色的，并且在窗口状态栏上显示出了筛选信息。

9.4 分类汇总

分类汇总就是将数据表格按多个字段进行分类，进行求和、平均值、计数等汇总运算。在Excel中，分类汇总分为简单汇总和嵌套汇总两种。

注意：在分类汇总之前，首先必须对要分类的字段进行排序，否则分类无意义；而且排序的字段与后面分类汇总的字段必须一致。

9.4.1 简单分类汇总

简单分类汇总指对数据表格的一个字段仅做一种方式的汇总。

下面要计算各个班的学生人数，可以按下列步骤进行操作。

操作步骤

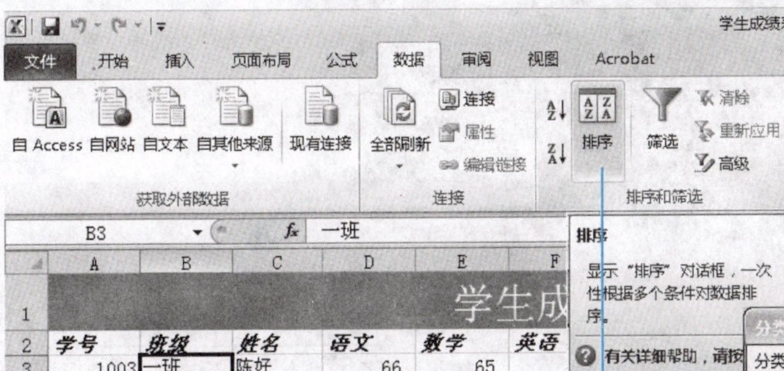

1 单击"班级"下的任一单元格，然后单击"数据"选项卡下的"排序"按钮，对数据按班级排序。

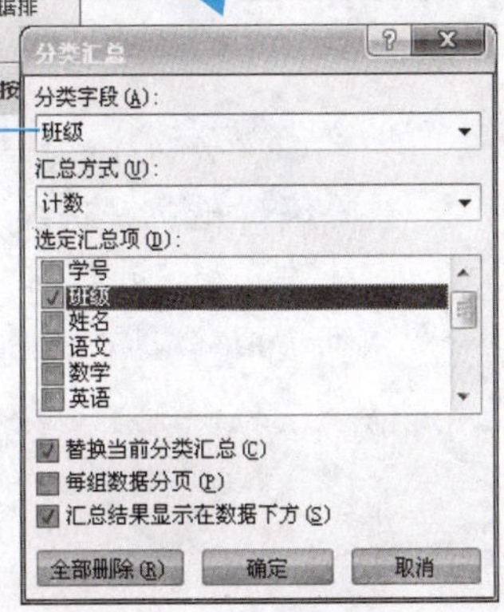

2 单击"数据"选项卡中"分类汇总"，然后填写"分类字段"。

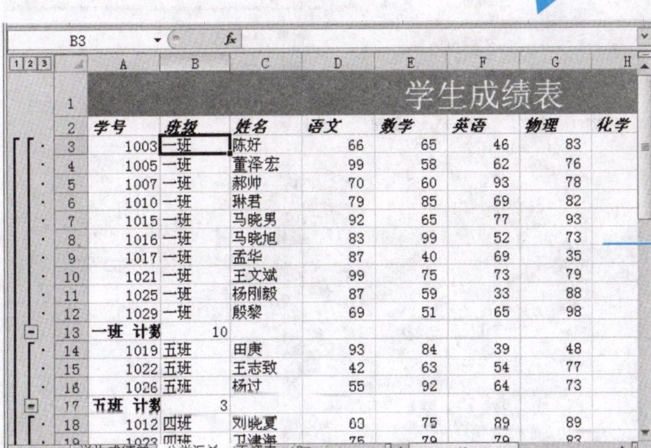

3 单击"确定"按钮，显示分类汇总结果。

视野拓展

对数据列表进行了分类汇总操作后，若修改了数据表格中的明细数据，则汇总数据也将随之自

9.4.2 嵌套分类汇总

嵌套分类汇总是指对同一字段进行多种方式汇总。下面在对班级分类的基础上进行各班语文成绩汇总。

操作步骤

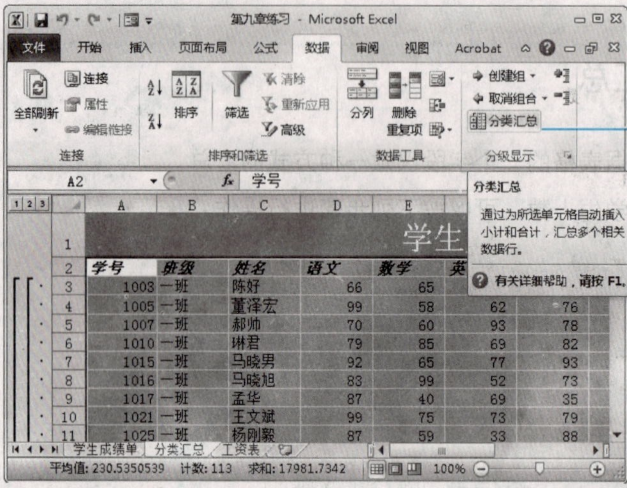

1 在对各班人数汇总的基础上，选择“数据”→“分类汇总”命令。

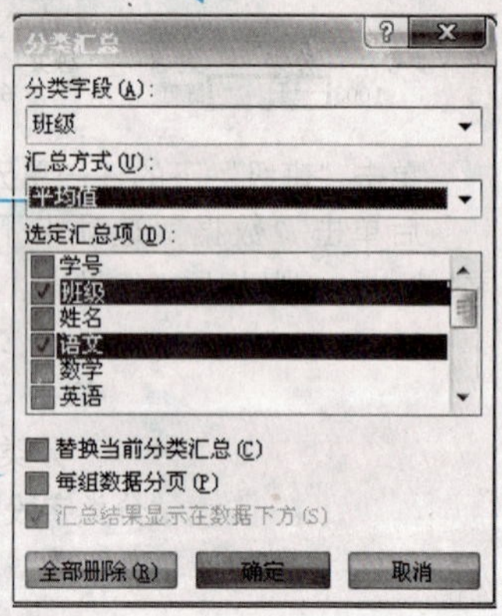

2 在“分类汇总”对话框中选择“班级”、“平均值”、“语文”。

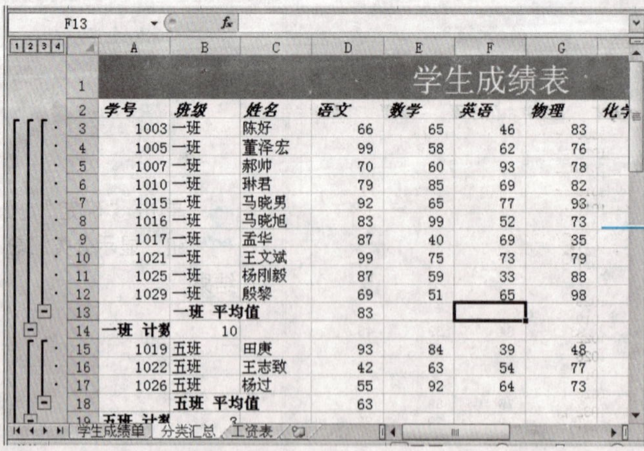

3 单击“确定”按钮显示分类汇总结果。

视野拓展

对数据列表进行分类汇总时，必须要对汇总字段进行排序，否则将会得到无效的汇总结果。

9.4.3 分组及分级显示

单击“数据”选项卡中“隐藏明细数据”按钮，可以只显示各个班的人数和语文平均值。单击“显示明细数据”按钮，可以显示各个班的明细数据。

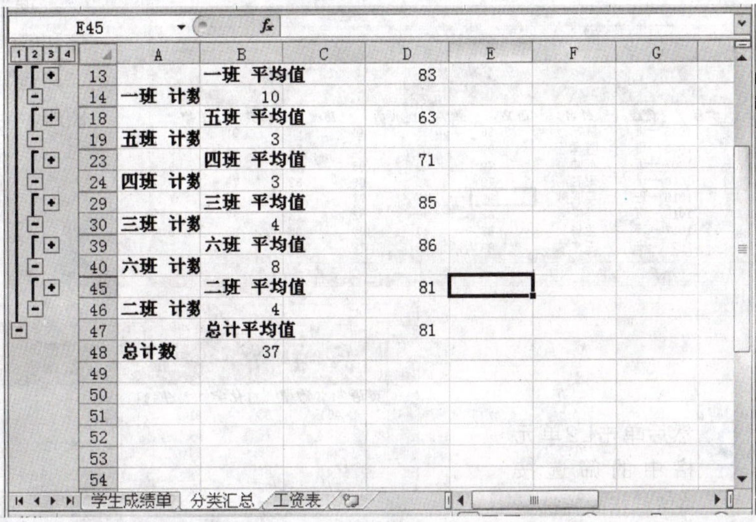

9.5 实例——学生成绩表数据汇总筛选

9.5.1 按班级排序

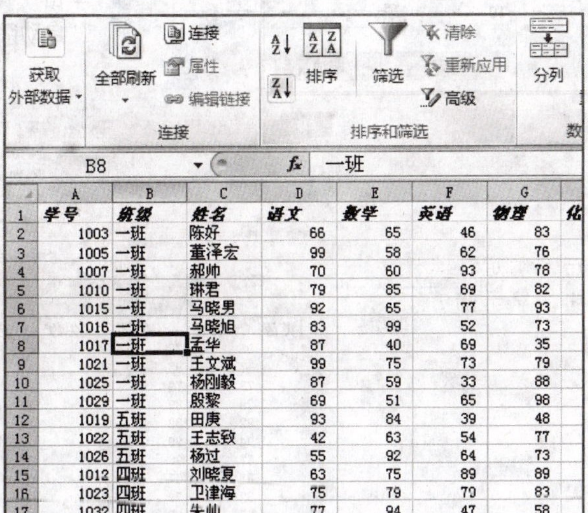

分级显示可以汇总整个工作表或其中选定的一部分，Excel 2010允许多达八层的分级显示。

9.5.2 选出全部成绩中的前10名并按降序排列

操作步骤

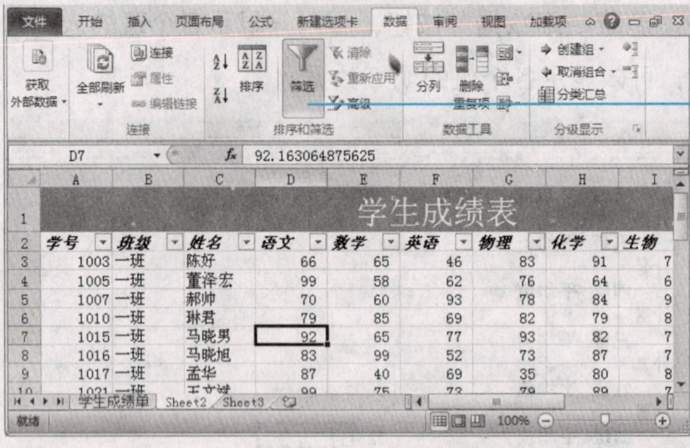

1 单击功能区“数据”选项卡“排序和筛选”功能组中的“筛选”按钮，效果如图所示。

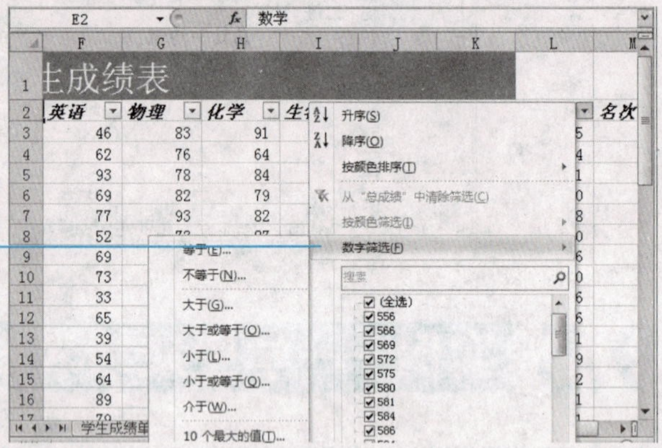

2 然后单击L2单元格中的筛选按钮，将鼠标指向筛选器“数字筛选”项，打开级联菜单。

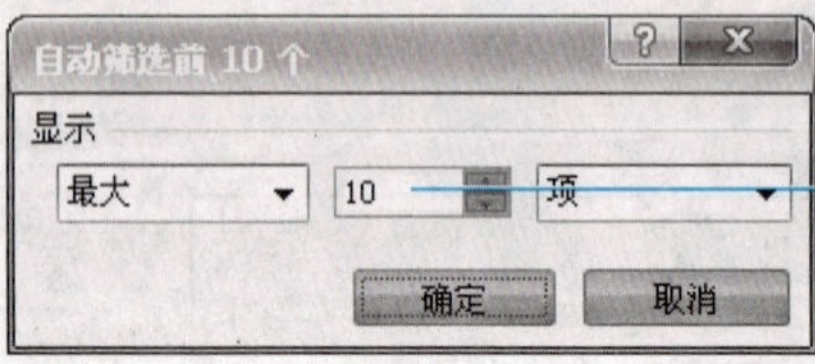

3 单击“10个最大的值”，打开“自动筛选前10个”对话框。

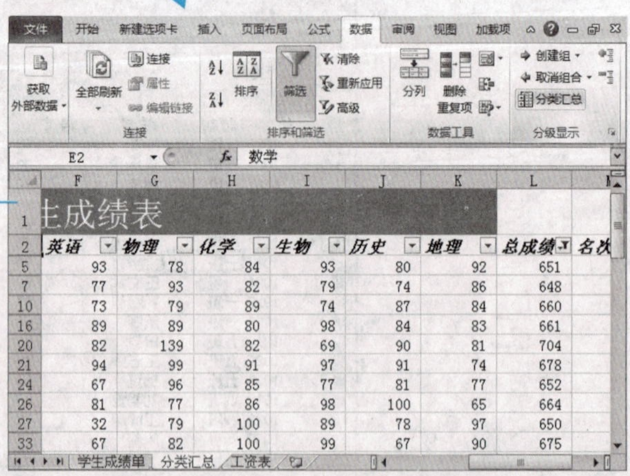

4 单击“确定”按钮，显示筛选结果。

视野拓展

对于刚建立的分类汇总表，可以直接单击快速工具栏中的“撤销”按钮予以取消。但是单击“撤销”按钮最多只能撤销到分类汇总前的状态，而分类汇总前所进行的排序等其他操作无法撤销。

9.5.3 按各个班的总成绩平均分进行分类汇总

操作步骤

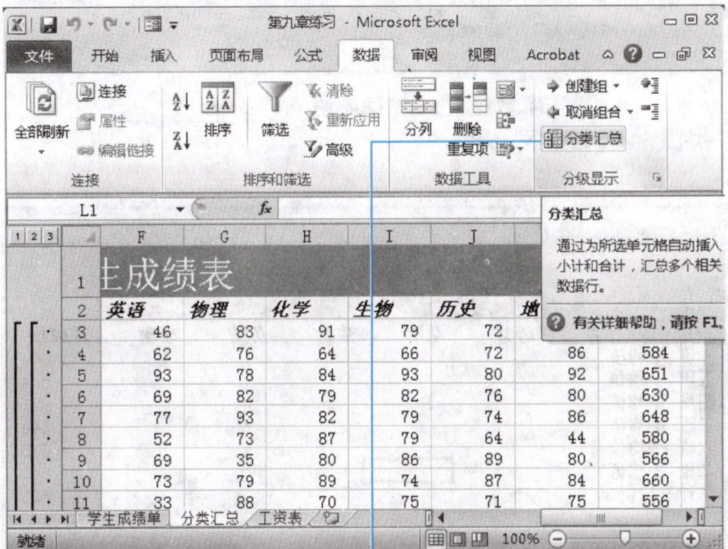

1 单击“数据”选项卡“分级显示”功能组中的“分类汇总”按钮。

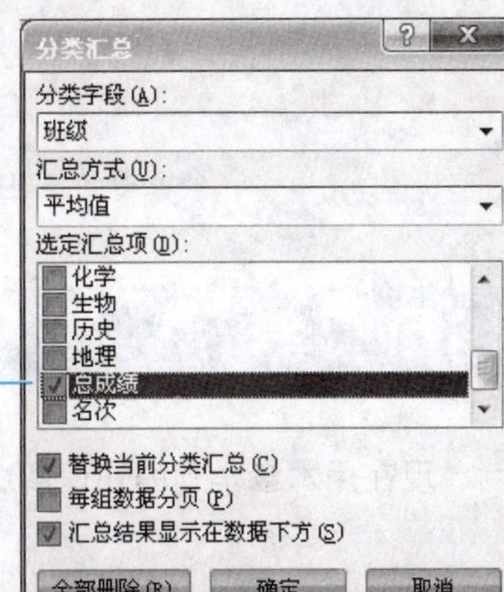

2 在“分类汇总”对话框中进行选择。设置如下：“分类字段”为“班级”；“汇总方式”为“平均值”；“选定汇总项”为“总成绩”。

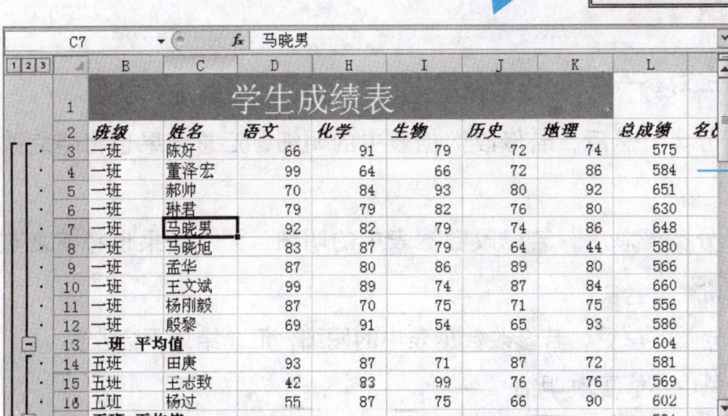

3 单击“确定”按钮，显示平均分的分类汇总结果。

视野拓展

对于账号、零件号这样的特殊数据排序可能存在一些问题，例如，HH-10000-7MKRF与HH-9999-7MKRF比较，由于属于文本，会错误的得出后者大。解决的方法是把不同序列放在不同的列

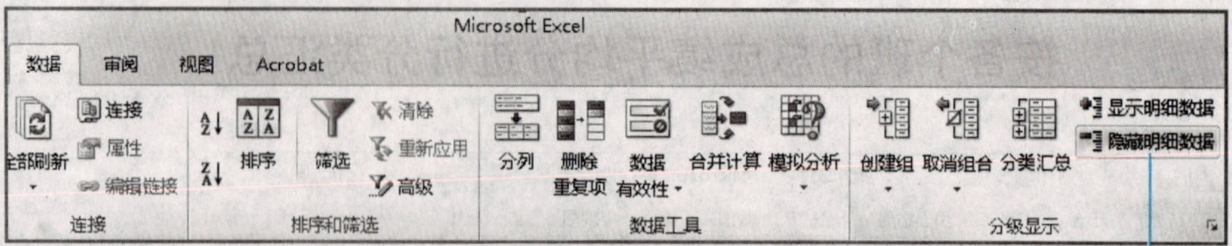

4 单击“数据”→“隐藏明细数据”命令。

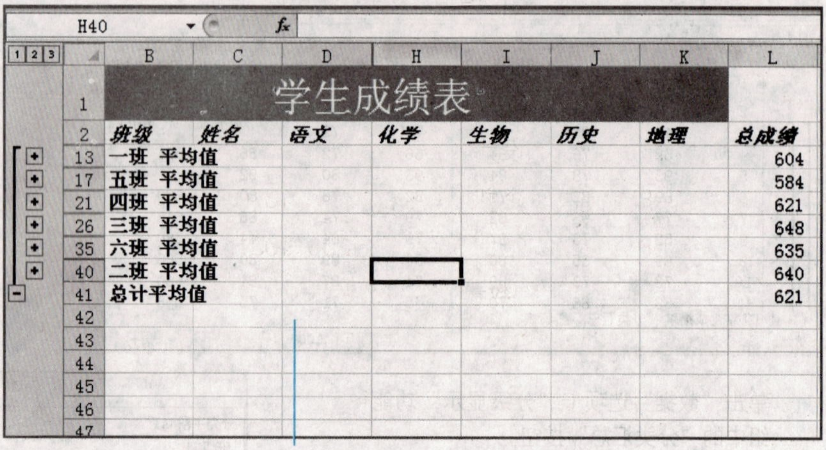

5 得到各班的总成绩的平均分。

9.6 趁热打铁

现在用本章学到的知识解决下面的问题。

9.6.1 选择题

（1）下列关于分类汇总的说法正确的是（　　）。

A. 数据进行分类汇总后，若修改数据表中的明细，汇总结果也将随之改变，且自动更新

B. 数据进行分类汇总后，若修改数据表中的明细，汇总结果也将随之改变，但不会自动更新

C. 数据进行分类汇总后，若修改数据表中的明细，汇总结果不会改变

D. 在分类汇总中不能更改明细

视野拓展

在Excel中，默认的排列方法是比较同列中数据值，按大小进行排序。Excel也可以设置成比较同行中数据值，按大小进行排序的形式。设置方法是，单击“数据”选项卡“排序和筛选”组中的“排序”按钮，打开“排序”对话框，在“选项”中进行更改配置。

（2）在Excel 2010中，分级显示最多允许（　）层分级显示。

A. 6　　　　B. 7

C. 8　　　　D. 9

9.6.2 实践题

打开光盘“素材”中的“第9章练习2”，完成以下操作。

（1）用“记录单”功能添加记录四条记录。

24 11.08 王明浩　生产 600 200 200 1000 57 60 883

25 11.08 刘超　设计 600 220 150 970 57 60 853

26 11.08 徐亮　企划 850 320 200 1370 80.75 50 1239.25

27 11.08 沙靖松　企划 550 300 200 1050 52.25 20 977.75

（2）按照实发工资的数量的降序对数据进行排列，效果如下图所示。

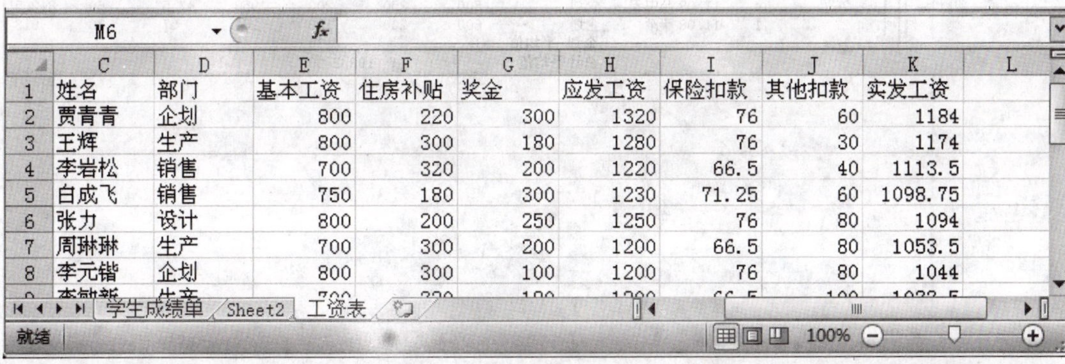

	C	D	E	F	G	H	I	J	K
1	姓名	部门	基本工资	住房补贴	奖金	应发工资	保险扣款	其他扣款	实发工资
2	贾青青	企划	800	220	300	1320	76	60	1184
3	王辉	生产	800	300	180	1280	76	30	1174
4	李岩松	销售	700	320	200	1220	66.5	40	1113.5
5	白成飞	销售	750	180	300	1230	71.25	60	1098.75
6	张力	设计	800	200	250	1250	76	80	1094
7	周琳琳	生产	700	300	200	1200	66.5	80	1053.5
8	李元锴	企划	800	300	100	1200	76	80	1044

（3）用“筛选”功能将所在部门为“生产”，基本工资小于等于650的信息筛选出来，效果如下图所示。

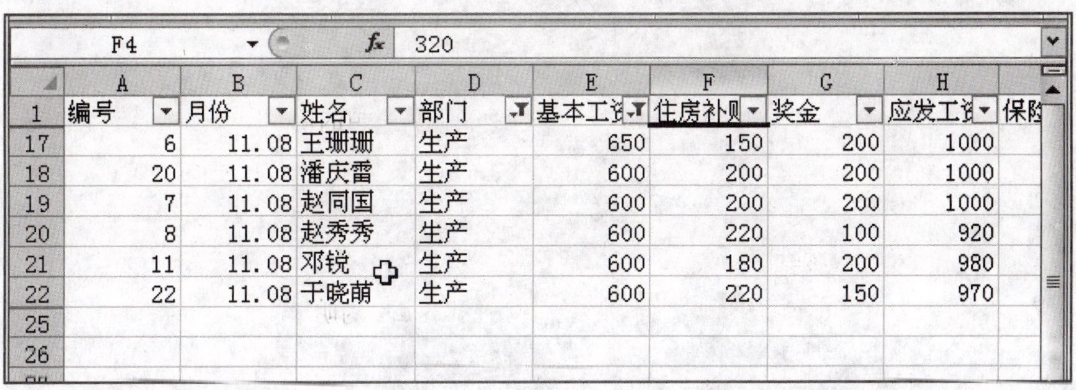

	A	B	C	D	E	F	G	H
1	编号	月份	姓名	部门	基本工资	住房补贴	奖金	应发工资
17	6	11.08	王珊珊	生产	650	150	200	1000
18	20	11.08	潘庆雷	生产	600	200	200	1000
19	7	11.08	赵同国	生产	600	200	200	1000
20	8	11.08	赵秀秀	生产	600	220	100	920
21	11	11.08	邓锐	生产	600	180	200	980
22	22	11.08	于晓萌	生产	600	220	150	970
25								
26								

视野拓展

单击“筛选”按钮，指向“数字筛选”命令后，在级联菜单中有“高于平均值”和“低于平均值”两个命令行，单击之，即是筛选出该列数据中高于或低于该列所有数据平均值的数据行。

（4）应用“分类汇总”功能按各个部门的奖金平均数进行分类汇总，效果如下图所示。

D3

	A	B	C	D	E	F	G	H	I	J	K
1	编号	月份	姓名	部门	基本工资	住房补贴	奖金	应发工资	保险扣款	其他扣款	实发工资
2	16	11.08	李岩松	销售	700	320	200	1220	66.5	40	1113.5
3	2	11.08	白成飞	销售	750	180	300	1230	71.25	60	1098.75
4	15	11.08	王娜	销售	600	200	300	1100	57	50	993
5	14	11.08	孙春红	销售	600	300	200	1100	57	60	983
6	18	11.08	康建平	销售	650	200	200	1050	61.75	30	958.25
7	17	11.08	陈碧佳	销售	600	220	250	1070	57	60	953
8				**销售 平均值**			241.6667				
9	9	11.08	王辉	生产	800	300	180	1280	76	30	1174
10	23	11.08	周琳琳	生产	700	300	200	1200	66.5	80	1053.5
11	5	11.08	李敏新	生产	700	320	180	1200	66.5	100	1033.5
12	10	11.08	许庆龙	生产	750	200	200	1150	71.25	60	1018.75
13	21	11.08	张子非	生产	750	180	200	1130	71.25	60	998.75
14	6	11.08	王珊珊	生产	650	150	200	1000	61.75	10	928.25
15	20	11.08	潘庆雷	生产	600	200	200	1000	57	30	913
16	7	11.08	赵同国	生产	600	200	200	1000	57	60	883
17	8	11.08	赵秀秀	生产	600	220	100	920	57	0	863
18	11	11.08	邓锐	生产	600	180	200	980	57	60	863
19	22	11.08	于晓萌	生产	600	220	150	970	57	60	853
20				**生产 平均值**			182.7273				
21	3	11.08	张力	设计	800	200	250	1250	76	80	1094
22				**设计 平均值**			250				
23	19	11.08	贾青青	企划	800	220	300	1320	76	60	1184
24	12	11.08	李元锴	企划	800	300	100	1200	76	80	1044
25	13	11.08	白小康	企划	750	220	150	1120	71.25	70	978.75
26	4	11.08	马中安	企划	500	250	200	950	47.5	60	842.5
27	1	11.08	李渐	企划	600	200	100	900	57	30	813
28				**企划 平均值**			170				
29				**总计平均值**			198.2609				

视野拓展

在Excel中，条件区域的构造规则是：同一列中的条件表示条件“或”，即OR（只要其中某一个单元格的条件成立，则整个条件就成立）；同一行中的条件表示条件“与”，即AND（只有所有单元格中的条件都成立，整个条件才成立）。

第10章 工作表的打印

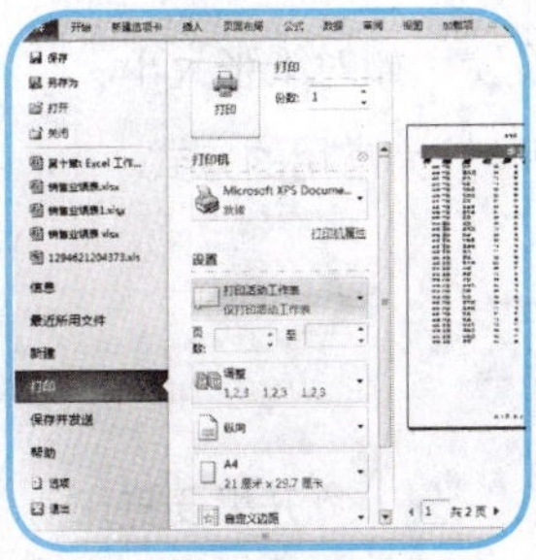

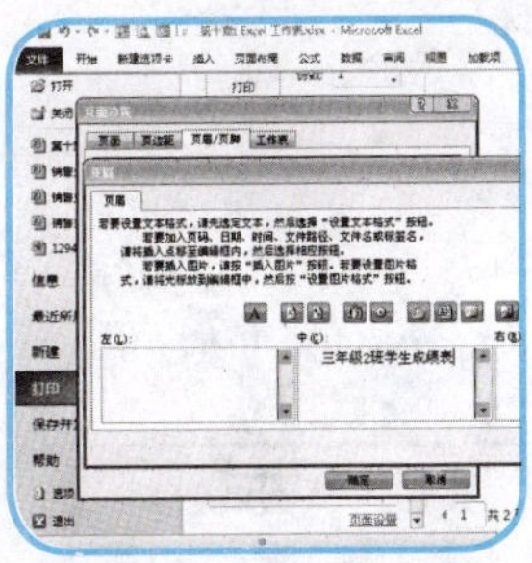

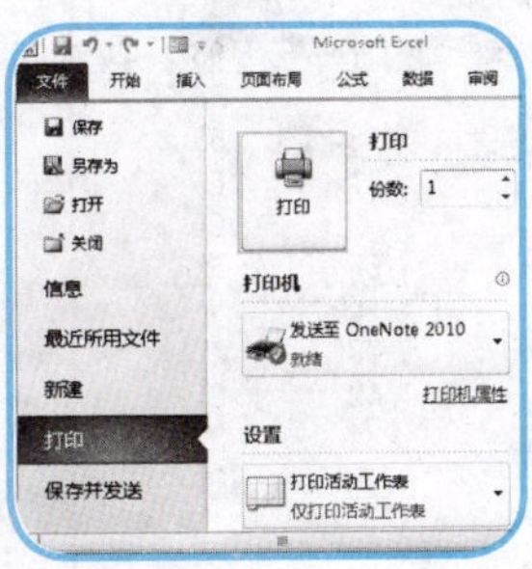

本章导读

电子表格制成后，有的需要将其打印出来。本章介绍一些Excel的打印方法和技巧。重点讲解打印格式的设定，以及一些常用的打印技巧。

本章学习目标

- 打印工作表。
- 打印格式设定。

本章学习重点

- 设置页面格式。
- 设置页眉页脚。
- 打印技巧。

10.1 设置打印页面

本节将介绍页面设置、页边距和页眉页脚设置等知识点。

10.1.1 设置页面

在打印工作表之前，可根据需要对工作表进行一些必要设置，如对纸张大小、纸张方向、页边距、文字方向等进行设置。设置页面有以下两种较为常用的方式。

1. 通过功能区设置

操作步骤

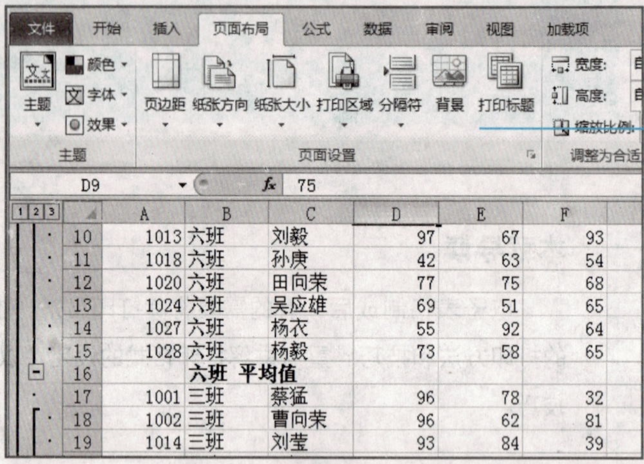

1 打开需要打印的工作表，切换到“页面布局”选项卡。

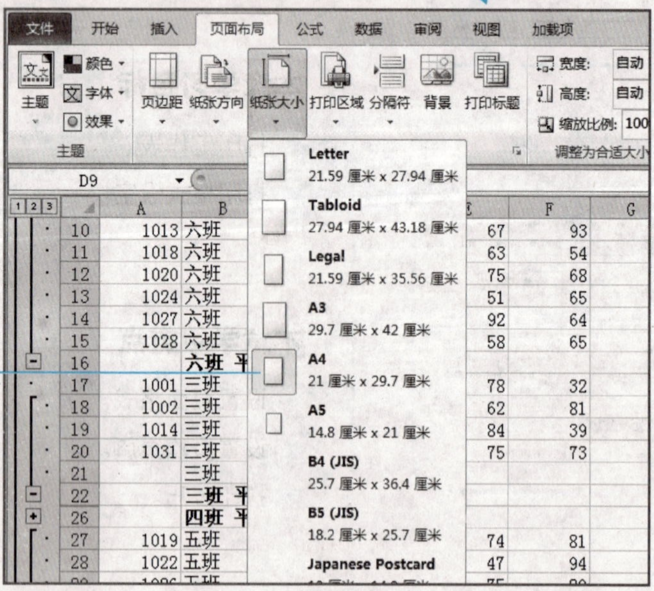

2 单击“页面设置”组的“纸张大小”按钮，然后选择所需的纸张大小即可。

视野拓展

在打印包含大量数据或图表的工作表之前，可以快速在“页面布局”视图中对工作表进行微调，以获得专业效果。

2. 通过“页面设置”对话框设置

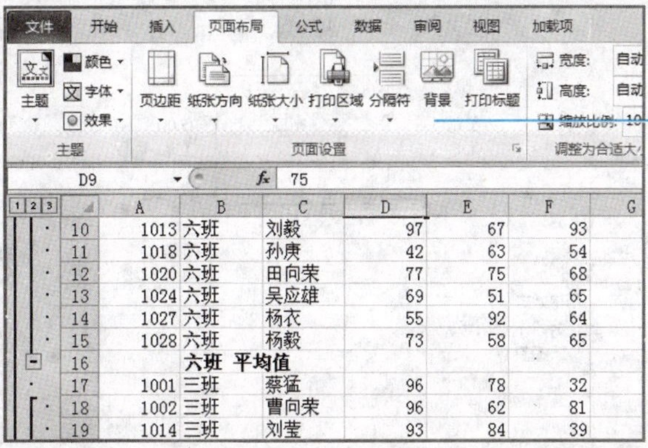

操作步骤

1 打开需要打印的工作表，切换到“页面布局”选项卡，单击右下角的下三角按钮。

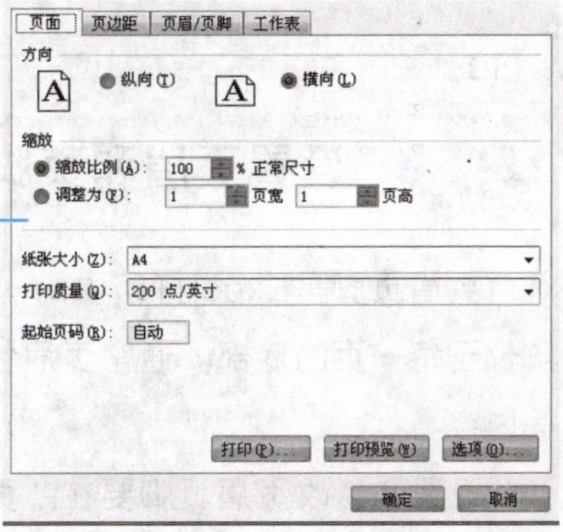

2 在弹出的对话框中进行设置。

技巧： 在Excel中，默认的页面方向为纵向。当打印工作表的内容比较大时，可以将页面方向设置为横向。方法为，在“页面设置”对话框内单击“横向”单选按钮，然后单击“确定”按钮即可。

10.1.2 设置页面边距

页面边距是指打印区域以外的空白地区，用户可根据需要对页边距的大小进行设定，其具体步骤如下。

操作步骤

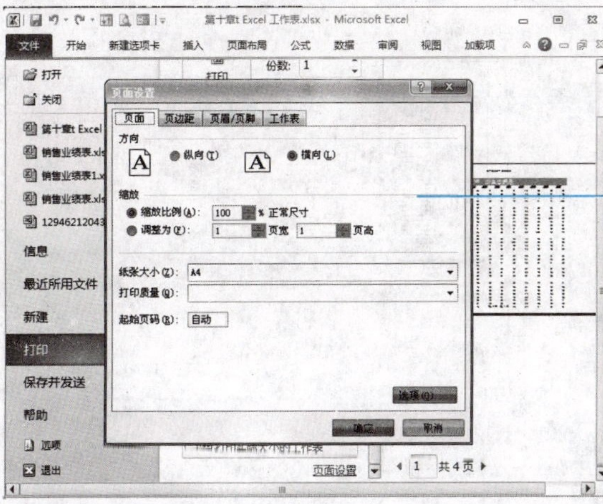

1 选择“文件”→“打印”命令。选中右侧下方的“页面设置”选项，打开“页面设置”对话框。

视野拓展

若要避免打印被截断的文本和数字标记（而不是打印完整的文本），可以增加列宽以容纳数据，也可以使用文本自动换行来增加行高以适应列宽，从而使文本在屏幕和打印的页面上可见。

技巧： 打开“边距”选项卡的另一种方法是，用鼠标切换到“页面布局”选项卡，单击右下角的按钮，就可以切换到“页边距”选项卡了。

2 在“页面设置”对话框选择“页边距”选项卡，然后根据需要调整“上下左右”距离，单击“确定”按钮即可完成页边距的设置。

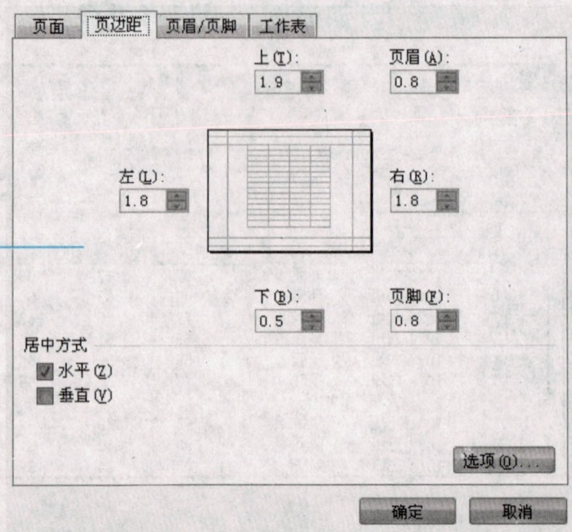

10.1.3 设置页眉和页脚

页眉页脚是Excel打印中的一项重要知识点。页眉位于每一页的顶部，页脚位于每一页的底部。通常页眉包括标题等内容，页脚包括页数、日期和时间等内容。

设置和修改页眉页脚要在“页眉页脚”对话框中实现。参照上一小节的知识，打开此对话框有两种方法。

（1）选择“文件”→“打印”命令，选中右侧下方的“页面设置”选项，打开“页面设置”对话框。

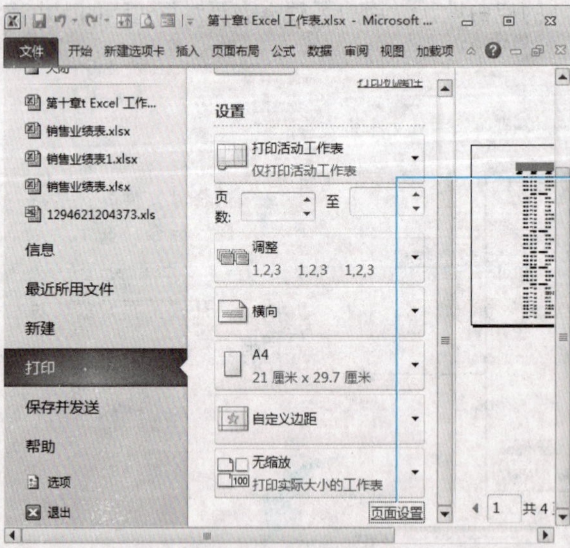

单击此处的页面设置按钮

视野拓展

页眉和页脚不会以普通视图显示在工作表中，而仅以页面布局视图显示在打印页面上。

（2）选好将要打印的工作表，选择“页面布局”选项卡，单击右下角的 按钮，就可以打开“页面设置”对话框。

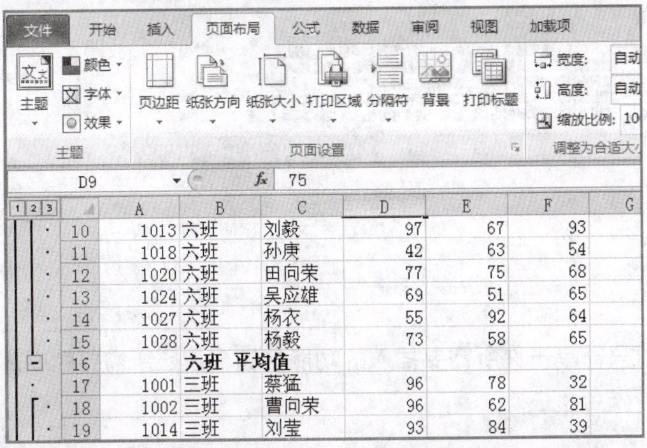

（3）在“页面设置”对话框中就可以设置和修改页眉页脚了。

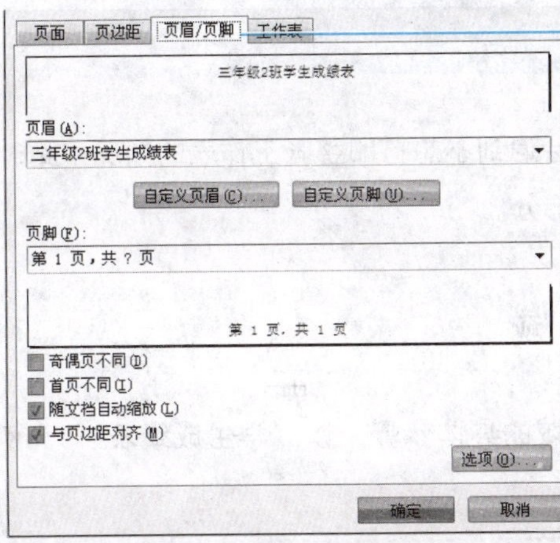

切换到“页眉/页脚”选项卡，选择需要的页眉页脚，单击右侧的下拉按钮，在弹出的下拉列表中进行选择，也可以进行自定义设置。

Excel 2010中自带了几种页眉页脚格式。

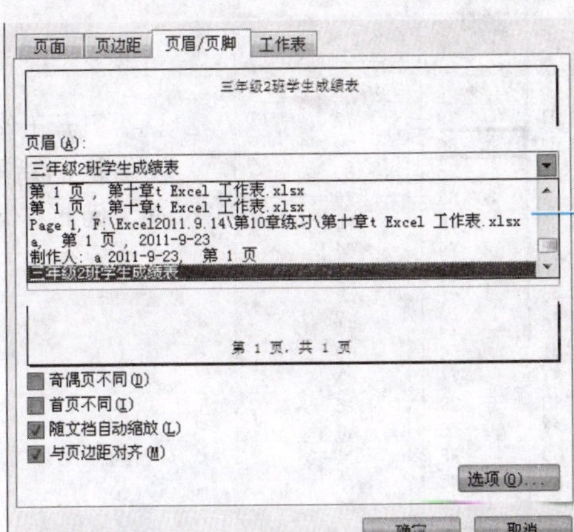

使用鼠标单击“页眉”的下拉按钮，在下拉列表中可以选择页眉的格式。

技巧：掌握了功能按钮的意义可以很快提高页眉页脚的设置效率。 代表插入日期， 代表插入时间， 代表插入文件名。还可以单击相应的命令，实现设置文本格式、插入图片等操作。

视野拓展

若要删除页眉或页脚的一部分，请在页眉或页脚文本框中选中要删除的部分，然后按Delete键或Backspace键。也可以单击文本，然后按 Backspace键删除前面的字符。

当单击“自定义页眉”时，会弹出“页眉”对话框，此时设置的格式更为灵活。

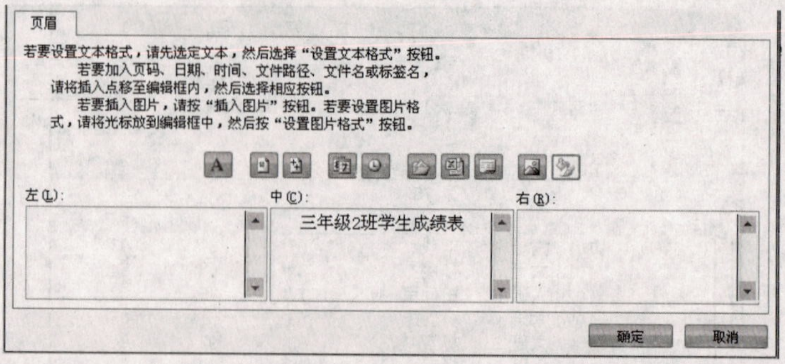

技巧：当奇偶页需要设置不同的页眉页脚时，勾选“页眉/页脚”选项卡中的“奇偶页不同（D）”，便可在“自定义”中分别设置。

在插入时只需单击你所需要插入的功能按钮，按照所需要的顺序插入即可。对于页脚的操作与此类似。

10.2 设置打印区域和打印标题

在打印工作表时，经常会遇到不想打印整张工作表的情况，此时可以设置打印区域，只打印需要打印的部分。

10.2.1 设置打印区域

操作步骤

本小节介绍设置打印区域的具体步骤，以“学生成绩表2”为例，只打印A到K列。

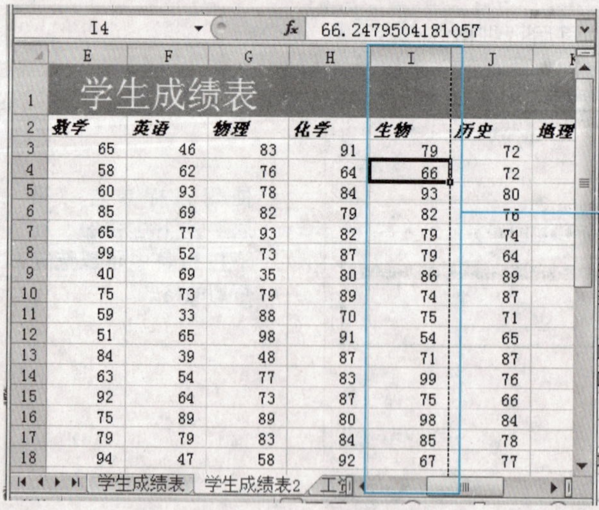

	E	F	G	H	I	J	K
2	数学	英语	物理	化学	生物	历史	地理
3	65	46	83	91	79	72	
4	58	62	76	64	66	72	
5	60	93	78	84	93	80	
6	85	69	82	79	82	76	
7	65	77	93	82	79	74	
8	99	52	73	87	79	64	
9	40	69	35	80	86	89	
10	75	73	79	89	74	87	
11	59	33	88	70	75	71	
12	51	65	98	91	54	65	
13	84	39	48	87	71	87	
14	63	54	77	83	99	76	
15	92	64	73	87	75	66	
16	75	89	89	80	98	84	
17	79	79	83	84	85	78	
18	94	47	58	92	67	77	

1 打开工作表，此时默认的纸张方向是纵向，因此在I和J列有打印的分割虚线。

视野拓展

若要在页眉或页脚文本中包含一个&号，请使用两个&号。例如，若要在页眉中包含“Subcontractors & Services”，请输入Subcontractors && Services。

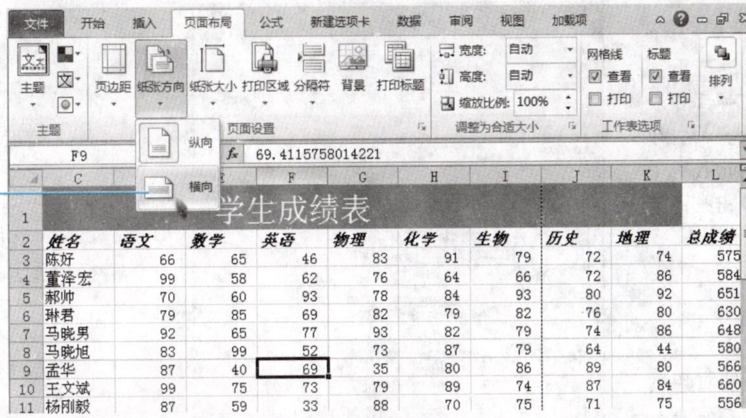

2 单击“页面布局”选项卡中“页面设置”功能组中的“纸张方向”，在弹出的列表中选择“横向”。

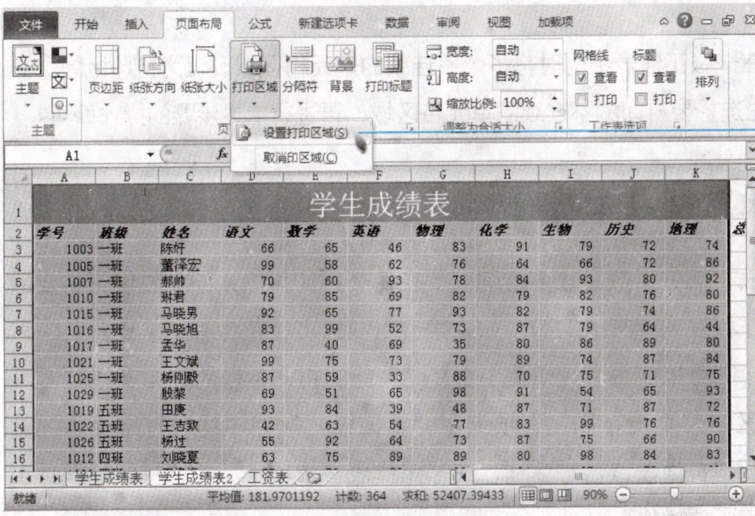

3 选择A到K列，选择“打印区域”→“设置打印区域”命令。

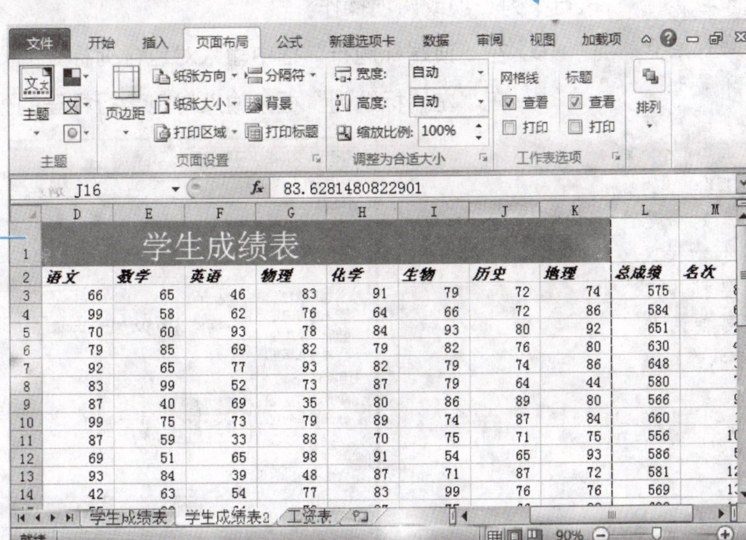

4 此时打印区域设置完毕，效果如图所示。

视野拓展

一个工作表可以有多个打印区域，每个打印区域都将作为一个单独的页打印。

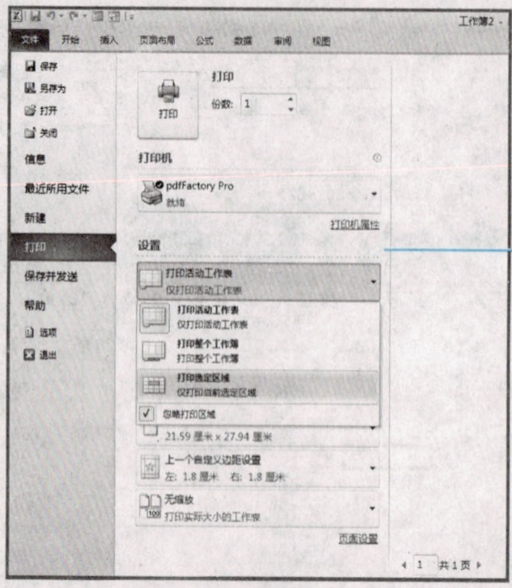

5 选择“文件”→“打印”命令，在“设置”列表框中选择“打印选定区域仅打印当前选定区域”，然后单击“打印”按钮，即可打印选定的区域。

提示：打印工作表时，所设置的打印区域中的虚线是不会被打印出来的。

提示：如果打印的是活动的工作表，则在下拉列表中选择“打印活动工作表”选项；如果打印整个工作簿，则选择“打印整个工作簿”选项；如果不打印定义的打印区域，就选择“忽略打印区域”选项。

用户可以在一张工作表中同时将多个不连续的单元格区域设置为打印区域。其操作方法是，先选择要打印的不连续的单元格区域，再进行上述步骤的操作即可。

10.2.2 设置打印标题

如果工作表打印的页数比较多，则需要在每个打印页的顶部或左侧将特定的行或列重复用作标题或标签。例如，如果第一行和第二行包含有助于理解工作表中数据的标签，则可以在每个打印页上重复这些行。打印标题的具体操作如下。

单击功能区中“页眉布局”选项卡下“页面设置”组中的“打印标题”按钮，此时会打开“页面设置”对话框，在“工作表”选项卡下的“打印标题”中执行下列一项或两项操作。

- 在“顶端标题行”框中输入对包含列标签的行的引用。
- 在“左端标题列”框中输入对包含行标签的列的引用。

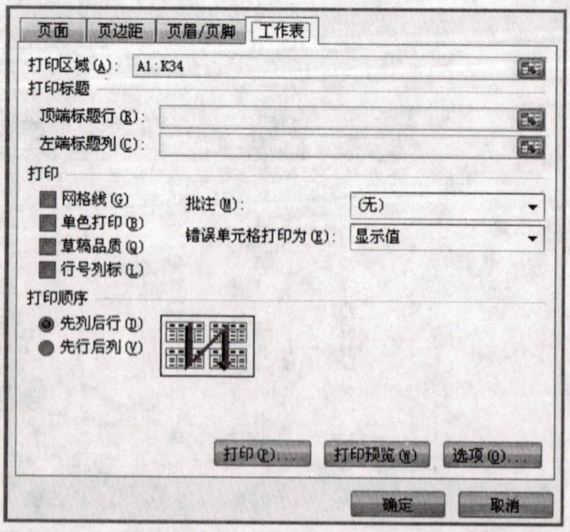

注意：用户在打印工作簿或工作表时，可以一次打印一个或多个，也可以打印整个或部分工作簿和工作表。如果打印工作表的部分区域，则需要选择打印的数据区域；如果要打印工作表，则要使工作表处于当前状态。

视野拓展

在工作表上选择要定义为打印区域的单元格。在按住Ctrl键的同时单击要打印的区域，可创建多个打印区域。

10.3 打印工作表

通常情况下，工作表打印前需要预览。有时不仅打印一张工作表，而是打印整个工作簿。

10.3.1 打印活动工作表

选择“文件”→“打印”命令，在“设置”列表框中选择“打印活动工作表”。

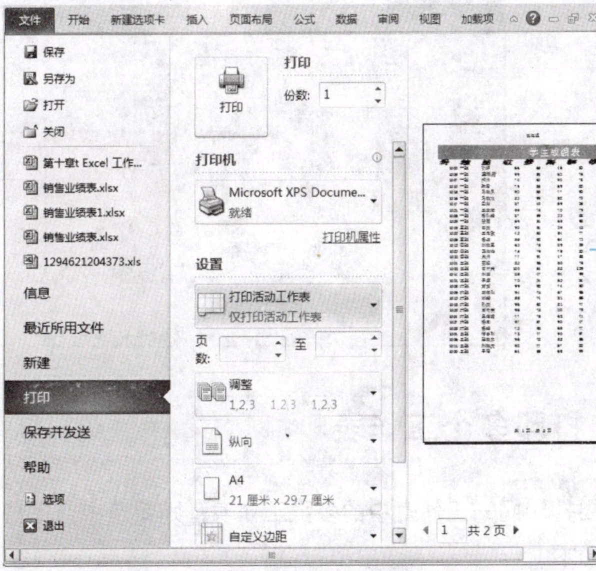

打印预览在日常工作中用处很广，可以将其放入快速访问工具栏中，这样访问起来非常方便。

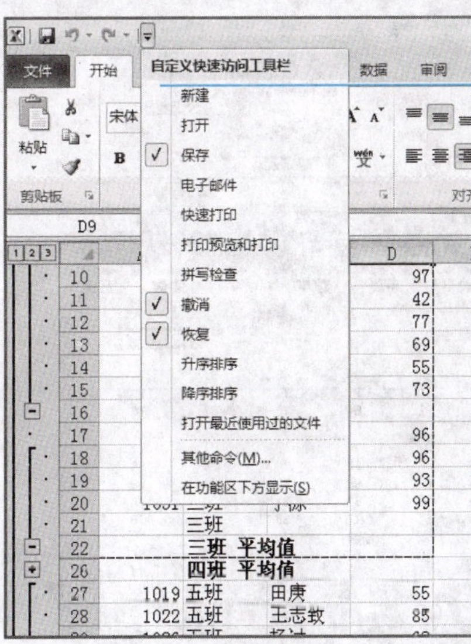

视野拓展

在打印预览模式窗口中不能修改其中的值，若需要修改，则必须首先关闭打印预览。

对工作表打印预览，直到修改满意后就可以进行打印了。对于打印份数和页数的设置方法如下。

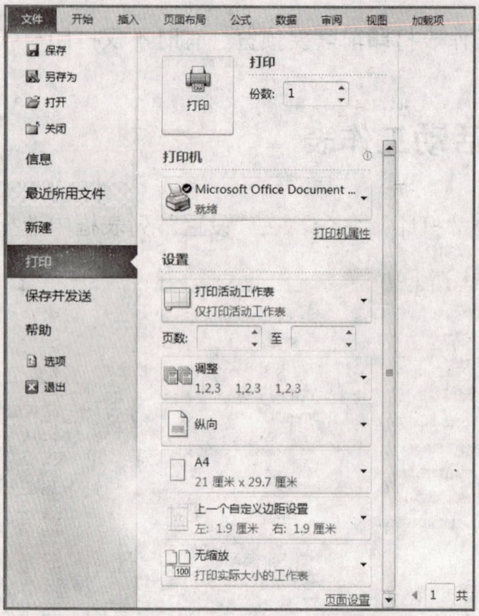

10.3.2 打印多个工作表

操作步骤

用户需要打印同一工作簿中的多张工作表，则要选中需要打印的表，再进行打印，步骤如下。

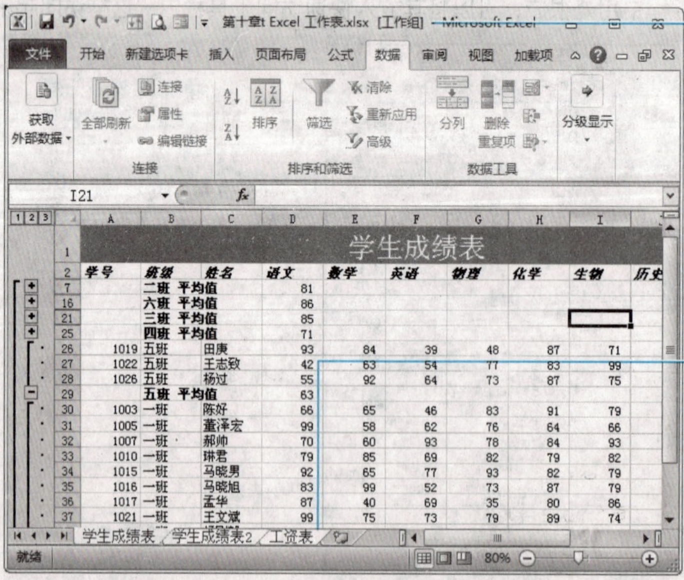

视野拓展

如果工作表包含多个打印区域，则清除打印区域的方法是，单击目标打印区域，在“页面布局”选项卡上的“页面设置”组中单击“取消打印区域”按钮。

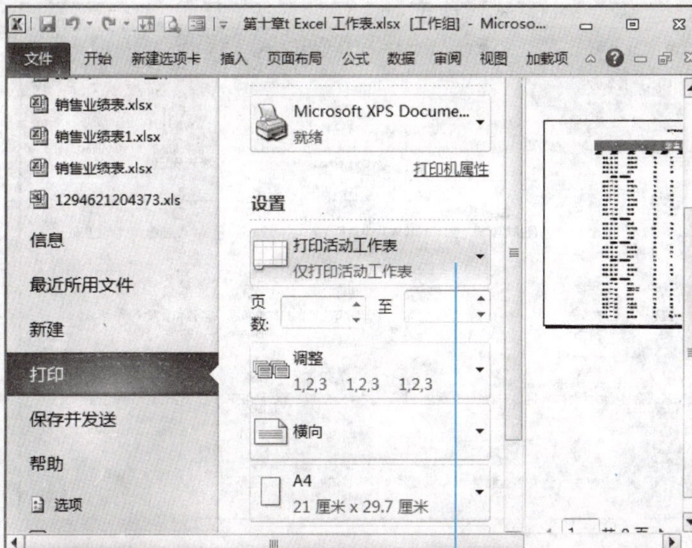

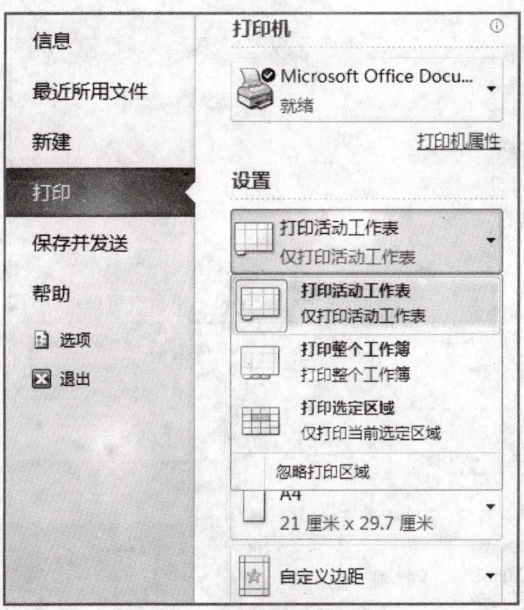

2 选择“文件”→“打印”命令，在“设置”列表框中选择“打印活动工作表”。

提示：如果要打印整个工作簿的话，可以在“文件”选项卡中单击“打印”选项，然后单击“设置”栏下方的“打印整个工作簿”即可。

10.3.3 取消打印

如果对打印的内容不满意，或者因其他原因要停止打印操作，可以使用“控制面板”中的“打印和传真”功能。

视野拓展

如果以正常方式取消不了打印任务的话，可以按Ctrl+Alt+Delete键，打开任务管理器的菜单，单击上面的“进程”，找到spoolsv.exe这个文件，单击下面的“结束进程”按钮，再单击“是(Y)”

操作步骤

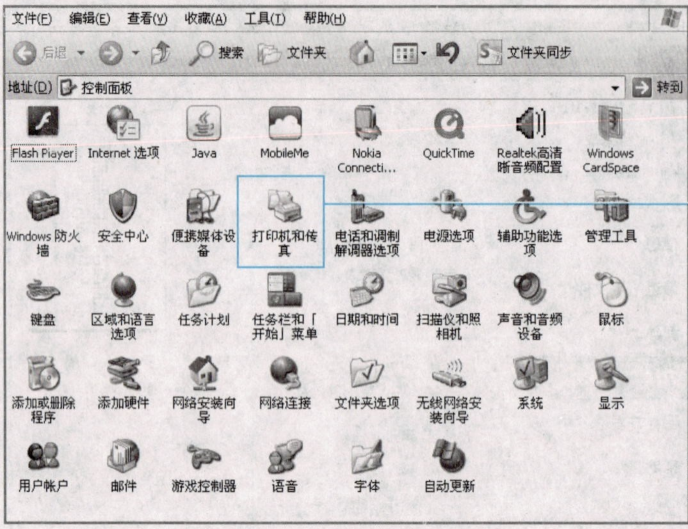

1 单击“控制面板”→“打印机和传真”。

提示：打印时还有其他技巧需要掌握。如Excel常有些公式，由于数据空缺会返回错误值，在打印时需进行设置，否则会大大影响打印出的表格效果。

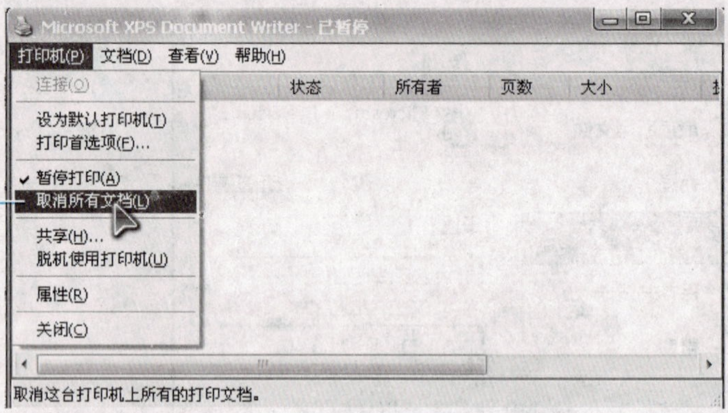

2 选择“打印机”→“取消所有文档”命令。

操作步骤

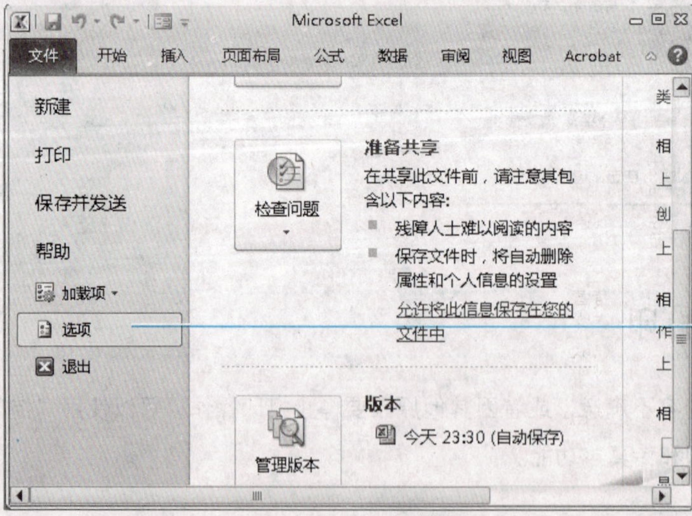

3 单击“选项”按钮，则会弹出“Excel选项”对话框，可以在其中设置打印效果。

视野拓展

如果完成了对打印区的操作而需要继续打印整个工作表，则打开“文件”选项卡，单击“打印”组中的“设置”命令，在弹出的列表中选择“忽略打印区域”选项。

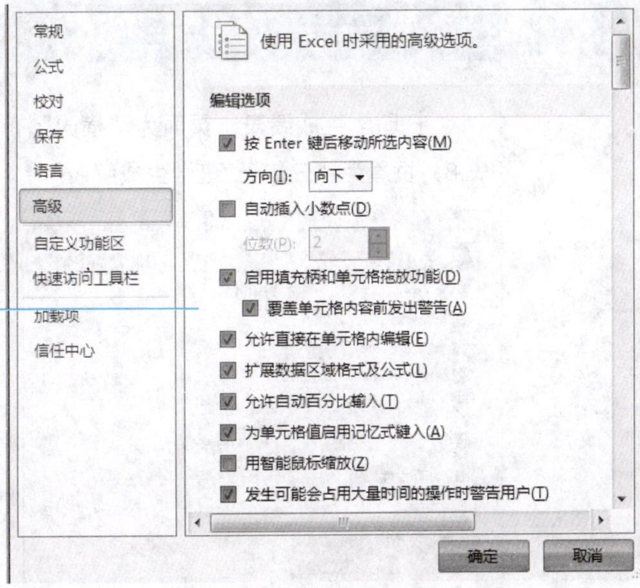

4 单击“高级”选项卡，可以进行是否打印零值、打印公式而非计算结果等功能的设定。

10.3.4 缩放打印

在打印表格时常遇到这样的问题：表格的末页只有几行，直接打印出来不美观，而且浪费纸张，此时可以通过改变缩放比例进行设置。

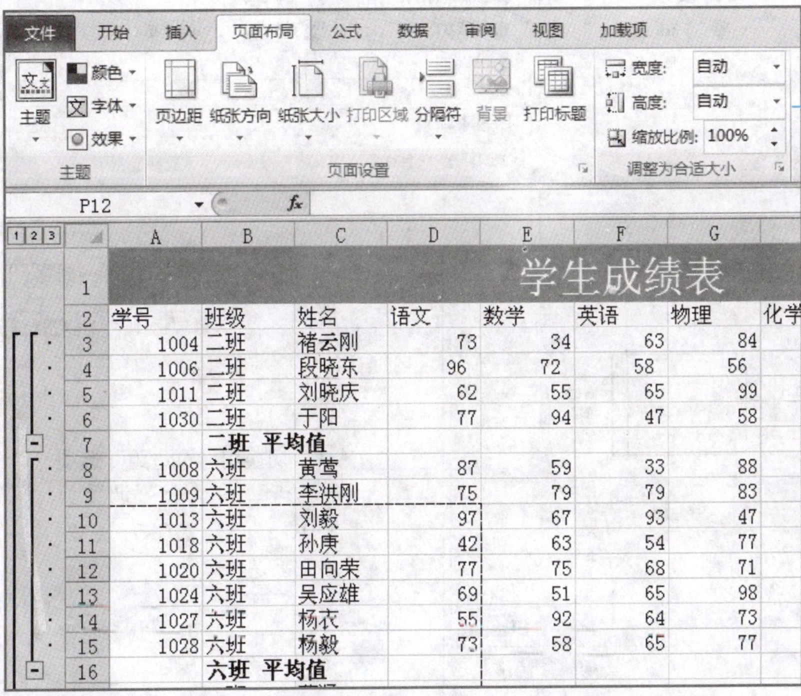

单击“页面布局”选项卡，在“调整为合适大小”栏内可以修改缩放。

视野拓展

调节表格状态栏中的缩放调节按钮不能使数据的打印效果发生改变。

10.4 实例——打印学生成绩表

打印学生成绩表，页面为“横向”，页边距上为1.9，下为0.5，左右都是1.8，页眉为“三年级2班学生成绩表”

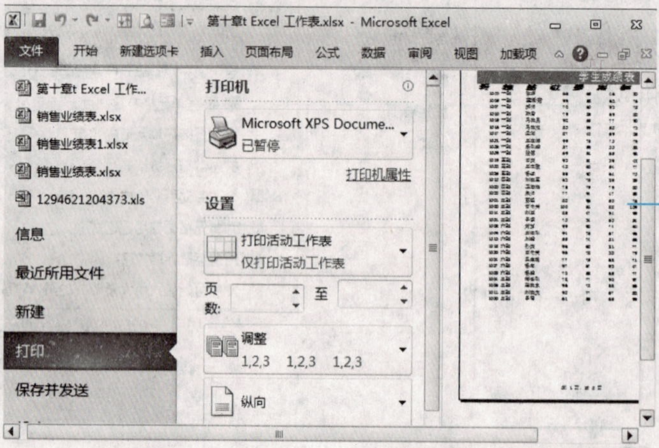

1 快速录入学生成绩数据，选择“文件”→“打印”命令，此时会在右侧窗口中显示页面内容的预览视图。

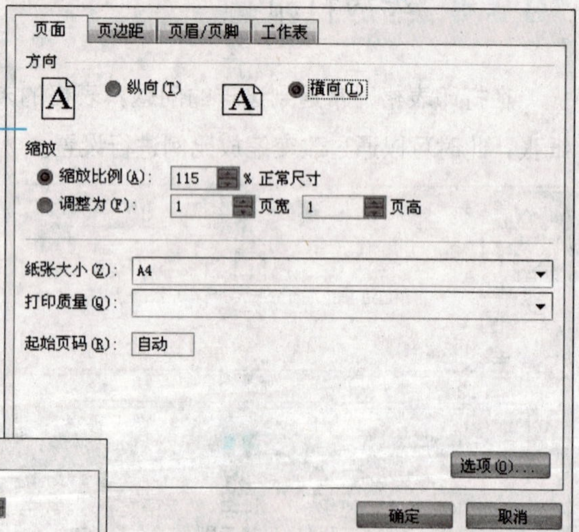

2 单击中间窗格底部的“页面设置”按钮，打开“页面设置”对话框，选择方向为“横向”。

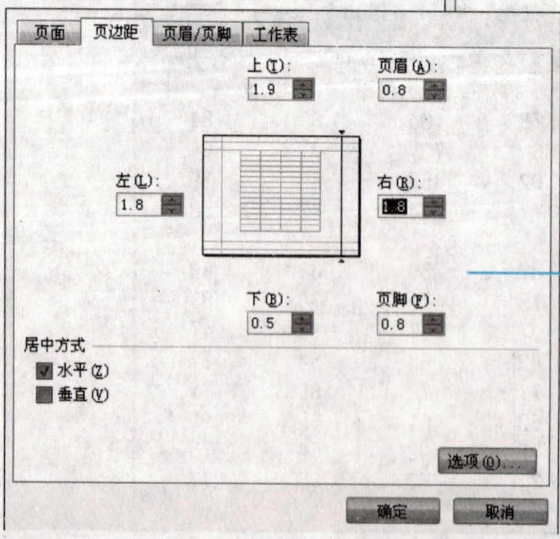

3 切换到“页边距”选项卡，将“上”调整为1.9，“下”为0.5，“左右”都是1.8。

视野拓展

在“页面设置”对话框的“页面边距”选项卡中可以选择内容的居中方式。勾选“水平”和“垂直”复选框后，内容居于整个页面的中央。

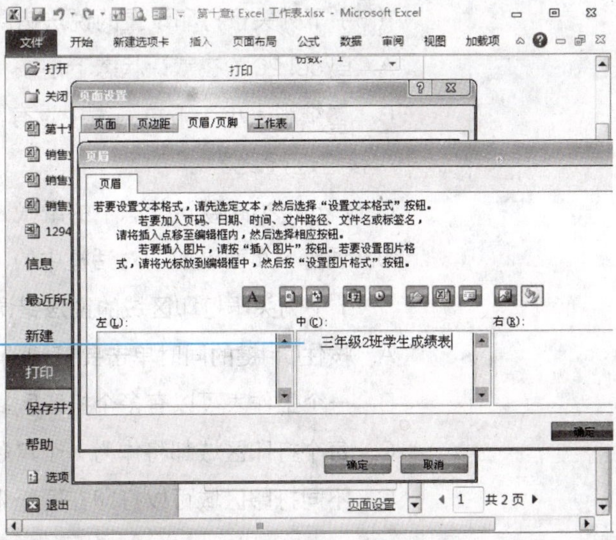

4 切换到“页眉/页脚”选项卡，单击“自定义页眉”，打开“页眉”对话框，在中间方框中输入“三年级2班学生成绩表”。

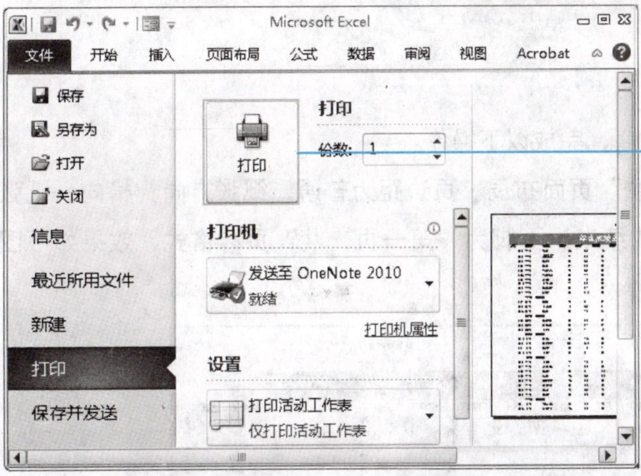

5 单击“确定”按钮完成页面设置。单击中间窗口上部的“打印”按钮即可打印学生成绩表。

10.5 趁热打铁

现在用本章学到的知识解决下面的问题。

10.5.1 选择题

（1）若要打印一个工作簿中的多个表格，则在鼠标选择表格时应同时按住（　　）键。

A. Shift　　B. Tab　　C. Ctrl　　D. Enter

（2）在下列函数中，（　　）不是文本函数。

A. DOLLAR　　B. RMB　　C. GETPIVOTDATA　　D. FINDB

视野拓展

在打印时有时为了节约纸张，需要把一整页与另一页中不太多的列合并为一页。快速设置的方式是，打开“文件”选项卡中的“打印”组，在“设置”组中调整下拉杆，在最下面的功能列表中

（3）下列关于打印设置的说法错误的是（　　）。

A. Excel 2010在默认状态下是按“纵向”打印的

B. “纸张大小”下拉列表中没有需要的纸张规模时，可以单击“其他纸张大小”按钮进行设置

C. Excel 2010默认状态下的纸张大小是A4

D. 调整“页面设置”对话框中的“缩放比例”后，打印效果不会改变

（4）下列关于打印区域的说法错误的是（　　）。

A. 按住Ctrl键的同时单击要打印的区域，可创建多个打印区域

B. 一个工作表可以有多个打印区域

C. 每个打印区域都将作为一个单独的页打印

C. 不同打印区域可以打印在同一张纸上

10.5.2 实践题

打开第10章练习工作簿，完成以下操作。

（1）设置“学生成绩”页面布局。页边距为普通、纸张方向为横向、纸张大小为A4、页眉为学生成绩表、页脚为“第一页，共? 页”格式，效果如下图所示。

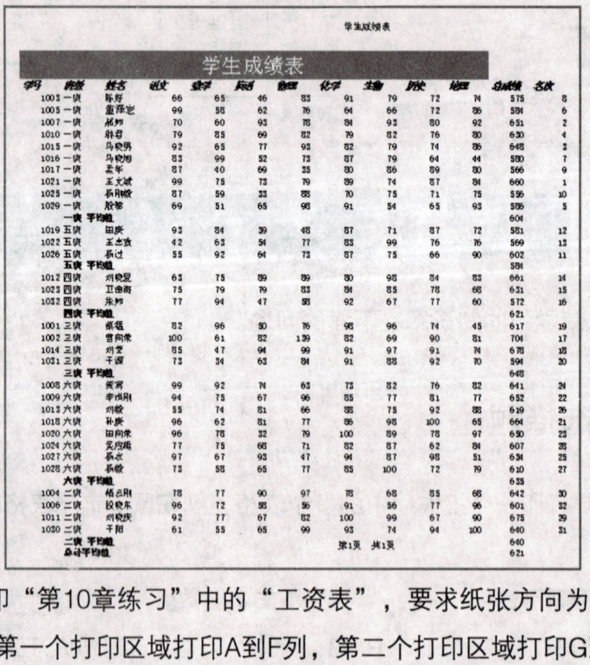
学生成绩表

学生成绩表

学号	班级	姓名	语文	数学	英语	物理	化学	生物	历史	地理	总成绩	名次
1003	一班	陈好	66	65	46	83	91	79	72	74	575	8
1005	一班	董泽宏	99	58	62	76	64	66	72	86	584	6
1007	一班	杨帅	70	60	93	78	84	93	80	92	651	2
1010	一班	韩君	79	85	69	82	79	82	76	80	630	4
1015	一班	马晓男	92	65	77	93	82	79	74	86	648	3
1016	一班	马晓旭	83	99	52	73	87	79	64	44	580	7
1017	一班	孟华	87	40	69	35	80	86	89	80	566	9
1021	一班	王文斌	99	75	73	79	89	74	87	84	660	1
1025	一班	杨丽敏	87	59	33	88	70	75	71	75	556	10
1029	一班	殷黎	69	51	65	98	91	54	65	93	586	5
	一班 平均值										604	
1019	五班	田庆	93	84	39	48	87	71	87	72	581	12
1022	五班	王杰宝	42	63	54	77	83	99	76	76	569	13
1026	五班	杨过	55	92	64	73	87	75	66	90	602	11
	五班 平均值										584	
1012	四班	刘晓昱	63	75	89	89	80	98	84	83	661	14
1023	四班	卫鸣涛	75	79	79	83	84	85	78	68	631	15
1032	四班	朱帅	77	94	47	58	92	67	77	60	572	16
	四班 平均值										621	
1001	三班	张硕	82	96	50	76	98	96	74	45	617	19
1002	三班	曹向荣	100	61	82	139	82	69	90	81	704	17
1014	三班	刘莹	85	47	94	99	91	97	91	74	678	18
1031	三班	于源	73	34	63	84	91	88	92	70	594	20
	三班 平均值										648	
1008	六班	黄宵	99	92	74	63	73	82	76	82	641	24
1009	六班	李洪刚	94	75	67	96	85	77	81	77	652	22
1013	六班	刘敏	55	74	81	66	88	75	92	88	619	26
1018	六班	孙庆	96	62	81	77	86	98	100	65	664	21
1020	六班	田向荣	96	78	32	79	100	89	78	97	650	23
1024	六班	吴海燕	77	75	68	71	82	87	62	84	607	28
1027	六班	杨欢	97	67	93	47	94	87	98	51	634	25
1028	六班	杨敏	73	58	65	77	85	100	72	79	610	27
	六班 平均值										635	
1004	二班	杨占刚	78	77	90	97	78	68	85	68	642	30
1006	二班	段晓东	96	72	58	56	91	56	77	96	601	32
1011	二班	刘晓庆	92	77	67	82	100	99	67	90	675	29
1030	二班	于阳	61	55	65	99	93	74	94	100	640	31
	二班 平均值										640	
	总计平均值										621	

第1页　共1页

（2）打印“第10章练习”中的“工资表”，要求纸张方向为纵向；分为两个打印区域，第一个打印区域打印A到F列，第二个打印区域打印G到K列。

视野拓展

若需要手动自由地调整内容的打印布局，则打开“文件”选项卡，在打印预览区右下角单击按钮，在预览区中便可出现很多网格线，调整网格线便可调整打印范围。

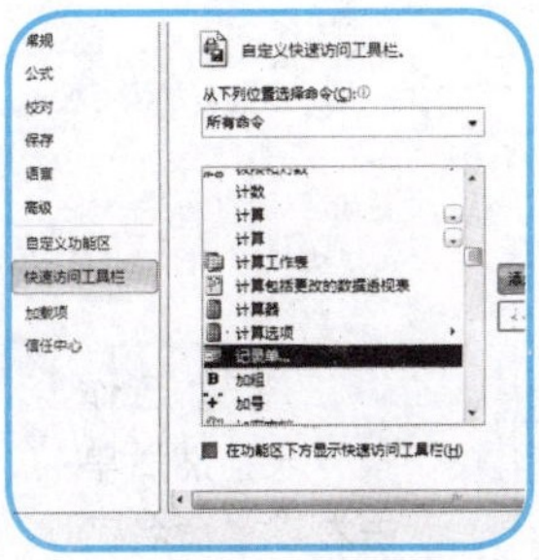

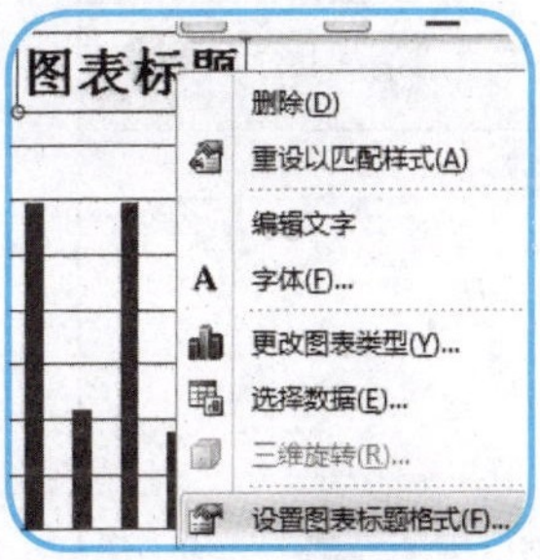

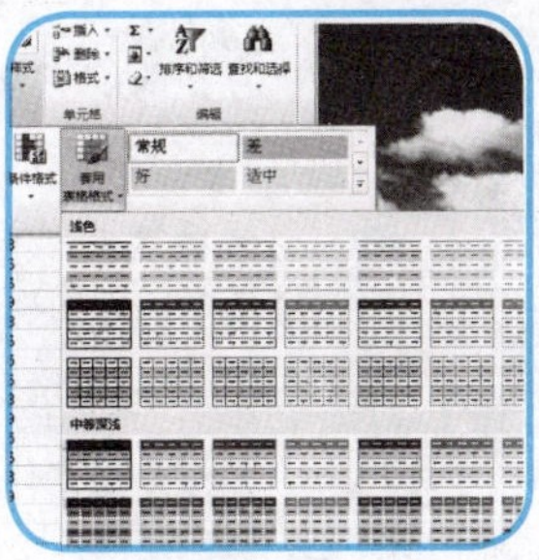

第11章

综合实例——销售业绩表

本章导读

本章以销售业绩表为例，综合讲述Excel 2010的实际应用问题。本章综合了前10章所学知识，从销售业绩表的制作，数据的图形化，分析汇总销售数据，打印设置销售业绩表四个方面介绍了建立及美化工作表的内容。

本章学习目标

- 掌握建立Excel工作表的基本技巧。
- 能够熟练地使用Excel 2010建立工作表，并掌握用图形表示数据的方法。
- 掌握分析数据的基本方法。
- 了解设置打印工作表的方法。

本章学习重点

学会从建立工作簿到打印出工作表的整个过程。

11.1 制作销售业绩表

本节讲解创建销售业绩表的过程，首先创建销售工作表，接下来对销售业绩表进行美化。

11.1.1 创建销售业绩表

操作步骤

本章讲解销售表的创建过程，具体操作步骤如下。

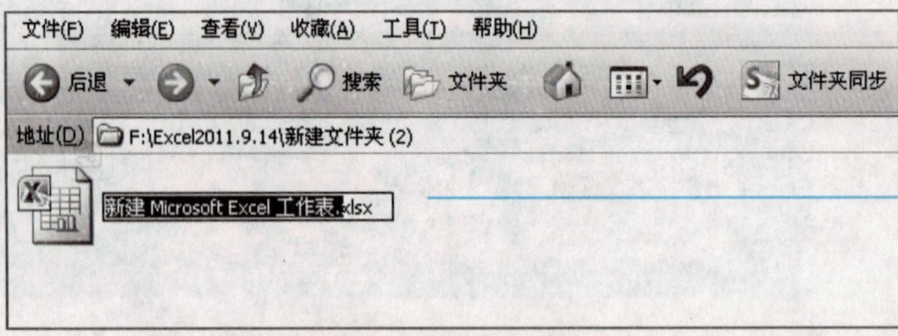

1 新建工作表，然后单击右键重命名工作表。

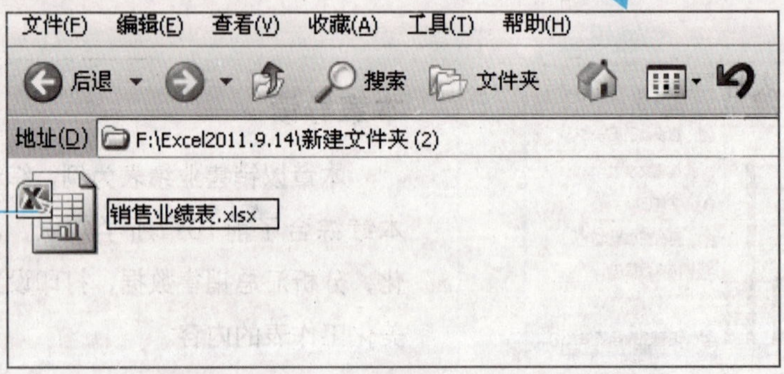

2 重命名为“销售业绩表”。

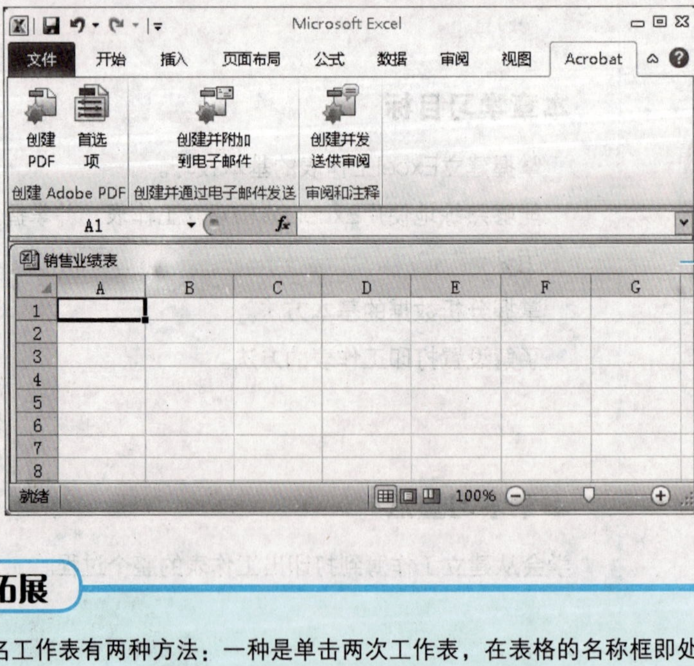

3 打开销售业绩表。

视野拓展

重命名工作表有两种方法：一种是单击两次工作表，在表格的名称框即处于被选中状态；另一种方法是右击工作表，从弹出的快捷菜单中选择“重命名”命令。

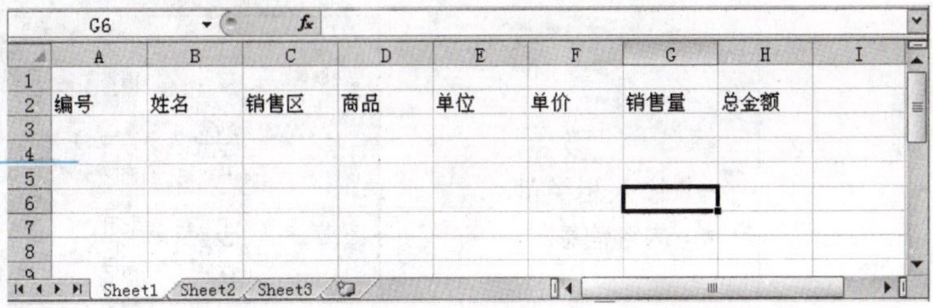

4 在A2到H2中输入业绩表内容标题。

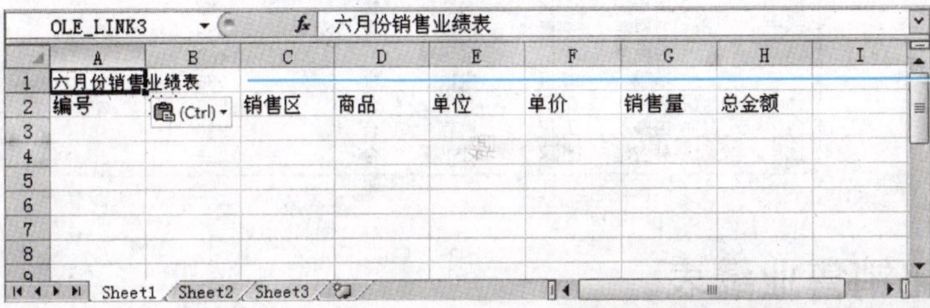

5 在A1中输入“六月份销售业绩表”。

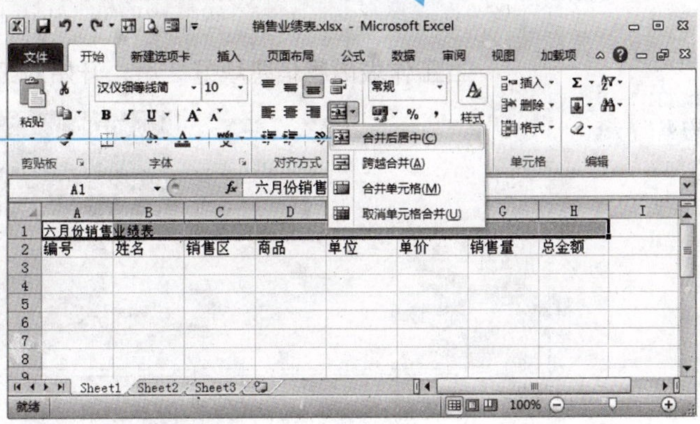

6 选择A1到 H1表格，选择“开始”→“合并后居中”命令。

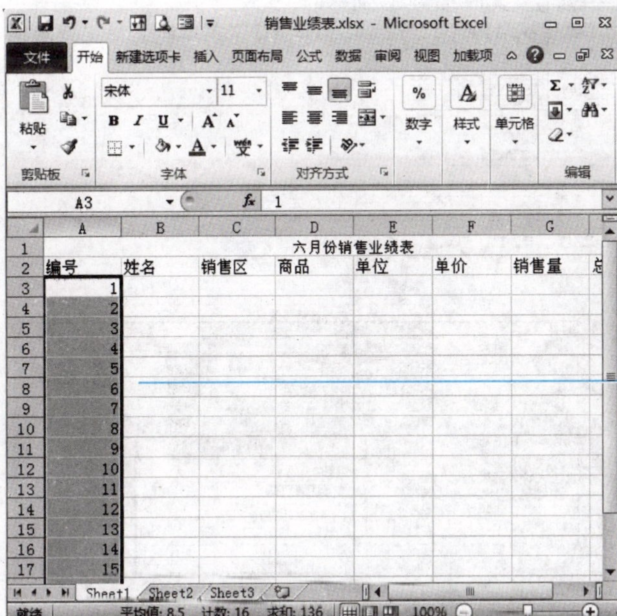

7 在A3到A18中输入从1到16的序号。

视野拓展

快速输入1到16序号的方法是，在前两个单元格中输入1和2，选中包含起始值的单元格，然后拖动，涵盖整个要填充的区域即可。

8 输入相关的内容信息。

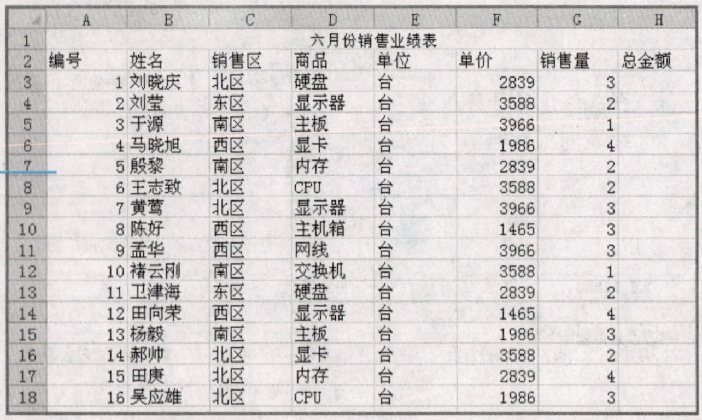

	A	B	C	D	E	F	G	H
1	六月份销售业绩表							
2	编号	姓名	销售区	商品	单位	单价	销售量	总金额
3	1	刘晓庆	北区	硬盘	台	2839	3	
4	2	刘莹	东区	显示器	台	3588	2	
5	3	于源	南区	主板	台	3966	1	
6	4	马晓旭	西区	显卡	台	1986	4	
7	5	殷黎	南区	内存	台	2839	2	
8	6	王志致	北区	CPU	台	3588	2	
9	7	黄莺	北区	显示器	台	3966	3	
10	8	陈好	西区	主机箱	台	1465	3	
11	9	孟华	西区	网线	台	3966	3	
12	10	褚云刚	南区	交换机	台	3588	1	
13	11	卫津海	东区	硬盘	台	2839	2	
14	12	田向荣	西区	显示器	台	1465	4	
15	13	杨毅	南区	主板	台	1986	3	
16	14	郝帅	北区	显卡	台	3588	2	
17	15	田庚	北区	内存	台	2839	4	
18	16	吴应雄	北区	CPU	台	1986	3	

11.1.2 美化销售业绩表

当工作表内容信息填好之后，开始对工作表进行美化。

操作步骤

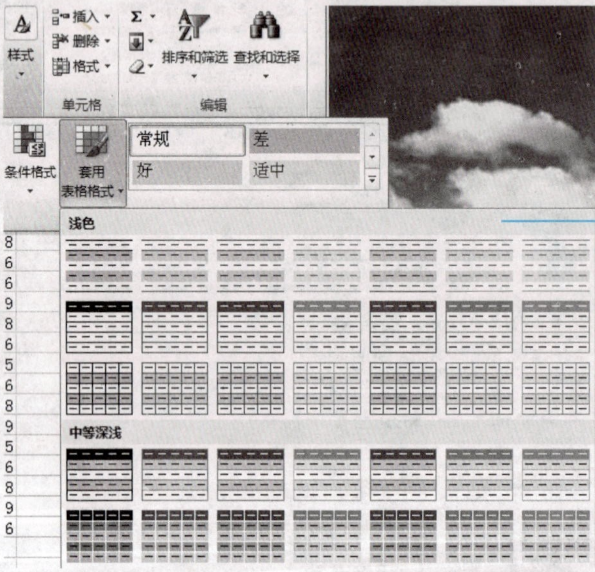

1 选择表头，单击“开始”选项卡，在“样式”组单击“单元格格式”→“强调文字颜色”按钮。

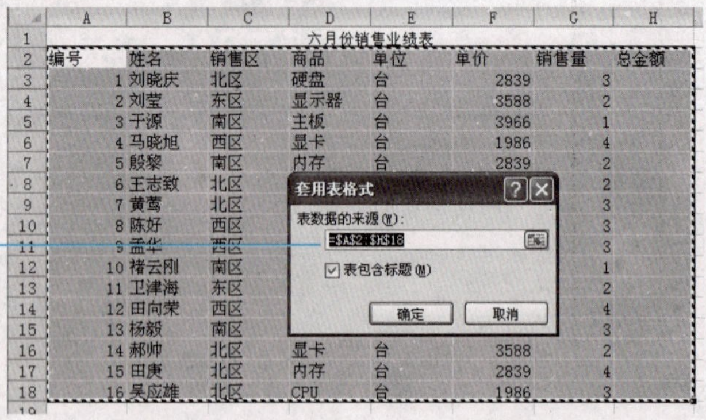

2 选择单元格，单击“开始”→“套用表格式”命令，打开“套用表格式”对话框。

视野拓展

为了快速设置工作表样式，可以单击“开始”→“样式”组中的“套用表格格式”命令，在弹出的列表中选择合适的样式进行套用。

六月份销售业绩表							
编号	姓名	销售区	商品	单位	单价	销售量	总金额
1	刘晓庆	北区	硬盘	台	2839	3	
2	刘莹	东区	显示器	台	3588	2	
3	于源	南区	主板	台	3966	1	
4	马晓旭	西区	显卡	台	1986	4	
5	殷黎	南区	内存	台	2839	2	
6	王志致	北区	CPU	台	3588	2	
7	黄莺	北区	显示器	台	3966	3	
8	陈好	西区	主机箱	台	1465	3	
9	孟华	西区	网线	台	3966	3	
10	褚云刚	南区	交换机	台	3588	1	
11	卫津海	东区	硬盘	台	2839	2	
12	田向荣	西区	显示器	台	1465	4	
13	杨毅	南区	主板	台	1986	3	
14	郝帅	北区	显卡	台	3588	2	
15	田庚	北区	内存	台	2839	4	
16	吴应雄	北区	CPU	台	1986	3	

3 套用表格格式后的销售业绩表效果。

11.2 分析销售业绩表

本节讲解用公式、表单查询、工作表筛选等功能来对总金额的描述。

11.2.1 定义名称

为了使公式能够更加方便的得到应用，我们需要在工作表中定义区域名称，具体操作步骤如下。

操作步骤

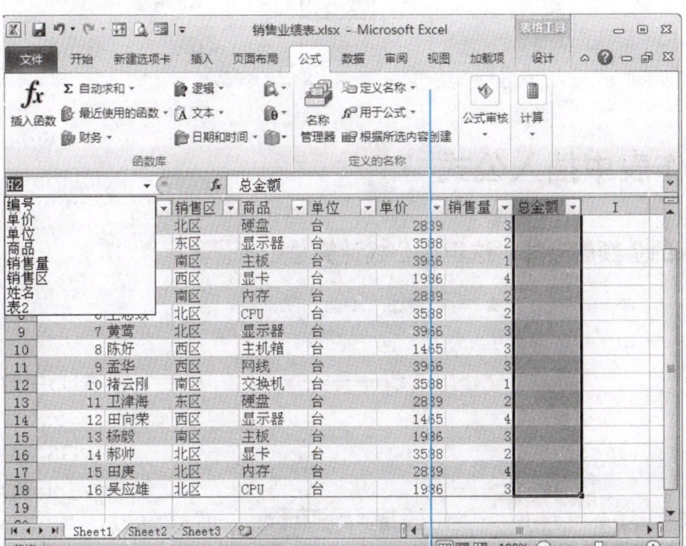

1 选择编号列，单击“公式”→“定义名称”按钮。

名称定义之后可以在引用中直接输入名称，而无需再去选定引用范围。

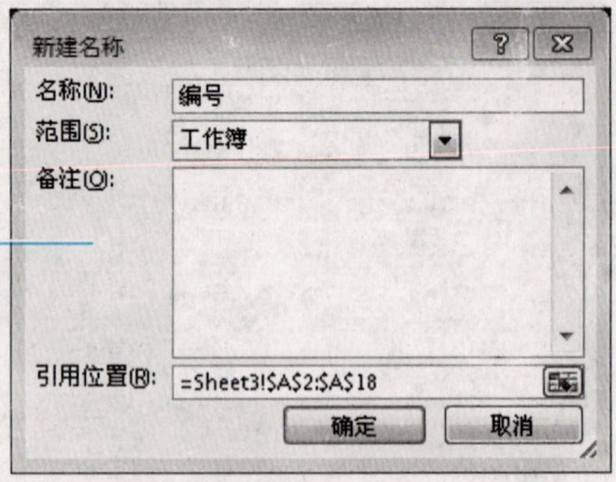

2 弹出“新建名称”对话框，在其中设置“名称”，“范围”及“引用位置”。

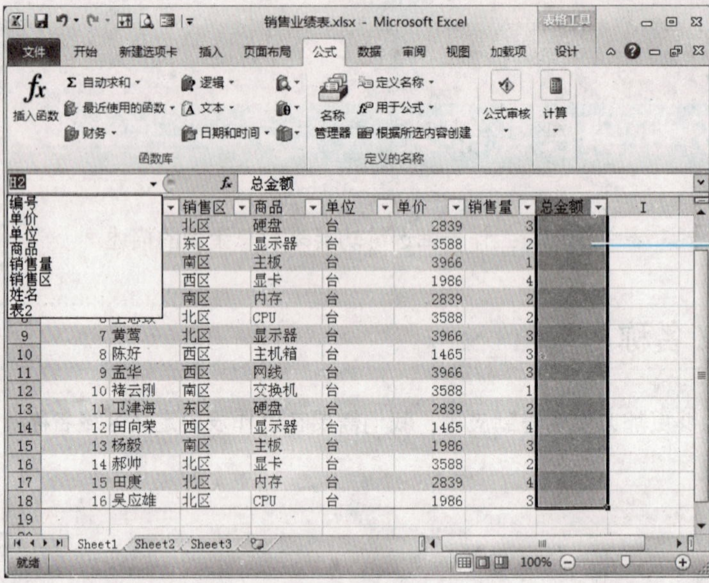

3 重复这一操作，把“编号”“单位”等信息都定义在相应的区域。

11.2.2 在工作表中插入公式

首先把上节输入的金额删除掉。这里用公式计算总金额。

操作步骤

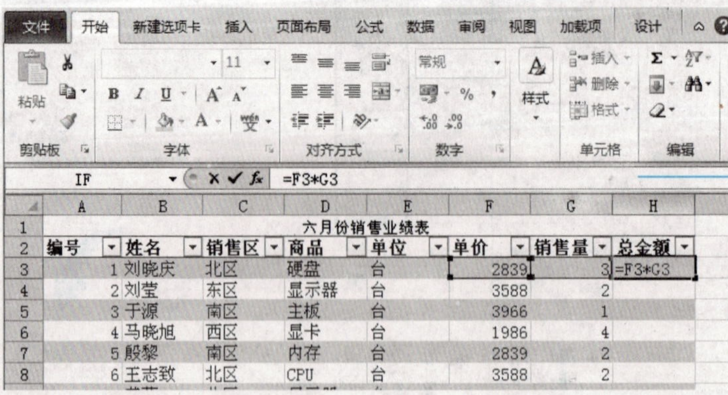

1 在H3中输入“=F3*G3”，然后按Enter键确认。

视野拓展

在运用公式时，为避免被误判为字符串标记，第一个字符必须为等号。公式内容的最大长度为1024个字符。即使相关单元格并无任何数据，也可先行安排或复制其对应公式，待其拥有数据后，即可自动计算新值。

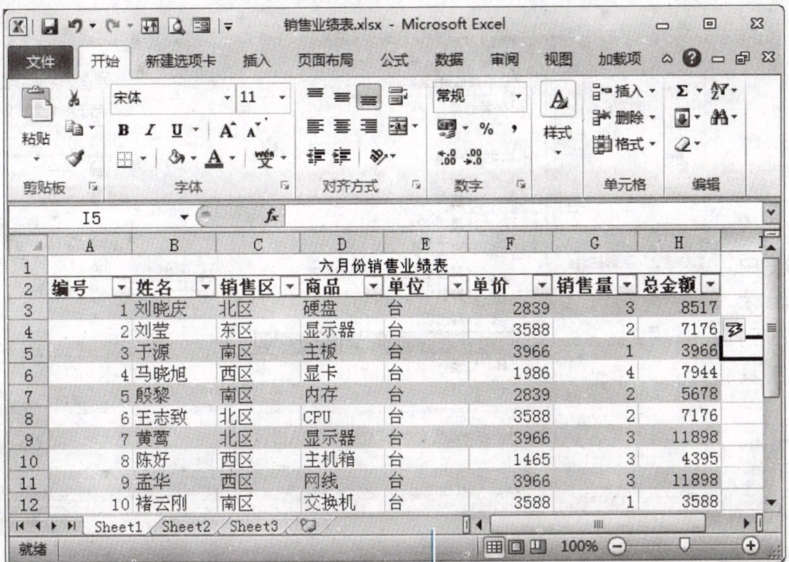

2 按Enter键确认后总金额会自动填充，效果如图所示。

11.2.3 工作表查询

操作步骤

首先运用记录单功能来查询工作表功能。

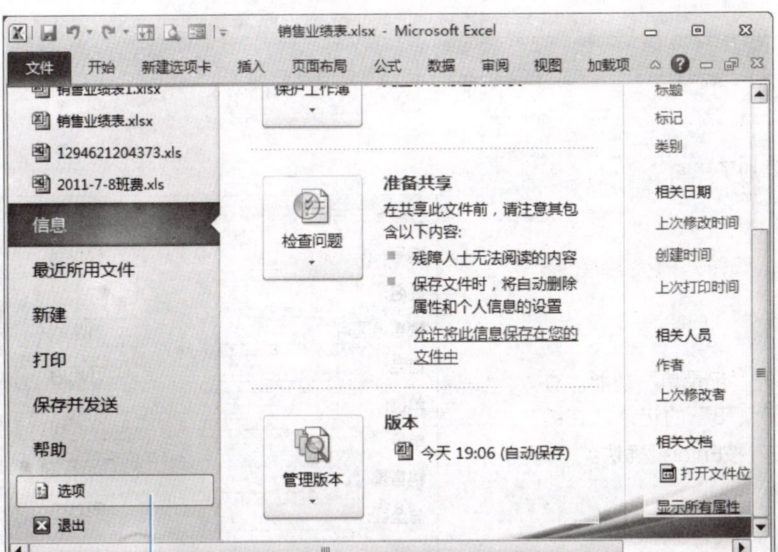

1 选择"文件"→"选项"命令，在快速访问工具栏中添加记录单功能。

视野拓展

只能在快速访问工具栏中添加命令。大多数列表的内容（如缩进和间距值及各个样式）虽然也显示在功能区上，但不能将它们添加到快速访问工具栏中。但可以自定义功能区，按照所需的方式

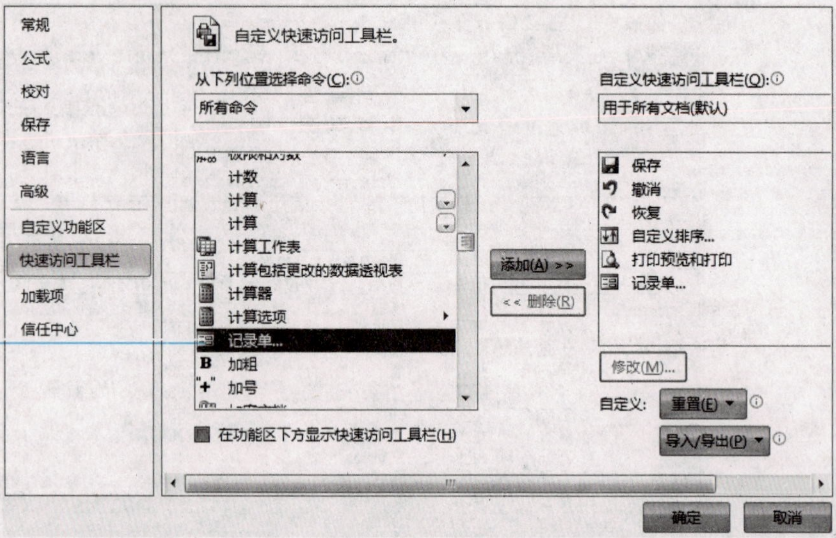

2 从所有命令中找到“记录单”功能，添加到“快速访问工具栏”中。

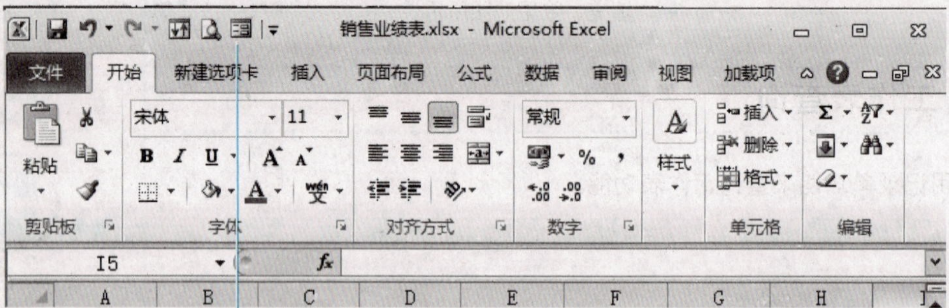

3 “快速访问工具栏”添加了记录单功能。

4 单击打开“记录单”功能。查找标号为“3”的记录，在编号栏输入“3”按Enter键确认。

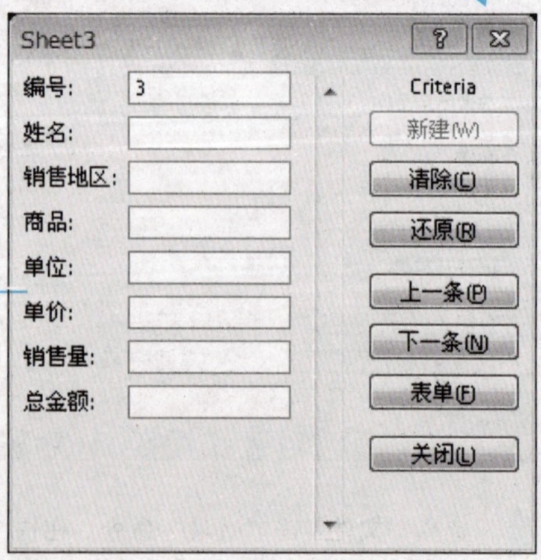

视野拓展

从快捷菜单中删除按钮的操作非常简单，单击要从快速访问工具栏中删除的命令，然后从快捷菜单中选择“从快速访问工具栏删除”命令即可。

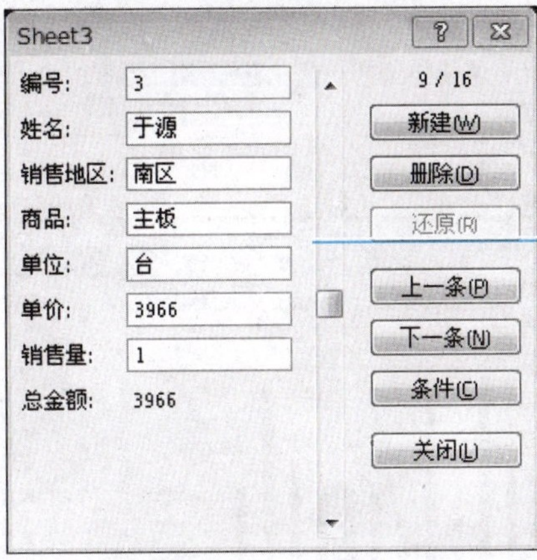

5 此时记录单把编号为“3”的所有信息都显示出来。

11.3 图表及筛选汇总功能

本节演示用图表和筛选汇总功能对表格进行操作。

11.3.1 创建图表

用图形来展示每个人销售的成绩。首先取消分类汇总，打开“分类汇总”对话框，单击“全部删除”按钮即可。创建图表的具体步骤如下。

操作步骤

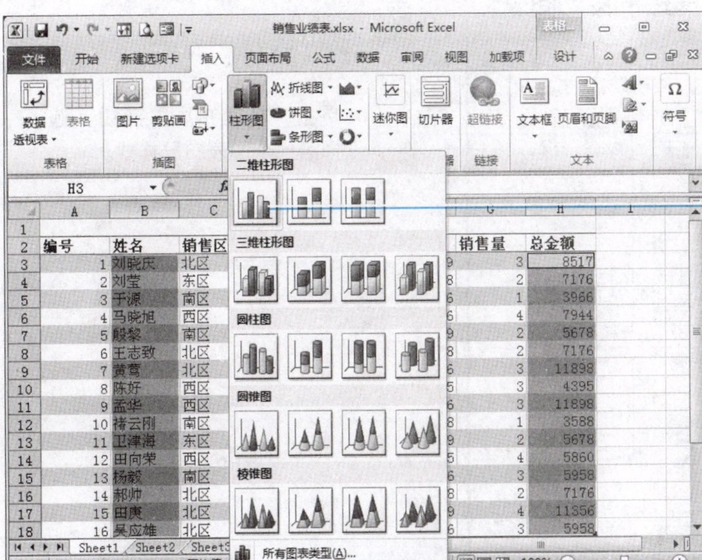

1 选择B3到B18，同时也选择H3和H18，然后单击“插入”→“柱形图”→“二维柱形图”。

视野拓展

如果希望用柱形图描述数据的三个维度的信息，请用三维柱形图。此种类型的图表有三种坐标，即横坐标轴、纵坐标轴和竖坐标轴。

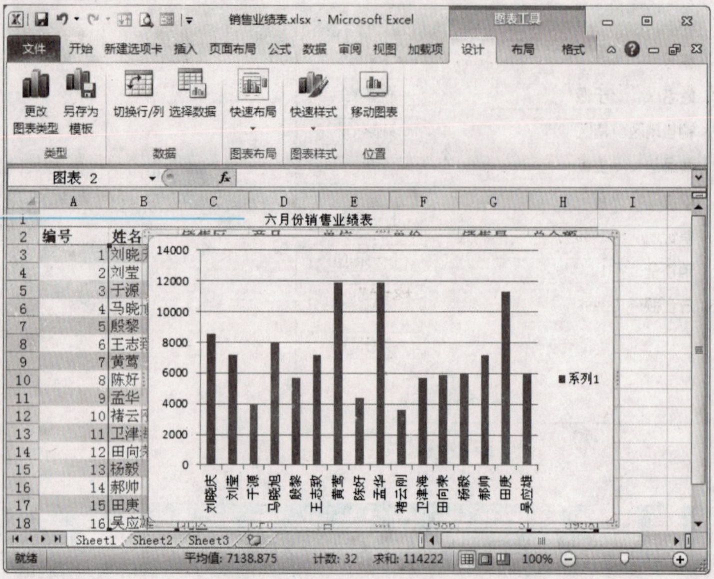

2 这是“二维柱形图”的效果，我们可以清楚地看到每个人销售的总金额。

11.3.2 完善图表

操作步骤

当图表生成后接下来进行图表美化，具体步骤如下。

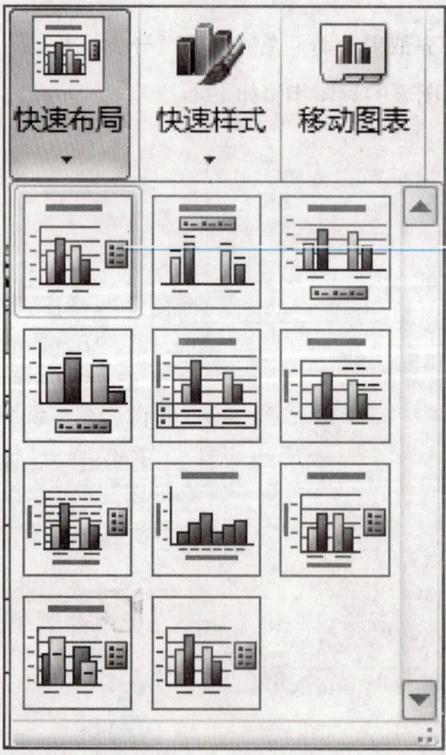

1 单击“快速布局”按钮，选择第一个图表布局样式。

视野拓展

为了图表的美观，用户可以在柱形图中增大或减小柱形图标记与柱形之间的距离，修改图例的位置等。

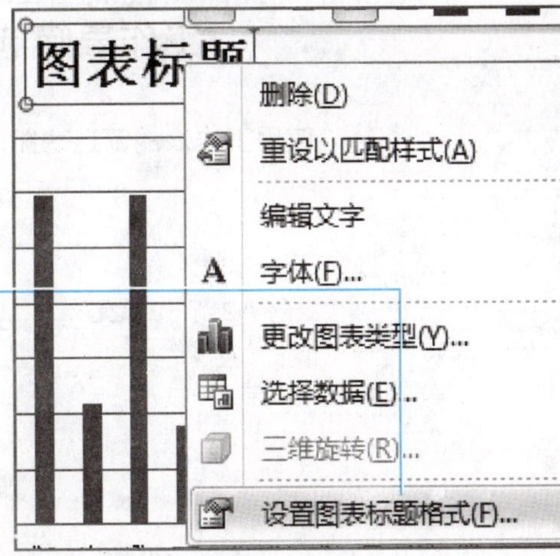

2 右键单击“标题”，从弹出的快捷菜单中选择“设置图表标题格式”命令。

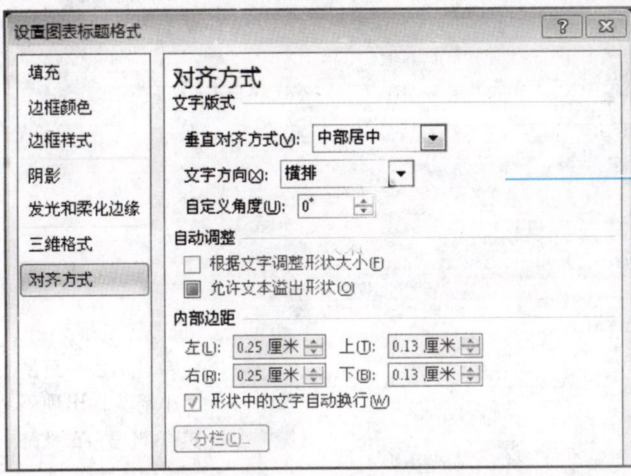

3 在“设置图表标题格式”对话框中设置标题属性。

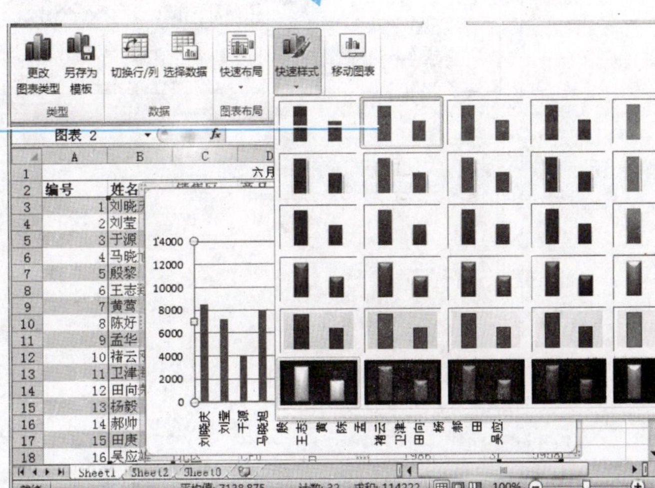

4 单击图表，功能区自动跳转到“设计”模式，选择“图形样式”模式，选择一个合适的图形样式。

视野拓展

误差线是表示与数据系列中每个数据标记都相关的潜在错误（或不确定程度）的图形线，按照实际需要，可以在柱形图中添加误差线。

11.3.3 工作表筛选

操作步骤

使用工作表的筛选功能的具体步骤如下。

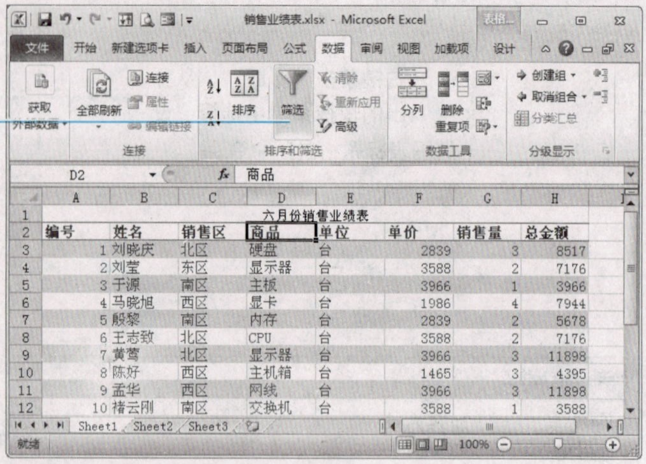

1 选择A2到H2单元格，单击“数据”→“筛选”按钮。

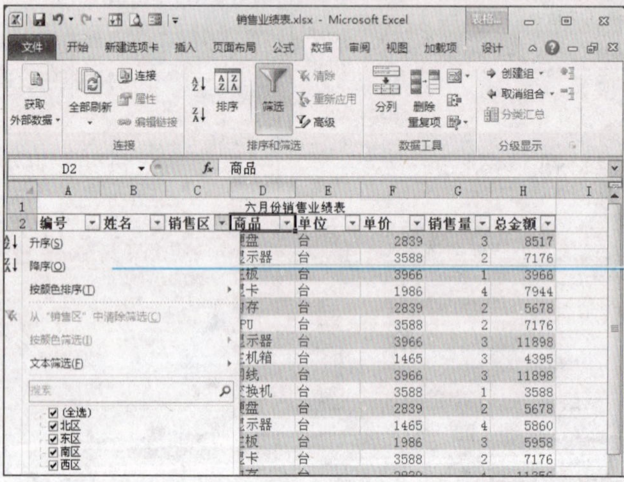

2 单击A2下面的小箭头，出现下拉菜单，选择“降序”排列方式。

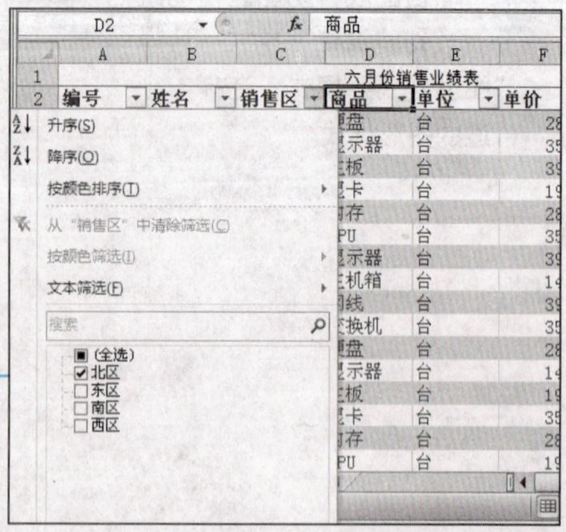

3 在“文本筛选”中选择“北区”。

视野拓展

动态筛选器是一个在重新应用筛选器时可以更改条件的筛选器。若要在更改数据后重新应用筛选，请单击区域或表中的某个单元格，然后在“数据”选项卡上的“排序和筛选”组中单击“重新应用”按钮。

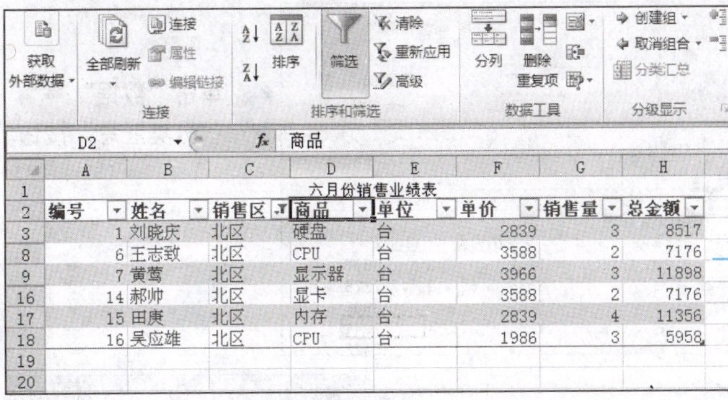

4 看出北区的显示结果。

注意：首先取消套用格式，然后进行分类汇总。

11.3.4 工作表汇总

Excel 2010套用表格格式后不能进行分类汇总，因为在套用表格格式后会带有一定格式，分类汇总后会打乱表格格式，分类汇总命令为不能应用状态。

操作步骤

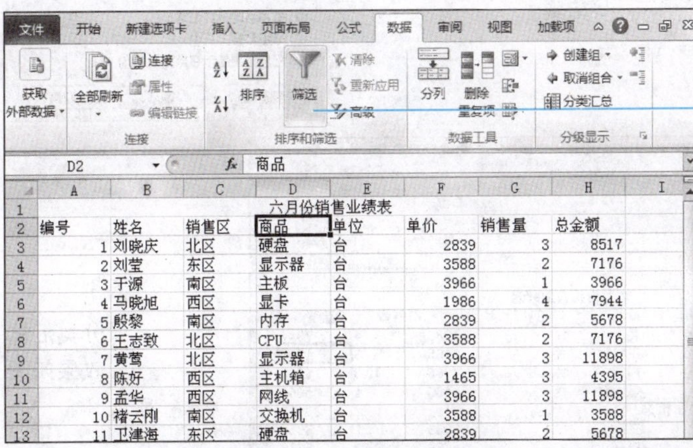

1 单击“数据”→“筛选”按钮。

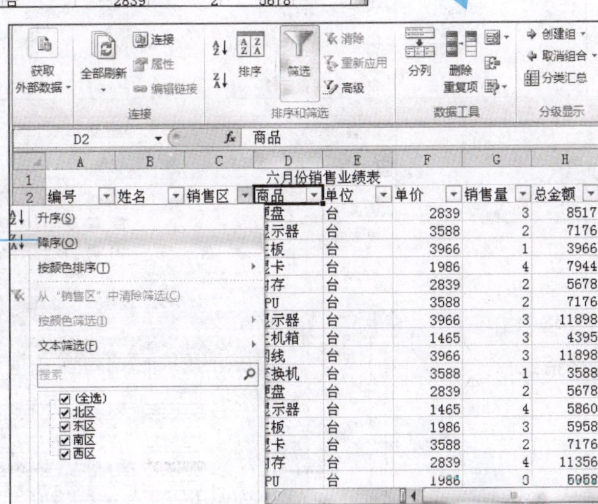

2 在销售地区下拉菜单中按照区域降序排序。

视野拓展

若要快速显示或隐藏当前的分类汇总，请右键单击字段项，然后在快捷菜单中选择或清除选择“对‘<标签名>’进行分类汇总”旁的复选框。

注意：必须按区域排列好才能使用分类汇总功能，否则汇总时不能正确的按照区域划分。

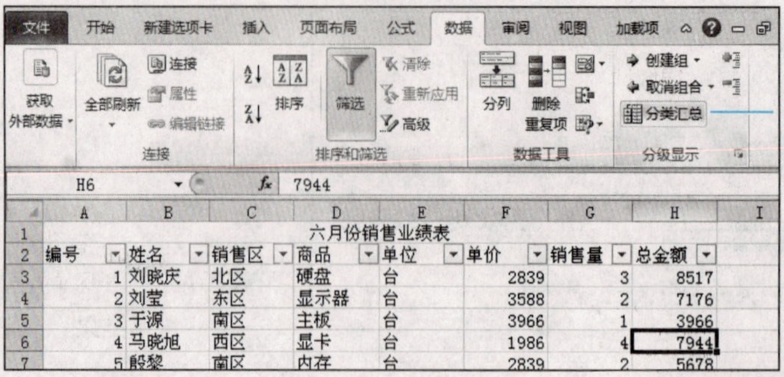

3 单击“数据”→“分类汇总”按钮。

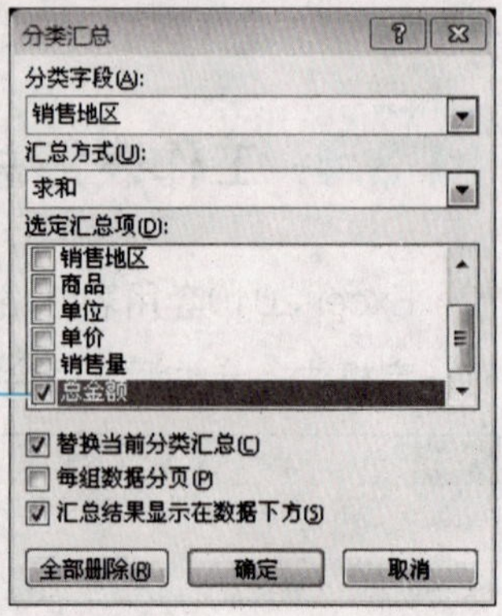

4 在“分类汇总”对话框中按“销售地区”分类，汇总方式为“求和”，汇总项为“总金额”。

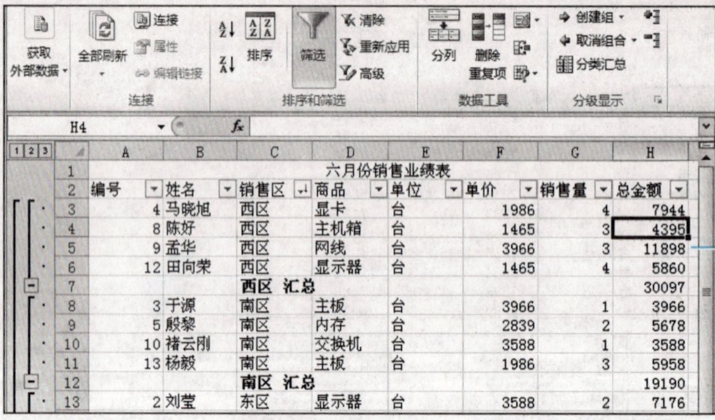

5 分类汇总效果如图所示。

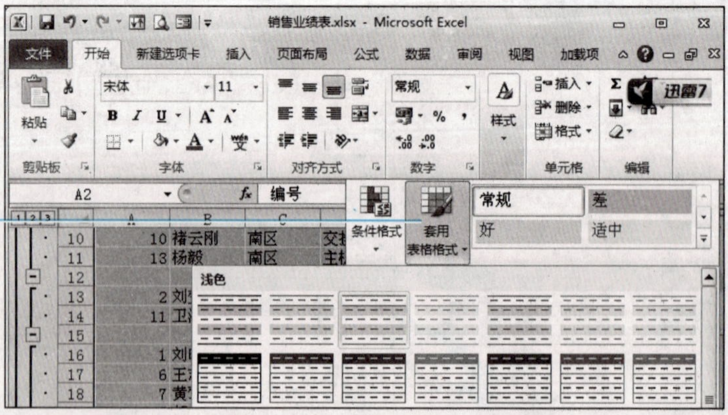

6 重新选择套用表格格式。

视野拓展

如果用户按单元格颜色或字体颜色手动或有条件地设置了单元格区域或表列的格式，那么，也可以按这些颜色进行排序。用户也可以通过应用条件格式创建的图标集进行排序。

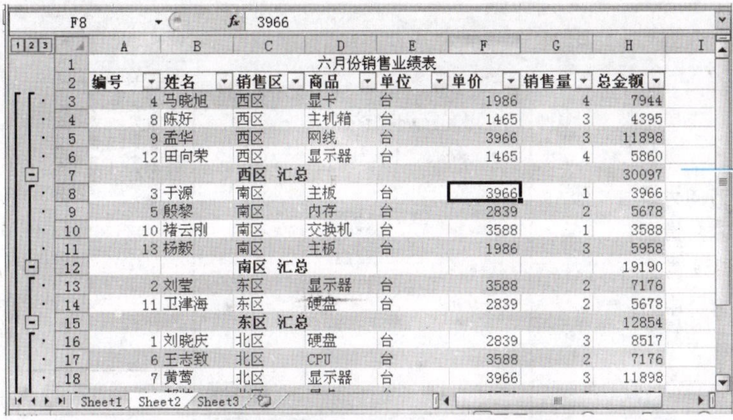

7 分类汇总最终效果如图所示。

11.4 打印销售业绩表

在设计好了表格格式后下面进行打印的配置。

11.4.1 页面设置

首先进行页面设置。

操作步骤

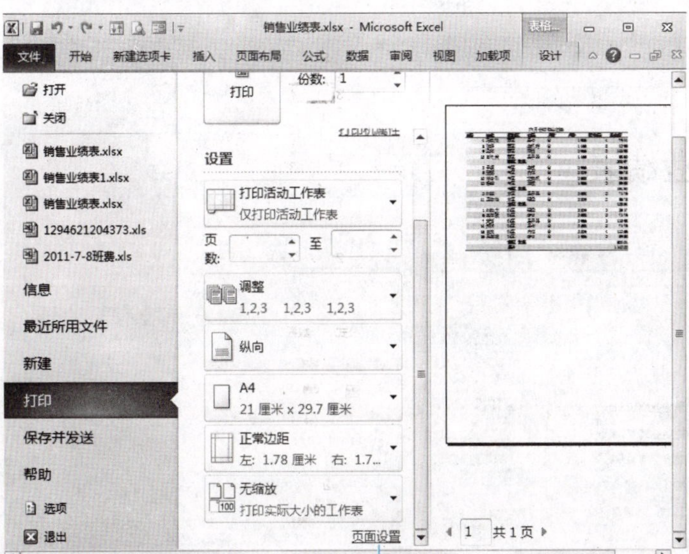

1 单击“文件”→“打印”→“页面设置”按钮。

视野拓展

对数据列表进行了分类汇总操作后，若修改了数据表格中的明细数据，则汇总数据也将随之自动进行更新显示。

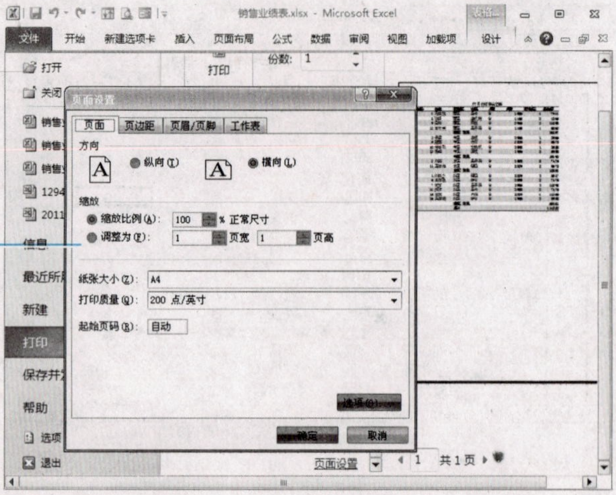

2 分别设置打印方向为横向，页眉为“六月份销售业绩表”，页脚设置为“第一页共一页”，居中方式选择“水平”。

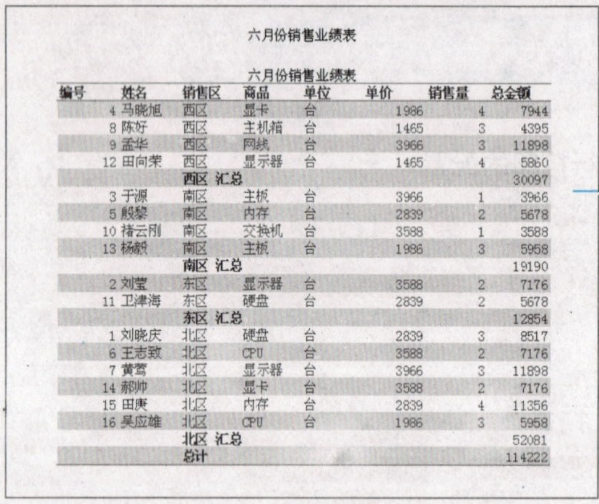

六月份销售业绩表

六月份销售业绩表

编号	姓名	销售区	商品	单位	单价	销售量	总金额
4	马晓旭	西区	显卡	台	1986	4	7944
8	陈好	西区	主机箱	台	1465	3	4395
9	孟华	西区	网线	台	3966	3	11898
12	田向荣	西区	显示器	台	1465	4	5860
		西区 汇总					30097
3	于源	南区	主板	台	3966	1	3966
5	殷黎	南区	内存	台	2839	2	5678
10	褚云刚	南区	交换机	台	3588	1	3588
13	杨毅	南区	主板	台	1986	3	5958
		南区 汇总					19190
2	刘莹	东区	显示器	台	3588	2	7176
11	卫津海	东区	硬盘	台	2839	2	5678
		东区 汇总					12854
1	刘晓庆	北区	硬盘	台	2839	3	8517
6	王志致	北区	CPU	台	3588	2	7176
7	黄莺	北区	显示器	台	3966	3	11898
14	郝帅	北区	显卡	台	3588	2	7176
15	田庚	北区	内存	台	2839	4	11356
16	吴应雄	北区	CPU	台	1986	3	5958
		北区 汇总					52081
		总计					114222

3 打印效果预览图。

博学先生，我终于完成了工作表的打印了。

11.4.2 打印业绩表

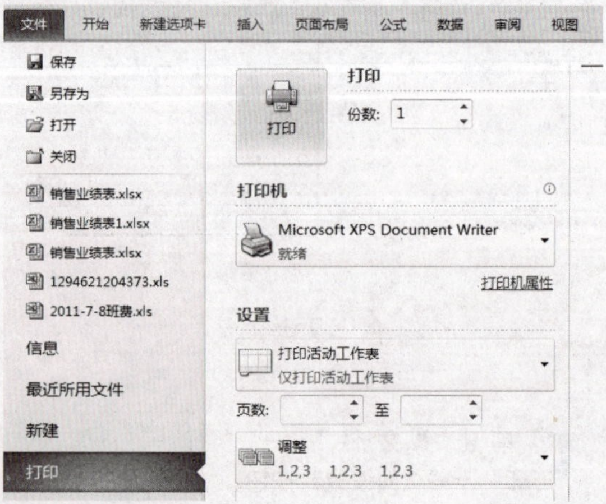

呵呵，这样就完成了把工作表从设计到打印的整个过程。

视野拓展

A4纸是一种最常用的纸型规格，大小为210 X 297mm。